郭建芳　王曰鑫　主编

腐植酸磷肥
生产与应用

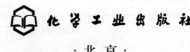

化学工业出版社

·北京·

　　本书在简述当前我国腐植酸肥料开发利用现状，磷肥工业现状和发展趋势的基础上，详细介绍了环保型腐植酸磷肥构建的化学原理，各种腐植酸磷（复）肥的生产工艺技术，以及腐植酸磷肥在部分作物上应用的效果与分析。全书理论结合实际，通俗易懂，可读性强。

　　本书可作为潜心从事腐植酸磷肥生产的专业人士和高等学校植物营养学专业学生的参考书，也可作为推广应用腐植酸类肥料的农技人员全面了解腐植酸磷肥的入门教材。

图书在版编目（CIP）数据

腐植酸磷肥生产与应用/郭建芳，王曰鑫主编. —北京：
化学工业出版社，2015.5
ISBN 978-7-122-23420-9

Ⅰ.①腐…　Ⅱ.①郭…②王…　Ⅲ.①腐植酸肥料-
化工生产②腐植酸肥料-使用方法　Ⅳ.①TQ444.6
②S143.92

中国版本图书馆 CIP 数据核字（2015）第 058262 号

责任编辑：刘　军　　　　　　　　文字编辑：孙凤英
责任校对：边　涛　　　　　　　　装帧设计：关　飞

出版发行：化学工业出版社（北京市东城区青年湖南街 13 号　邮政编码 100011）
印　　刷：北京云浩印刷有限责任公司
装　　订：三河市瞰发装订厂
710mm×1000mm　1/16　印张 12¼　字数 234 千字
2015 年 6 月北京第 1 版第 1 次印刷

购书咨询：010-64518888（传真：010-64519686）　售后服务：010-64518899
网　　址：http://www.cip.com.cn
凡购买本书，如有缺损质量问题，本社销售中心负责调换。

定　　价：68.00 元

本书编写人员名单

主　　编　郭建芳　王曰鑫

编写人员　郭建芳　王曰鑫　李成学　侯宪文

我国目前已是世界上最大的化学肥料生产国和使用国，随着农田化肥施用量的不断增加，产生了较为广泛的化肥面源污染，而且连年使用化肥的耕地，土壤容易板结，农作物的产量不再增长，农产品的品质却不断下降。在化肥中引入腐植酸盐，由于其容易与氮、磷、钾及中微量元素结合形成胶状物或络合物，在土壤中既不易被固定又容易被作物吸收，这一作用不但能提高化肥的肥效，减轻环境污染，而且能提高农产品的质量。腐植酸作为廉价、有效又无污染的化肥增效剂的研究和应用已有35年以上的历史，并已取得肯定的结论。早在20世纪70年代，我国的科技工作者已经通过试验和生产实践证明了腐植酸肥料在农业上有改良土壤、增进肥效、促进生长、抗逆和提高农产品品质等五个突出的作用。面对当前农田化肥污染十分普遍、土壤结构受到严重破坏、地力下降的现象，加强腐植酸在肥料方面的应用，用腐植酸替代一部分化肥和改进化肥的品质，对于消除化肥污染和提高肥料利用率是一种行之有效的方法。因此，近些年来农业应用又成为了腐植酸研究的主攻方向和热点，尤其在肥料应用方面的研究者众多、范围最广、研究成果也最多。但是相比较而言，人们对腐植酸氮肥与腐植酸钾肥的研究相对热烈一些，而对腐植酸磷肥的研究则较少一些。当前，在化肥和农业向高效、绿色、优质、环保、低耗方向发展的形势下，腐植酸磷肥的利用日益引起人们的普遍关注。因此，对腐植酸磷肥的研究成果作一总结是很有必要的。针对这一状况，本书试图总结前人及本课题组成员的一些研究成果，对腐植酸磷肥的作用机理、制造方法、施用效果等作一较系统的总结，为新时期能更好地发展绿色环保型腐植酸肥料做铺垫。研究表明，添加腐植酸可以抑制土壤对磷的固定，减缓磷从速效态向迟效态或无效态的转化。所以腐植酸对磷肥作用的研究重点是如何利用腐植酸类有机物质保护水溶性磷肥，形成含磷和腐植酸的复合肥，减少磷的固定，促进磷的吸收，提高磷肥利用率。另外，腐植酸不仅对肥料磷有增效作用，对土壤中的潜在磷（作物当季难以利用的磷）也有积极的影响。添加腐植酸可使土壤速效磷含量提高。所以本书对腐植酸提高土壤中磷效果的机理也进行了一些初步的探讨。

磷是作物生长不可缺少的肥料三要素之一。我国是一个农业大国，但却是一个人均磷矿资源短缺的国家，为了保障农业生产的发展，我国在 20 世纪建立起了较为完善的磷肥工业体系。但三十多年来，随着磷肥投入的不断增加，一些不合理施磷肥的负面效应越来越明显地显现出来。不合理或过量使用磷肥，造成了土壤中磷素的积累，既浪费了宝贵的磷矿资源，也产生了磷对环境的污染，造成了大面积的河流和湖泊的富营养化，对土壤环境造成了重金属污染，引起农产品品质下降以及对人体健康产生影响。腐植酸与磷肥结合，恰巧能有效地解决这一难题。腐植酸与磷肥结合，可大幅度提高农产品的产量与质量，实现农业生产和环境保护的协调发展。腐植酸与磷肥结合，可提高磷资源的利用效率，实现节约资源和保护环境、生态与生产双赢的可持续发展战略。本书在回顾总结磷肥工业发展历史的基础上，从磷肥不合理利用带来的资源短缺和环境污染两方面，论述了我国磷肥工业发展中存在的问题。要解决这些问题，利用腐植酸产业与磷肥工业的有机结合，改造传统的磷肥生产工艺，开发多种新型腐植酸磷肥，既可节约资源，提高磷矿资源的利用率，又能实现环境保护，大大减轻磷素污染，实现磷肥工业与生态农业的可持续发展，促进腐植酸产业与磷肥工业的协同发展，共同为环境保护和人类健康做出新的贡献。所以说，腐植酸与磷肥结合，发展新型的绿色环保型腐植酸磷肥工业，能促进磷肥的合理有效利用，保护土壤生态环境，促进农业生产的可持续发展，保护人类的健康。随着人们环保意识的日益增强，对过量地、不合理地施用磷肥造成的危害已有所认识。肥料和施肥技术需要"绿色化"已成为当务之急。"绿色化"不是不施化肥，而是施用得更合理、更科学，不仅对环境友好，有利于农业的持续发展，有利于人民生活质量的提高，也有利于提高施肥的效益，达到高效、绿色、优质、环保、低耗的目标。

本书在编写过程中，得到了中国腐植酸工业协会及有关专家的热情支持，在此表示衷心的感谢。同时对本书引证资料的作者深表敬意和感激。目前，腐植酸与磷肥关系的研究空白点还很多，作者对此涉足时间也较短，经验积累得较少，再加上水平有限，书中难免有疏漏和不妥之处，诚恳希望读者批评指正。

编者
2015 年 4 月

目 录

第三章　植物磷素营养与磷肥　■ 49

第四章　腐植酸磷肥的环保特色与作用机理　■ 105

第五章　腐植酸磷（复）肥的生产技术　■ 131

第六章　腐植酸磷肥应用方法与效果研究　■ 155

第一章

绪 论

土壤、肥料与环境

　　土壤是地壳表面岩石风化体及其再搬运沉积体在地球表面环境作用下形成的疏松物质。在地球陆地上，从炎热的赤道到严寒的极地，从湿润的近海到干旱的内陆腹地，土壤覆盖在整个地球陆地的表面，维持着地球上多种生命的生息繁衍，支撑着地球的生命力，使地球成为人类赖以生存的星球。

一、土壤

　　(1) 土壤定义　什么是土壤？虽然土壤对每个人并不陌生，但回答这个问题，不同学科的科学家常有不同的认识。生态学家从生物地球化学的观点出发，认为土壤是地球表层系统，生物多样性最丰富，生物地球化学的能量交换、物质循环最活跃的生命层。环境科学家认为，土壤是重要的环境因素，是环境污染的缓冲带和过滤器。工程专家则把土壤看作承受高强度压力的基地或作为工程材料的来源。对于农业科学工作者和广大农民来说，土壤是植物生长的介质，他们更关心影响植物生长的土壤条件、土壤肥力、培肥及持续性。

　　由于不同科学家对土壤的概念存在着种种不同的认识，要想给土壤一个严格的定义是困难的。土壤学家对土壤定义的叙述也不完全一致，应用较广泛的经典定义是：土壤是地球陆地表面能生长绿色植物的疏松表层。该定义总结和概括了土壤的位置处于地球陆地表面，最主要的功能是生长绿色植物，其物理状态是由矿物质、有机质、水和空气组成的具有疏松多孔结构的介质。

　　地球自然生态环境由岩石圈、大气圈、水圈、生物圈和土壤圈构成，而土壤把其余四个圈有机地紧密地联系在一起，是其中极其关键的中心环节，是自然界有机与无机的转换与结合带，维系着地球物质和能量的循环。众所周知，土壤是农业生产的基础，也是人类生存的基础，正如当年马克思所说：土壤是世代相传的人类生存条件和再生产条件。良禽择木而栖，世界上所有繁华的都市，都是建立在肥沃的田野上，但是历史上曾经留下辉煌灿烂历史的繁华城市，许多都灰飞烟灭了，经考古学家们大量的研究事实证明，大多数不是毁于战争，而是人类大量集中，人口膨胀，对土地植被滥垦滥伐而造成的水土流失、生态破坏所致！所以不少致力于研究土壤的发生发展与生态环境关系的专家学者，提醒人类要善待养育我们的土壤，合理用好并保护好土壤，防止土壤的荒漠化。

20世纪80年代末，随着现代土壤学在全球环境保护、持续农业及城市发展方面发挥越来越重要的作用，土壤学研究在广度和深度上已有显著的进展。美国土壤界首先提出了土壤质量的概念，即土壤在生态界内维持植物生产力、保障环境质量、促进动物与人类健康行为的能力或在自然或人工生态系统中，土壤具有动植物持续性，保持和提高水质、空气质量以及支撑人类健康生活的能力。这表明，人们对土壤概念内涵的认识是不断深化和发展的。

(2) 独立的多功能历史自然体 所谓独立的历史自然体是指在成土母质、气候、生物、地形和时间的综合作用下形成的，并随各成土因素的改变而变化。它不仅具有自身的发生发育的历史，而且在形态、组成、结构和功能上是可以剖析的物质实体。地球表面土壤之所以存在性质的差异，就是因为在不同的时间、空间位置上成土因子变异所造成的。例如：土壤厚度可以存在几厘米到几米的差异，这取决于风化强度和成土时间的长短，取决于成土、侵蚀过程的强度，也与自然景观的演化过程有密切的关系。

所谓多功能的历史自然体，是指土壤作为人类赖以生存的最宝贵的自然资源。它不仅直接为人类提供粮食、纤维、林产品，还在环境净化保护、生态健康等方面具有不可替代的作用。事实上，土壤概念的发展与人类在开发利用土壤、深化对土壤功能上的认识是密不可分的。不同学科提出不同的土壤定义，其实质是不同学科视野对土壤功能的认识不同。另外，加深对土壤功能的认识，有利于揭示在成土过程中人为活动的特殊影响。土壤自被人类利用后，受到自然和人为因子的双重作用，而且在多数情况下，人为因子起决定性作用。

(3) 土壤的主要功能 土壤具有农业生产功能。耕地是人类农业生产的基地，其中土壤是植物生产的介质。从能量和生物有机质的来源来看，植物生产是由绿色植物通过光合作用把太阳能转化成微生物有机化学能，是动物及人类维持生命活动所需的能量和营养物质的唯一来源，是人类从事农业生产最基本的任务。

绿色植物生长发育有 5 个基本要素：日光、热量、空气、水分和养分。其中水分和养分通过根系从土壤吸取。植物能立足于自然界，能经受风雨的袭击而不倒伏，则是由于根系伸展在土壤中获得土壤的机械支撑之故。这一切说明，在自然界植物的生长繁育必须以土壤为基地。一个良好的土壤能使植物吃得饱（养分供应充分）、住得好（孔气流通，温度适宜），喝得足（水分供应充分），站得稳（根系伸展开，机械支撑牢固）。归纳起来，土壤在植物生长繁育中有下列不可取代的作用。

① 营养库的作用。植物所需要的营养元素除 CO_2 主要来自空气外，氮、磷、钾及中量、微量营养元素和水分主要来自土壤。全球氮、磷营养库的储备和分布见表 1-1，虽然海洋的面积占地球面积的 2/3，但陆地土壤和生物系统储备的氮、磷总量要比水生生物和水体中的储量高得多，无论从数量或分配上，土壤营养库都十分重要。土壤营养库是陆地生物所必需的营养物质的重要来源。

表 1-1　全球氮、磷营养储备和分布

环境营养储备		$N/10^9 t$	$P/10^6 t$
大气		3.8×10^6	—
陆地	生物	12.29×10^2	2×10^3
	土壤	8.99×10^2	16×10^4
水域	生物	0.97	138
	沉积物	4×10^6	10^6
	水体	2×10^4	12×10^4
地壳		14×10^6	3×10^{16}

② 循环作用。土壤中存在一系列的物理、化学、生物和生物化学作用，在养分元素转化中，既包括无机物的有机化，又包含有机物的矿质化；既有营养元素的释放和散失，又有有机元素的结合、固定和归还。在地球表层系统中通过土壤养分元素的复杂转化过程，实现着营养元素与生物之间的循环和周转，保持了生物生命周期的生息与繁衍。

③ 雨水涵养作用。土壤是地球陆地表面具有生物活性和多孔结构的介质，具有很强的吸水和持水能力。土壤的雨水涵养功能与土壤的总孔隙度、有机质含量等土壤理化性质和植被覆盖度有密切的关系，植物枝叶对雨水的截留和对地表径流的阻滞，根的穿插和腐殖质层的形成，能大大增加雨水涵养能力，防止水土流失。

④ 生物的支撑作用。土壤不仅是陆地植物的基础营养库，还能使绿色植物在土壤中生根发芽，根系在土壤中伸展和穿插，获得土壤的机械支撑，保证绿色植物地上部分能稳定地站立于大自然之中。在土壤中还拥有种类繁多、数量巨大

的生物群，地下微生物在这里生活和繁育。

⑤ 稳定和缓和环境变化的作用。土壤处于大气圈、水圈、岩石圈及生物圈的交界面，是地球表面各种物理、化学、生物化学过程的反应界面，是物质与能量交换、迁移等过程最复杂、最频繁的地带。

土壤有自我清洁修复功能，但是近五十年来，化肥农药的大量使用和不合理使用，不科学的轮作耕作，土壤环境恶化，养分偏耗，作物营养不良，有益微生物减少，造成土地板结，地力低下，农作物病虫害增多，作物产量和品质下降。病虫害成为重要的灾害性因素，严重影响到农业的可持续发展和人类的健康等问题。

空气、水和土壤是人类及一切生命赖以生存的三大环境要素。在三大环境要素中，全球有 $50\%\sim90\%$ 的污染物最终滞留在土壤中，土壤是地球上最大的污染 "汇"。然而，土壤污染问题远远不如水污染和空气污染那样直观、易被察觉，并受到广泛的关注和重视。这是因为污染物通过各种不同的途径输入土壤后，在土壤中进行一系列的物理、化学和生物学反应转化过程。其中有些污染物通过淋洗、渗滤、挥发等离开土体；有些则经过吸附、沉淀等作用被土壤物质钝化、锁定，使其活性降低；有些则被土壤生物尤其是微生物分解、降解，使其消除毒害作用。

农业生产以土为本，一切活动均应围绕着促进土地的土壤化作用，充分发挥土壤的机能，利用现代生命科学成果，充分发挥土地的自然潜力。农作物是靠太阳能、水、空气和土壤而生存的。土壤是有生命的，其中生活着近万种与生态系统相关的土壤微生物，孕育着土壤的生命，提高着土壤的功能。

在很早以前，人们就把动植物的残体有机质当作肥料使用。自从李比西的植物矿质营养学说发表以来，有机质肥料的价值，就成为第二位了。李比西的矿质营养学说是在作物吸收养分时，有机肥料是在矿质化后被作物吸收的，但是，作物的营养物质并不必须是矿物质。由此化肥工业得到了发展，把有机肥料的效果仅评价为供给氮磷钾等无机成分，就是很大的错误。有机物具有多种功能，其效果核心是营养腐殖质，应当重视其使用方法。

二、肥料

农业是我国的基础，肥料在稳定我国农业的持续增长中起到了举足轻重的作用。肥料与农作物生产紧密相关，是自然生态良性循环中的基础环节，它对农作物、绿色食品生产有重要作用。

"肥料是植物的粮食"。中国农民有施用有机肥的优良传统，数千年来得以保持地力不衰。但是，仅仅依靠农业内部的物质循环，难以迅速地、大幅度地提高作物产量，以满足日益增加的人口对农产品的需要。正是施用化肥，为农作物提供了新的养分来源，生产出了更多的农产品。中国在这两方面的成功经验，也得到了国际上的公认。诺贝尔和平奖获得者，美国著名的作物育种家鲍洛格博士1994年在文章中写道："今天，中国已经成为世界上最大的粮食生产国。她农业上惊人的进步是由于多种因素。当然，发展高产品种和改善灌溉系统起了主要的作用。但是，可能更为重要的在于改善和保持土壤肥力方面的成就。几个世纪以来，中国在世界上是有机物、家畜粪肥、人粪尿、作物残茬堆肥再循环利用最好的国家。"在20世纪60年代初期，中国意识到不能仅仅依靠有机肥保持土壤肥力、增加作物产量和食物生产。从20世纪60年代发展氮、磷化肥，同时进口氮肥。在20世纪70年代又建了10个日产1000t和成氨的大型氮肥厂。"今天中国是世界上氮肥最大的生产、进口和消费国，磷肥的消费和生产，居世界第二、三位。在化肥工厂方面的投资使中国得以潇洒地在基本食物方面成功自给，而且某些粮食成为重要的出口国。"这就是当时一个外国人对中国肥料与粮食生产关系的看法。近年来，中国化肥工业稳步发展，产量逐年增加，化肥自给率迅速提高。在化肥工业中，氮肥仍占主导地位，磷肥次之，钾肥所占的比例最低。我国氮肥基本自给自足，磷肥1/3靠进口，钾肥则大部分需要进口。

近二十多年化肥用量及粮食产量情况见表1-2。

表1-2 1991～2011年粮食总产量及我国化肥用量统计表

年份	粮食总产量 /10⁴t	化肥施用量 /10⁴t	与1991年对比产量 增加百分比	与1991年对比增加 投入化肥百分比
1991	43529.0	2805.1	0	0
1992	44266.0	2930.2	2%	4%
1993	45649.0	3151.9	5%	11%
1994	44450.0	3314.0	2%	15%
1995	46661.8	3593.7	7%	22%
1996	50453.5	3827.9	14%	27%
1997	49417.1	3980.7	12%	30%
1998	51229.5	4083.7	15%	31%
1999	50838.6	4124.3	14%	32%
2000	46217.5	4146.4	6%	32%
2001	45263.7	4253.8	4%	34%
2002	45705.8	4339.4	5%	35%
2003	43069.5	4411.6	−1%	36%
2004	46946.9	4636.6	7%	40%
2005	48402.2	4766.2	10%	41%
2006	49804.2	4927.7	13%	43%
2007	50160.3	5107.8	13%	45%
2008	52870.2	5239.0	18%	46%
2009	53082.0	5404.4	18%	48%
2010	54641.0	5460.0	20%	49%
2011	57121.0	6027.0	24%	53%

从表中可看出，近二十多年来，随着化肥投入量的增加，粮食产量也在提高，且肥料投入量远远大于粮食增产量，这仍然与20世纪80年代出现的现象相似。

存在的具体问题如下。

1. 局部地区化肥用量偏高，肥料的投入出现明显的报酬递减现象

1994年，我国化肥总用量为3314万吨，按耕地面积（14.26亿亩，1亩＝666.67m²，下同）计算，每亩23.2kg，已经超过了欧洲化肥使用的平均水平，与一些发达国家接近。按播种面积计算（耕地面积×1.5复种指数），每亩15.5kg。我国耕地面积实际比统计数要大得多，因此，化肥的单位面积用量低于上述数字。但是，我国历来化肥的分配和使用不均，东南沿海和经济发达地区，交通沿线、城市郊区的肥料用量较高。

根据国际肥料工业协会数据和我国统计数据分析，2007年，我国化肥施用量已占全球用量的35%左右，但仍处于上升阶段。近年来，我国化肥施用量每年增长2.8%，2006年，化肥施用量为4927万吨，2007年为5107万吨（农业部种植业司数据）。我国化肥单位面积施用量在全球属中等偏上，2007年，我国农田（按耕地1.22亿公顷和园地1302.7万公顷计算）平均每公顷化肥施用量为379.5kg；我国化肥总量和单位面积用量仍然处于世界较高水平。但是施肥方法不合理，养分损失巨大。通常在当地作物品种、灌溉、耕作管理等条件没有进一步改善的情况下，在农民施肥中，铵态氮肥表施，施肥后大量灌水，磷肥撒施等施肥方法十分普遍，极易造成肥料养分损失，再加上有机肥施用量与化肥不匹配，养分损失非常严重，增加投肥量的效果下降，这也是我国作物施肥量很高而产量不高的重要原因。

2. 肥料品种、分配不够合理，供应不够及时，施用不够科学

我国化肥工业一直主导肥料品种的发展方向，但其发展与农业需求严重脱节，肥料产品不能满足科学施肥的要求，主要表现在以下几个方面。

① 在氮肥品种发展上，我国首先发展了低浓度的碳酸氢铵，然后则大力发展高浓度的尿素。而大量试验证明，碳酸氢铵和尿素这种铵态氮肥在施入土壤后很容易挥发损失，在同样施肥量的情况下，其利用率要比硝酸铵和硝酸铵钙等硝态氮肥低9%～16%。目前我国铵态氮肥占氮肥总量的95%以上，而硝态氮肥几乎萎缩殆尽，对提高我国氮肥利用率非常不利。

② 在磷肥发展上，我国首先发展了富含中微量元素的低浓度过磷酸钙和钙镁磷肥，在许多地区广泛应用，效果很好，受到农民的欢迎。但20世纪90年代以来，我国磷肥工业以高浓度磷肥为主要发展目标，其结果是高浓度磷肥的比重越来越高，产能严重过剩，而适合我国磷矿资源特点和作物生产要求的低浓度磷

肥却受到制约，正在走向萎缩。

土壤对磷的固定是磷肥利用率较低的主要原因。速效磷肥与土壤中大量存在的铁、铝、钙等离子作用，转化为不易被作物吸收的磷酸盐形态。虽然一般认为这种被固定的磷还有一定的后效，但只有在其积累达到一定程度或在一定的生化作用下才能表现出来。从经济上考虑，磷肥的这种利用状况显然是一大损失。如果将其利用率提高 10%，每年就可以为国家节省约 13 亿元，这个数字是相当可观的。如何提高磷肥的利用率，已是国内外化肥界和农学界研究的热点和难点。除采取先进的配方施肥等措施外，国外曾在磷肥中添加茜素衍生物、邻联苯二酚衍生物、亚异丁基二脲等有机物，制成缓效磷肥，但由于成本及技术等原因未能广泛应用。为提高磷的利用率，以腐植酸为材料，研究腐植酸对磷肥的增效作用的研究已有三十多年的历史，在腐植酸分解磷矿石、活化土壤中的磷、减少磷固定、保护水溶磷、促进作物对磷的吸收等方面已得到肯定的结论，所以腐植酸在节省投资成本和提高利用率方面都是一种比较理想的资源。

③ 大量元素肥料的比例和品种结构不合理，中微量元素的缺乏没有及时得到矫正。

当前农业生产中氮磷比例趋于合理，钾肥比例过低，中、微量养分肥料施用不足，致使农田钾素亏缺，中、微量元素养分开始出现缺乏。在国内化肥市场上，单质化肥和低浓度复合肥比例大而高浓度复合肥比例小，普广性肥料多而专用性肥料少，肥料品种结构不合理。农业生产中地区肥料投入不平衡，西部经济欠发达地区年施肥量低，而沿海和城郊发达地区化肥（尤其是氮肥）超量施用，蔬菜等作物施肥量过大，分配不当，导致肥效下降。

由此应该认识到：在增加化肥用量的同时，必须对如何用好化肥给以足够的重视，使之发挥应有的作用。否则，将造成肥料的很大浪费，也会对环境产生不良的影响。

三、环境

自从李比希提出了养分归还学说后，就有了肥料工业的产生，并得到了生产实践的证实，促使农业生产快速发展，同时也促进了肥料工业的高速发展。当今的农业生产已离不开肥料，肥料是植物的粮食，这一点已被大家所熟知，土壤肥力的保持与提高更需要肥料。据联合国粮农组织（FAO）1970 年到 1990 年间的统计，化肥对粮食的增产率占 40%～60%。据分析，化肥在我国农作物增产中的贡献率在 35% 以上，其作用是不可替代的，它为我国摆脱饥饿进入温饱和小康做出了巨大的贡献。然而我国农民的文化知识水平较低，肥料的施用技术相对不高，具体表现在林草地土壤缺乏肥料的投入，而农业土壤上过量集中施用速效化学氮肥，从而造成一定程度的水体富营养化，给生态环境及人类健康带来了一定的威胁。

但这一切并不是肥料造成的，而是由于施用者不太了解土壤的保肥性与供肥性、肥料自身的特性、植物对养分的吸收规律等，未能做到合理施肥造成的。肥料是农业土壤养分的主要来源，但土壤有一定的保肥性与供肥性，是植物所需养分的库，也是源。养分在土壤中处于一个动态平衡中，具有一定的容量和调剂能力，少则贫，满则溢。

随着科技和化学工业的发展，化肥、农药使用量呈大幅度上升趋势。据统计，吴江市2005年农用化肥施用量为36347t，农药施用量为675t；2006年农用化肥用量为38062t，农药施用量为682t；2007年农用化肥用量为19910t，农药施用量为695t，显然，在这个区域，农用化肥在减少的同时，农药施用量却在增长。目前的施肥、喷药技术有待改进，这种盲目的耕作方式不仅浪费资金，而且会造成严重的环境污染问题。大量的科学研究证明，采用常规施肥方法，过量施肥时，其中大部分肥料都随降雨、农田排放水而流失，这种耕地的氮、磷物质的流失便成了水体富营养化的主导因素。因而，要改进耕作制度，提高施肥、喷药技术和加强、改善田间管理，以最大限度地减少耕地氮、磷流失物质对水体的污染。

第二节　生态环境变化和生态农业建设

一、生态环境变化

化肥、农药及畜禽饲料添加剂的广泛应用，不仅影响到农畜产品的质量，也对生态环境造成污染，直接威胁到人畜健康。根据以色列专家分析，从第二次世界大战前到20世纪70年代，随着农业的高速发展，地中海沿岸地下水硝酸盐含量的平均值从2mg/L（处于无污染的本底值水平）节节上升至532mg/L，其污染主要来自污水灌溉、废弃物处理及氮肥施用。在禽畜养殖业中广泛应用的有机砷制剂，尽管在抗病促生长方面有较好的功效，但由于它大部分从粪便中排出并可在环境中积累，因此，必然会影响植物的生长发育，并通过食物链影响到人畜健康。农药的污染更为明显，据统计，全世界每年应用的农药大约为250万吨，有90%进入农田生态系统（化肥有70%进入农田生态系统），造成每年100万人农药中毒，2万人中毒死亡。

农业环境管理的过程，获得一个"绿色食品"，就是保护和改善了一片生态环境。随着环境污染的日益加重，化学农药、化学肥料等的大量应用和食品生产加工过程中合成添加剂（如防腐剂、人工色素等）的普遍使用，食品污染和品质下降问题越来越受到人们的关注。针对上述问题，深入开展农业生态系统健康研究，生产无公害农产品、绿色食品和有机食品，对促进我国农产品安全生产和增进人类健康具有十分重要的意义。为此，21世纪初农业生态系统健康将优先研究以下几项内容。①农业生态系统健康评价方法的研究。由于农业生态系统具有不同的空间尺度，因此，对农业生态系统健康进行评价也应采用不同的方法，应着重从评价依据、评价原则、评价指标体系、评价方法等方面进行深入的研究。②农田生态系统健康与人类健康之间关系的研究。农业生态系统健康与人类健康存在着十分密切的关系，人类健康直接地联系并依赖于农田生态系统健康，没有食物安全就没有人类健康，农田生态系统健康的退化必然会影响人类健康。在此方面应重点开展：农田环境健康研究（土壤、水质、大气监测评价），食物链健康研究（农产品农药残留、重金属、硝酸盐、生物污染等）。③农田生态系统健康与生物多样性之间关系的研究。国内外大量的研究表明，在农田生态系统中，采取少耕和免耕的方法能够提高农田生物多样性，农田生物多样性的提高能够显著地减少农药施用量，进而也提高了农产品的安全性。因此，应优先开展少耕免耕农田生态系统的研究，维持农田生物多样性，实现农田生态系统健康管理目标。④农田生态系统健康与农产品安全生产研究。农田生态系统健康是农产品安全生产的前提和保障。只有在健康的农田生态系统条件下才有可能生产出安全的农产品，国家科学技术部在"十五"期间资助"863"计划、"生物与现代农业技术领域"中就设置了"农产品安全生产与检测技术"专题，开展高效、低毒、低残留的农业生产资料研制与产业化（生物农药、环境友好型肥料、植物生长调节剂等）。⑤农田生态系统健康与精细农业试验示范研究。应用3S技术对农田环境进行监测评价，开展精细农业试验示范研究，从定量、定位的角度进行农田生态系统健康研究将是未来几年内一个重要的研究方向。

二、生态农业建设

生态农业是依靠农业系统内部来维持土壤肥力、促使农业稳定、持续生产的一种农业。它的基本特点是低投入、高产出、无公害，保护自然资源持续利用。生态农业能够在有效发展农村经济的同时改善环境，它是环境与发展的最佳体现，是实现可持续发展的必由之路，是具有光明前景的农业发展道路。

生态农业建设不仅为发展绿色食品创造了最好的生态环境条件，而且也为发展绿色食品提供了技术基础；而绿色食品则是生态农业成果的载体，是生态农业与市场农业的桥梁，两者均能获得明显的生态、经济和社会效益。可以说，发展绿色食品生产，就是进行一项生态农业建设。因此，要大力加强生态农业建设，并将绿色食品的基地建设与生态农业的试点建设结合起来，促进区域农业生态环境的改善和绿色食品的深度与广度开发；力争做到：建设一个绿色食品基地，搞好一个生态农业试点；推广一批生态农业示范工程，开发一批绿色食品。

减少化肥、化学农药的用量，多施有机肥及利用生物农药防治病虫害，是生产绿色食品的一项关键措施。由于传统有机肥的堆制方法落后，有效成分损失严重，加之数量有限，使有机肥的数量和质量均不能满足绿色食品生产的需要。应积极开展工业化方法制造有机肥，以降低成本、提高肥效、保证供应，并使之向产业化、规模化、现代化的方向发展。

环境保护有两种方式，即主动保护与被动保护。绿色食品开发是将保护环境与发展经济有机结合的主动环保的典范，它将环境作为一种生产要素加以培育和利用，通过产品载体进入市场，实现其价值。绿色食品生产避免或最大限度地限制化学合成肥料、化学农药、植物生产调节剂等的使用；大量使用有机肥、复合肥、生物肥等。这样就可以避免大量的农药、化肥等有害物质残留于土壤中，可防止土壤板结，减轻土壤中有机质的退化程度，保护生态环境和资源。同时，开发绿色食品必须对原料产地的水、土、气等环境要素进行监测，根据监测结果，采取有效的防治措施，以保证其原料产地的环境质量。按规定要求，绿色食品生产基地及周围环境，不准产生新的污染源；即使有少量不可避免的老污染源，也必须进行"三废"治理。因此，开发绿色食品的过程，就是强化农业环境管理的过程；获得一个"绿色食品"，就是保护和改善了一片生态环境。

近些年来，由于开发绿色食品，我国有相当一部分地区的土地资源因受到监控而得到良好的保护。受保护的土地，不仅地力提高了，洁净度提高了，而且产出效益也提高了；既控制了工业污染向农业的转移、扩散，又消除了常规农业自身的负面影响。

第三节　从土壤的磷素营养到人类健康

一、发展现代农业与人类健康

植物生长的土壤环境主要受到化学元素在自然环境中迁移和富集的程度及化学元素的性质、外界物理化学的变化和生物化学作用的影响。人体正常生长所需的金属和非金属化学元素在地表中的平均含量很低，也很分散和不均匀，这些化学元素大多数又是通过土壤中生长的农作物而进入人体的。由于长期从土壤中不断收获农作物，使得土壤中的某些化学元素源源不断地被迁移到农作物中，而使土壤贫乏。要使农作物不断增产和品质提高，必须向土壤中补充农作物所需的化学元素，而这正是化学肥料工业的主要任务。但是面对新的世纪和新的挑战，植物所需营养要实行生态与生产双赢的可持续发展策略，既要挖掘作物和水土资源的潜力，大幅度提高产量；又要提高资源利用效率，节约资源和保护环境，实现农业生产、环境保护和资源高效利用的协调发展。土壤这一生态环境通过提供农作物的营养物质来影响人类健康。所以说，肥料合理有效利用、土壤生态环境、作物健康生长与人类健康发展是息息相关的。

发展现代农业，推进社会主义新农村建设，是"十一五"期间我国农业和农村工作的一个重大主题。建设现代农业，就必须用现代物质条件武装农业，用现代科学技术改造农业，用现代产业体系提升农业，用现代发展理念引领农业。要使我国传统农业向现代农业转变，其中一个重大举措就是大力发展新型肥料，提升农民的科学施肥理念，提高科学施肥的水平，才能确保实现农业生产的"高产、优质、高效、生态、安全"5大战略目标，加快现代农业的建设步伐。

(1) 可持续农业面临的问题 近十多年来，随着肥料特别是化肥投入的不断增加，一些不合理施肥的负面效应已经出现。即在施肥过量、偏畸施肥及有机物料管理不善的情况下，出现了产品质量下降及食品和环境安全问题，"高产＋高效＋优质＋环境友好"成为农业生产的效益目标，在施肥技术上要求人们站在现代生态农业和可持续发展的角度认识植物营养和施肥问题。对此，以中国农业大学张福锁教授为首的植物营养学家提出了农业生态系统综合运用土壤、环境和肥料养分，进行养分资源综合管理的理论与技术体系，并在中国主要农田生态系统的实践中不断完善，取得了良好的增产增收与环境友好的效果，成为我国植物营养理论与实践结合的典范。

(2) 植物营养关乎人类健康 植物营养不仅与粮食数量安全有关，而且对粮食质量安全至关重要。通过调控植物营养，不但能让人们吃饱，而且还能让人们吃好，吃得健康。

从粮食数量上说。我国用占世界9％的可耕地面积养活了占世界22％的人口，其中化肥的贡献在50％左右。如果不施化肥，中国土地的生产能力只能养活2亿多人口。目前许多发展中国家由于缺少化肥，人民还在饥饿线上挣扎。

从粮食品质上看，植物只有在养分供应协调的情况下才能生产出有良好品质的产品。但目前一些人在这个问题上仍然存在一些误区，认为施用有机肥的产品品质就比施用化肥的好。实际上，植物养分有多种来源，包括土壤、有机肥、化肥和降雨、灌溉水等多种途径，作物养分协调与否取决于几种来源的共同作用结果，不是其中某一种来源养分的单独作用。植物营养科学是通过研究上述养分资源的综合管理技术，来保证作物获得良好品质的。

植物从土壤中吸收水分、养分，通过给土壤施化肥、有机肥来解决植物的营养问题，但是过量的施肥，不仅造成了资源浪费，还带来农产品品质下降和严重的生态环境危害。过量施肥会导致植物病虫害加重，使农药用量增加而造成污染，这样的植物，人吃了就不利于身体健康。

植物营养是农业生产循环系统中的关键因素，植物不健康，多数表现在植物营养状况有问题，这首先不利于植物自身的生长；其次，还会通过食物链影响人和动物的健康。例如，很多人贫血，就是因为植物产品中缺铁；一些儿童个子长不高、厌食，也是因为缺锌。这些问题在我国还是相当普遍的，全国30％的孕妇缺锌，28％的城市孕妇和41％的农村孕妇有不同程度的缺铁症。解决这些问题的有效方法是吃营养丰富的食品，而用植物营养学方法是最经济、最有效的方法。

在保护生态环境方面，植物营养也在资源环境安全中占据着重要的地位。用于调控植物营养的肥料作为一种独特的资源，其合理施用不但关系到我国粮食安全和人类健康，也关系到矿产资源利用、能源消耗、环境保护等重要问题，由于肥料生产要求活化自然界中大量的氨、磷、硫等元素，并把它们转化成可供植物吸收生长的养分，因此，肥料必然要和整个生态环境产生错综复杂的关系。当肥料施用不合理时，其中的养分会迁移到大气和水体中，而造成环境污染问题。因此，通过植物营养科学的进步，促进肥料产业的健康发展，对我国保持生态平衡和环境优美、实现我国社会和经济的可持续发展具有重要的作用。

肥料在农业生产成本（物资费用加人工费用）中占25％以上，占全部物资费用（种子、肥料、机械作业、排灌等费用）的50％左右，是最大的一项支出。可见，科学施用肥料，提高肥料效率，这不仅能促进我国化肥行业的健康发展，而且对促进我国农业、农村发展和农民增收具有重要的意义。

(3) 高产、高效、优质、环境友好发展面临的挑战　当今世界农业的发展，正面临着人口不断增加、食物需求不断增长、质量安全水平不断提高的巨大压力，面临着水土资源短缺、生态环境恶化和自然灾害频繁的严峻挑战。正如回良玉副总理所说，中国是一个有着13亿人口的发展中大国，解决好中国的农业问题，不仅对中国的经济发展和社会稳定至关重要，而且对世界的经济发展和粮食安全也有重大意义。经过改革开放以来二十多年的不懈努力，中国的农业综合生产能力显著提高，实现了主要农产品供给由长期短缺到总量大体平衡、丰年有余的历史性转变。

科学施用肥料，提高肥料效率，这不仅能促进我国化肥行业的健康发展，而且对促进我国农业、农村发展和农民增收具有重要意义。如今的任务就是要通过研究，使土壤质量得到提高，土壤越种越肥，使食品安全，人类健康，并造福于子孙后代。

二、土壤健康及评价

土壤，作为全球生态系统的一个重要组成部分，是地球上植物初级生产力与生物生长生存的物质基础，在全球生态系统的物质循环、能量转换过程中起着不可替代的作用，在环境污染、区域气候以及全球变化等方面有着极其重要的调控作用。土壤是一个重要的"发生器、储存器、转换器、缓冲器和调控器"。因此，土壤作为一个"活"的"有机-无机生态复合体"，其健康与否，将直接关系到生物的生长发育以及食物的安全，并将最终影响到人类的健康和社会经济的可持续发展。

什么是土壤健康呢？土壤健康是指土壤处于一种良好的或正常的结构和功能

状态及其动态过程（dynamics），能够提供持续而稳定的生物生产力，维护生态平衡，保持环境质量，能够促进植物、动物和人类的健康，不会出现退化，且不对环境造成危害的一个动态过程。

土壤（生态）健康包括以下5个层面的内容。

(1) 土壤物理健康（或形态健康） 一个健康的土壤首先必须具备一定厚度和结构的土体，即具有一定的剖面发育层次、土层厚度、土壤结构、机械组成、土壤密度、土壤孔隙度、土壤紧实度、土壤新生体等。

(2) 土壤营养健康 一个健康的土壤必须具备一定的养分储存，如有机质，全 N、P、K 和有效 N、P、K，阳离子交换量（CEC），微量元素等，以保持植物正常生长所需的营养状态。

(3) 土壤生物健康 土壤生物是土壤生态系统中有生命的组成部分，是地下的"默默奉献者"，对土壤中物质与能量的转化、土壤肥力的维持、污染物的降解等起着重要的作用。因此，土壤生物的健康状况也是土壤健康的一个重要指标与指示因子。一个健康的土壤具有适度多样性的微生物和土壤动物群落，具有功能健康的优势生物种群，不存在有害的土壤病原微生物和动物滋生。

(4) 土壤环境健康 一个健康的土壤必须具备一个健康的发育环境，不存在严重的环境胁迫，如水分胁迫、温度胁迫、盐度胁迫、酸度胁迫、污染胁迫、重力侵蚀胁迫等。

(5) 土壤生态系统健康 一个健康的土壤不仅需要各个组成部分的健康，而且需要生态系统整体上的健康，即要求各部分的组成比例恰当，结构合理，相互协调，最终才能完成正常的功能。下表列举了一些有关土壤健康的诊断指标（见表1-3）。这里需要说明的是，表1-3中列举的仅是一些反映土壤生态健康较为基本的诊断指标。在进行评价时，要根据具体情况（如地理环境、作物类型等）制定一些更加细化的指标体系和标准。

三、磷肥对土壤、作物及农业生态环境的影响

土壤健康质量是土壤净化容纳污染物质、维护和保障人类及动植物健康能力的量度。土壤中的有机污染物（如石油污染物、农药、激素等）、重金属和其他有毒物与土壤微生物活力和作物生长、农产品和食品的安全性及人畜健康密切相关。土壤中某些功能元素如 Se、I、Ge 等对植物生长的必需性还有待证明，但其丰缺与人畜健康有直接关系。施肥对土壤中重金属和有机有毒物含量有一定的影响，因而影响到土壤健康质量和人畜生活质量。

生产无机氮肥和钾肥的原料比较单一，主要是氮气、石灰和钾矿，其杂质较少；氮肥产品是尿素、硫酸铵、碳酸氢铵；钾肥是硫酸钾、氯化钾等，它们都是化合物的结晶体，都比较纯净，一般不含有值得注意的重金属。但是生产磷肥的原料磷矿石的成分复杂，多含有较高的重金属组分，而且制造过程中的酸化工艺

表 1-3　土壤生态健康的诊断指标

项目	土壤健康内涵				
	土壤物理健康	土壤营养健康	土壤生物健康	土壤环境健康	土壤生态系统健康
度量指标	土壤剖面发育	土壤有机质	微生物多样性	水分状况	土壤肥力状况
	土层厚度	氮	动物多样性	温度状况	作物生产力状况
	土壤结构	磷	生物活性	酸度状况	土壤发育与演替阶段
	土壤机械组成	钾	优势生物	盐度状况	土壤环境变化状况
	土壤密度	硫	土壤酶及其活性	碱度状况	土壤环境容量状况
	土壤容重	金属离子	土壤生物量	水土流失状况	
	土壤孔隙度	阴离子	食物量状况	人类开采状况	
	土壤紧实度	微量元素	病菌状况	地质灾害状况	
	土壤团聚体		地下害虫	污染状况	
	土壤新生体				

使重金属的活性大大提高。因此，磷肥的原料和产品中含有较多的重金属等杂质，尤其是 Cd 含量较高，引起社会的极大关注。

有机肥，特别是畜禽粪肥、垃圾堆肥和污泥堆肥的成分也非常复杂，除了有病原微生物外，各种重金属和有机有毒物等杂质都可能进入。有机肥产品含有较高的重金属含量，长期使用有机堆肥有可能导致土壤的重金属污染，并进入食物链，威胁人畜的健康。土壤中的有机有毒物主要是农药及其残留和有机肥所带入的。

磷肥生产趋向于复合化、高效浓缩化、专业化发展，但由于原料矿石本身的杂质以及生产工艺流程的污染，磷肥中常含有不等量的副成分，大多是重金属元素、有毒有害化合物以及放射性物质，长期施用在土壤中累积，造成土壤污染；同时，磷肥生产过程中，部分有毒、有害物质进入磷肥产品，如一些小磷肥厂生产的废酸磷肥含三氯乙醛等有害物质，通过施用进入土壤。化学磷肥的施用对土壤生态环境的影响不容忽视。

(1) 磷肥生产与环境　磷肥生产对环境造成的影响，如磷石膏（生产 1t H_3PO_3 就要副产磷石膏 5t）、污水处理、氟的污染及矿山复垦等问题。其中磷石膏处理是一个重大问题，因为数量很大，而且含有放射性，存储时也会对生物造成危害。

(2) 磷肥与水体环境　近年来，磷肥对水体环境的影响在国内外引起了广泛的关注。水体中只要含 0.02mg/kg 的磷，将使水体开始富营养化。我国的几大湖泊几乎都或轻或重地存在着水体的富营养化问题，有些达到了甚为严重的程度。有报告指出，磷素经由水体被带入一些湖泊（如滇池、洱海、淀山湖和南四湖等）的总磷量中来自农田的占 14%～68%，说明应当重视农田磷肥投入对水体环境的威胁。大量的研究结果表明，进入水体的磷主要是通过径流带入的，当然，渗漏也会占一部分，而径流水溶磷的浓度必然和土壤有效磷水平有关。

（3）磷肥施入土壤中的重金属积累　由于磷肥是用自然界中的磷矿石加工而成的，磷矿石除含钙的磷酸盐矿物外，还含有相当数量的杂质，特别是中低品位磷矿，杂质更多，这些杂质直接影响磷矿和磷肥中镉、镍、铜、钴、铬的含量。但据中国科学院南京土壤研究所鲁如坤等对全国磷矿和磷肥中镉含量的研究表明：中国主要磷矿的镉含量在 0.1～2.9mg/kg 范围内，平均为 0.98mg/kg，远比其他国家磷矿中的含镉量低。国产过磷酸钙和钙镁磷肥的平均含镉量为 0.60mg/kg，特别是钙镁磷肥，平均镉含量只有 0.11mg/kg。根据我国土壤、磷肥用量和含镉量以及土壤最大镉负荷量，鲁如坤认为，随磷肥进入土壤的镉量在相当长的（如数百年）时间内不会对生态环境造成大的冲击。

因此，为减少通过施肥对环境造成的负面影响，应依据科学的施肥原理，大力推广配方肥施用，做到施肥适时适量、科学合理。只要按照施肥原理合理施用肥料，不仅会大大提高肥料的利用效率，减小施肥对环境的危害，而且对我国农业的持续发展也有着重要的作用。

四、磷肥污染对农产品及人体健康的影响

磷肥中含有多种痕量元素组分，有些属于有毒、有害元素，因这些元素在土壤中不能被微生物降解，移动性和淋失量较小，在种植作物时逐渐向耕层集中，长期施用在土壤中累积，造成土壤污染，通过农作物和动物产品进入食物链，危害人类健康。在各类化肥中，磷肥的重金属杂质含量最高，其中砷、镉、铜、铅、锌和汞分别达到了 273mg/kg、24.5mg/kg、32.5mg/kg、8.6mg/kg、270mg/kg 和 0.42mg/kg。因此，长期施用磷肥可引起土壤中重金属的积累，使这些重金属元素在作物中的含量较高，增加了对人畜健康危害的可能性。

（1）对农产品质量的影响　一般磷肥中的镉含量较高，其潜在毒性仅次于汞，而居第二位，成为当今世界关注的热点。环境中过量的镉在对植物生长发育产生影响前，就可由于植物对镉的吸收量增加使植物体内含镉量达到对人畜有害的程度。镉在土壤中过量时，植物会出现缺绿症，生长发育受到抑制。镉容易被作物吸收，作物吸镉量因种类、品种、器官部位等的不同而异，一般植物体内镉含量分布表现为根＞茎＞叶＞果实＞种子。根类、叶类蔬菜作物比谷类作物更易受到镉的污染。镉对植物的毒害作用，主要是镉干扰磷代谢的结果。

（2）对人体健康的影响　通过食物链进入人体的重金属不再以离子的形式存在，而是与体内有机成分结合成金属络合物或金属螯合物，从而对人体产生危害，机体内的蛋白质、核酸能与重金属反应，维生素、激素等微量活性物质和磷酸、糖也能与重金属反应。由于产生化学反应，使上述物质丧失或改变了原来的生理化学功能而产生病变。另外，重金属还可能通过与酶的非活性部位结合而改变活性部位的构成，或与起辅酶作用的金属发生置换反应，致使酶的活性减弱，

甚至丧失，从而表现出毒性。重金属镉污染农作物后，产生的"镉米"、"镉菜"，对人畜生命健康造成了严重的后果。镉进入人体后使人患骨痛病，会损伤肾小管，出现糖尿病，还引起血压升高，出现心血管病，甚至还有致癌、致畸的报道。汞、铅等重金属，即使在体内含量很低，仍会出现中毒作用。铅对动物的危害是累积中毒，人体中铅能与多种酶结合，从而干扰有机体多方面的生理活动，导致对全身器官产生危害，侵入人体的铅有 $90\%\sim95\%$ 在形成磷酸前沉淀于骨骼，而其他的铅则通过排泄系统排出体外。砷对人体的危害也很大，它能使红血球溶解，破坏正常的生理功能，甚至致癌等。

第四节　发展腐植酸磷肥的意义与前景

一、发展腐植酸磷肥的意义

土壤中磷素的积累必然导致径流中磷浓度的提高，事实上，施于土壤中的磷肥只有很小一部分被农作物利用，绝大部分以不同的形态存在于土壤中和转入地下水中，存在于土壤中的磷素，在雨水冲刷下随径流不断进入水体，形成大面积的面源磷污染。

据相关资料，磷肥施入土壤中，有 80% 的有效磷被土壤中的 Ca、Mg、Fe、Zn、Al 等阳离子固定，成为难溶性磷。长期以来，土壤中富集了大量固定的无效磷，一方面会造成土壤肥料的大量浪费，另一方面会破坏土壤团粒结构，造成土壤板结、品质下降以及环境污染。我国自 20 世纪 50 年代施用磷肥以来，储存累计在土壤中难溶态磷高达 $6\times10^7 t$。超过目前全国磷肥消费量的总和。开发活化这部分被固定的磷素资源，将对我国农业发展具有重大的现实意义。

腐植酸（HA）对磷肥作用的研究国内外已进行多年，重点在利用腐植酸类有机物质保护水溶性磷肥，形成含磷和腐植酸的复合肥，减少磷的固定，促进磷的吸收，提高磷肥利用率。添加腐植酸可以抑制土壤对磷的固定，减缓磷肥从速效态向迟效态或无效态的转化，腐植酸不仅对肥料磷有增效作用、对土壤中的潜在磷（作物当季难以利用的磷）也有积极的影响。添加腐植酸可使土壤中的速效磷含量提高。对腐植酸提高土壤中磷效果的机理需进行深入的探讨。煤炭腐植酸在农业领域的应用研究一直受到世界各国的重视。自 20 世纪 60 年代起，美、日、原苏联、法、奥地利等国相继建立了腐植酸类肥料生产厂。近几年来，东南亚地区对腐植酸类肥料的需求也越来越大。我国在农业生产中使用腐植酸类物质也有较长的历史，在泥炭、褐煤、风化煤资源产地，农民早就用它们来改良土壤，我国煤炭腐植酸大规模制造肥料始于 20 世纪 50 年代，20 世纪 70 年代我国有过一段大搞腐植酸肥料群众运动的历史，对推动腐植酸在农业方面的应用起到一定的积极作用。1980 年，全国召开了腐植酸综合利用会议。近些年来，随着绿色食品的快速发展，腐植酸类物质在农业生产中，尤其是与氮肥、磷肥的结合应用更是如雨后春笋，方兴未艾。我国煤炭腐植酸资源丰富，尤其是风化煤遍及全国许多省区，为腐植酸在肥料方面的应用提供了十分有利的条件。

近三十多年来，随着肥料特别是化肥投入的不断增加，一些不合理施肥的负面效应已经明显地显现出来。对于磷肥来说，不合理或过量使用磷肥，造成了土壤中磷素的积累，既浪费了宝贵的磷肥资源，也产生了磷对环境的污染，造成了大面积的河流和湖泊的富营养化，对土壤环境造成了重金属污染，引起农产品品质下降以及对人体健康产生影响。腐植酸与磷肥结合，恰巧能有效地解决这一难题。腐植酸与磷肥结合，可大幅度提高农产品的产量与质量，实现农业生产和环境保护的协调发展。腐植酸与磷肥结合，可提高磷资源的利用效率，实现节约资源和保护环境、生态与生产双赢的可持续发展战略。所以说，腐植酸与磷肥结合发展新型的绿色环保型腐植酸磷肥工业，能促进磷肥的合理有效利用，保护土壤生态环境，促进农业生产的可持续发展，保护人类的健康。

腐植酸对磷肥的增效作用主要有以下几点。

① 抑制水溶性磷的固定，增加磷的有效性。酸性土壤中含有大量的活性铁、铝，石灰性土壤中含有大量的钙。铁、铝、钙等可使有效磷固定、失效。由于腐植酸对铁、铝、钙等离子的亲和力强，因此，在速效磷肥中添加腐植酸后，可以明显地抑制土壤对磷的固定。

② 对吸磷量的影响。国内 HA 农业协作网的试验证明，磷肥中添加 10%～20%的 HA 可使磷肥肥效提高 10%～20%，磷吸收量增加 28%～39%。

③ 对磷肥利用率的影响。有关试验表明：风化煤、褐煤、泥炭上提取的腐植酸生产的硝基腐铵、氯化腐铵施用在小麦上，磷的利用率增加幅度为18%～19.3%。

④ 对土壤磷有效性的影响。腐植酸可以改变土壤的理化性质，增加微生物的活动，有利于矿物态磷向有效性磷转变。

目前是我国经济社会发展的重要战略机遇期，国家将继续加强农业综合生产能力建设，加大支持"三农"的力度。这必将促进对环保型化肥需求的增长。国际能源价格的高位徘徊，有利于提高国产磷肥的市场竞争力。因此，今后相当长的一段时期内，绿色环保型腐植酸磷肥工业有着良好的发展机遇，将成为磷肥工业发展的又一个高峰期。

磷复肥企业要十分重视、积极参与绿色环保型腐植酸磷肥的发展，及时应用其成果，生产不同地区各种作物专用的绿色环保型腐植酸磷肥，提高化肥利用率，帮助农民增收节支。各种作物专用肥要继续向化肥市场转移，大型企业应重点生产区域性大宗农作物系列专用肥，小企业，特别是腐植酸磷肥企业应供应各种高附加值经济作物、蔬菜、花卉、瓜果专用肥，要进一步增强农化服务功能，与农资流通和农业科研部门共同建立健全全国化肥营销网络和社会化服务体系。发展循环经济，构建资源节约型、环境友好型产业，进一步提高市场竞争力，是实现磷肥工业持续健康发展的关键。目前，腐植酸磷肥行业还没有和测土配方完美的结合，我国的绿色环保型腐植酸磷肥业有着广阔的发展空间。

二、我国腐植酸磷肥的开发应用前景

腐植酸是土壤团粒组织的构造者，亦为肥料运转的"仓库"。生产腐植酸磷腐肥的原料泥炭、风化煤、褐煤是低热值的煤，它们在我国分布广，储量大。据有关数据显示：全国共有泥炭资源量468708.67万吨（5719处矿产地），其中可用资源量433024.3万吨，占全国资源量的92.40%。1985年探明的褐煤储量为12646亿吨，以内蒙古东北部与东北三省相邻地区的褐煤储量为最多，达468.7亿吨。我国风化煤资源分布广、储量大，但由于风化煤热值低，过去一直未将风化煤作为有益矿产资源，不作统计，现据粗略估计，我国风化煤资源可达5600亿吨。

利用这些低热值的泥炭、风化煤、褐煤为原料生产腐植酸磷复肥肥料，对培肥地力、改良土壤结构及性能、提高肥料利用率、转化土壤中磷营养、促进植物生长发育、提高农作物产量等有特殊作用的同时，应用腐植酸类肥料是人类协调资源与环境关系的一种有效手段，对人类长期的社会生活将起良好的生态效应。

在农业生产中，磷肥作为第二大肥无可替代。磷矿资源不可再生，已经面临枯竭。腐植酸对磷肥有着活化、转化、移动等多重功效，提高磷肥效果已为大家所熟知。开发新型腐植酸磷肥，进一步提升了腐植酸的使用效率，提高了磷肥的利用效率。二者共同作用，构成了资源综合利用、生产有效结合、产品多重功能的新型第二大肥种——腐植酸磷肥（HA-P）。该肥一旦形成产业，必将优化化肥结构，改善土壤环境，改良作物品质，确保农业可持续发展。

从目前的形势看，生产和施用腐植酸磷腐肥是获得农作物丰产的一条经济有效的措施，对合理利用资源、保护生态环境具有深远的意义，其开发前景广阔，市场需求量大，社会经济效益高。

第二章

腐植酸与土壤肥力的关系

腐植酸在地球上的分布很广，涉及土壤、低级别煤炭及水体。天然腐植酸是由死亡的植物残体经长期的生物化学或地球物理化学作用后生成的。人工生物发酵和化学合成也能制成腐植酸，但大量存在腐植酸的地方仍是煤炭和土壤。腐植酸是一种良好的土壤改良剂，同时与化肥配合使用，不仅可以提高肥料利用率，增加肥效，还可以减轻对土壤理化性状的不良影响，减少高浓度化肥施用不当造成的"烧苗"现象。

第一节　我国腐植酸资源及其性状

一、腐植酸的主要来源

腐植酸是植物的残骸在微生物参与下经过复杂的化学、生物的分解及合成反应生成的产物。从成煤的角度看，泥炭是植物转变成煤的初始阶段的产物。植物残骸在一些微生物的作用下发生氧化分解，改变了原来的形态和结构，变成了含水分很高的棕褐色物质。这种物质称为泥炭或泥煤。这个过程称为泥炭化阶段。在泥炭化阶段中，植物残骸中已水解的组分，如脂类、半纤维素和木质素等，发生了深度的化学分解。同时，分解产物还会互相作用，合成植物组成中原来没有的腐植酸。植物中比较稳定的物质，如脂肪、蜡质和树脂，形成了泥炭中的沥青。泥炭中除含有大量的腐植酸和沥青外，仍含有未完全分解的植物残体。所以泥炭中还残留着植物原有的根、茎、叶、树皮等组织残骸。腐植酸是泥炭有机质中的重要组分，中国泥炭中的腐植酸含量一般为 20%～40%。泥炭层埋于地下，在温度、压力等地质化学因素的影响下，经过所谓的成岩作用后转化为褐煤。从泥炭过渡到褐煤以后，一般来说不再含有未分解的植物组织，而腐植酸继续存在，其含量随着煤化程度的增加，从少到多，然后又趋于减少。同时，腐植酸的元素组成也有很大的变化，碳含量增加，氧、氢含量减少。褐煤形成以后，沉降到地壳内很深的地方，受到高温、高压的影响，改变了原来的性质和结构，转变为烟煤和无烟煤。风化煤是褐煤、烟煤和无烟煤受地表风化作用后的产物。泥炭、褐煤和风化煤是腐植酸的主要开采原料，但不同来源的腐植酸在组成、性质上均有一定的差异（见表2-1）。因为从植物及各种煤的组成成分来看，其主要组成元素的含量有较大的差异，随着煤化程度的增加，煤中碳含量增加，氢、氧含量减少。

表 2-1　植物以及腐植煤的组成成分

名称	元素分析			组成分析			
	C/%	H/%	O/%	纤维素/%	木质素/%	腐植酸/%	官能团
树木	50	6	44	40～60	20～30		
泥炭	60～70	5～6	25～35	0～15	6～40	40～60	减少
褐煤	70～80	5～6	12～25	0～30	2～3	1～85	减少
烟煤	80～90	4～5	5～15				减少
无烟煤	90～98	1～3	1～3				减少
风化煤	45～70	2～6	25～33			30～70	增加

二、腐植酸组成与结构

（1）元素组成　根据对腐植酸的化学分析，腐植酸的主要组成为碳、氢、氧、氮和硫。对于不同来源的腐植酸，如土壤腐植酸与煤炭腐植酸，不同地点的泥炭、褐煤、风化煤中的腐植酸，腐植酸与黄腐酸，其主要含量是不同的，但变化范围都不是很大，且无论何种来源的腐植酸和黄腐酸都以碳和氧为主要元素，而氮、氢和硫是少量的。表2-2为土壤和其他来源得到的腐植酸的元素组成。从多年来腐植酸工作者的研究报告中可以清楚地看到这一点。中国科学院化学研究所郑平、刘康德等人在这一方面做了大量的工作，他们曾对国内外有一定代表性的煤炭腐植酸、黄腐酸作了大量的表征，其元素分析部分的研究结果摘录于表2-2中。

从表2-3中不同来源的煤炭腐植酸的元素组成的测定值来看，各元素含量的基本范围是碳为42%～67%，氧为25%～45%，氢为2%～6%，氮为1%～3%，硫为0%～2%。不同来源的腐植酸、黄腐酸主要组成元素的含量各不相同。

对于煤炭腐植酸，碳的含量主要与原料煤的煤化程度有关。煤化过程的次序是褐煤、烟煤、无烟煤的风化产物。碳应是物质缩合程度的指标。从植物及各种

表 2-2　土壤和其他来源的腐植酸的元素组成　　　　　　　　　%

来源	C	H	N	S	O
土壤腐植酸	53.8～60.4	5.8～3.7	3.2～1.9	0.4～1.1	36.8～33.6
湖泊沉积物腐植酸	53.7	5.8	5.4	未测	35.1
煤腐植酸①	57.39～61.8	2.4～5.51	0.8～3.65	0.56～1.23	28.09～37.16
土壤富里酸	42.5～50.9	59～3.3	2.8～0.7	1.4～0.3	47.1～44.8
水中富里酸	46.2	5.9	2.6	未测	45.3

① 中国农科院化学研究所对泥炭、褐煤、风化煤的测定值范围。

煤的组成成分来看，随着煤化程度的增高，煤中碳含量增加，氢、氧含量减少（见表2-1），所以从不同煤化程度的煤中提出的腐植酸的碳含量应表现出明显的差异。但许多研究都表明，在碳含量上，不同产地的腐植酸类物质表现出的差异比不同煤种的差异更大。如表2-3中，四种褐煤腐植酸中碳含量最高的吉林舒兰为66.37%，最低的是云南昭通，为58.51%，而四种泥炭腐植酸的碳含量为59.84%～62.66%。泥炭与褐煤之间并没有表现出明确的碳含量的差异，而同是褐煤腐植酸，产地之间的差异却是较明显的。黄腐酸的碳含量普遍低于腐植酸，其中泥炭黄腐酸又低于风化煤黄腐酸。

表 2-3　不同来源煤炭腐植酸的元素组成　　　　　　　　　%

名　称	C	H	N	S	O	C/H(原子数比)
广东康江泥炭腐植酸	62.66	5.07	1.21	1.36	27.58①	1.03
福建泉州泥炭腐植酸	59.84	5.29	1.82	0.67	29.11①	0.94
北京延庆泥炭腐植酸	61.82	5.15	1.89	1.10	30.04	1.00
吉林敦化泥炭腐植酸	61.00	5.92	2.43	0.54	27.14①	0.86
广东茂名褐煤腐植酸	60.40	4.25	2.64	2.02	25.05①	1.18
云南昭通褐煤腐植酸	58.51	4.21	1.89	1.30	29.90①	1.16
内蒙古贾兰诺尔腐植酸	65.45	4.39	—		30.16	1.24
吉林舒兰腐植酸	66.37	3.62	—		30.01	1.53
北京门头沟风化煤腐植酸	66.09	2.87	1.70	0.57	26.00①	1.92
江西萍乡风化煤腐植酸	66.92	2.94	1.59	0.49	29.70①	1.90
新疆吐鲁番风化煤腐植酸	61.93	2.59	0.94	0.32	24.33①	1.99
山西灵石风化煤腐植酸	59.39	2.40	1.05	0.67	36.49	2.06
山西大同Ⅰ风化煤黑腐酸	62.97	3.06	1.35		32.62	—	1.71
山西大同Ⅱ风化煤黑腐酸	62.22	3.40	1.38		33.00	—	1.53
山西大同Ⅰ风化煤棕腐酸	62.25	5.25	—		32.50		0.99
山西大同Ⅱ风化煤棕腐酸	62.95	5.06	—		31.99		1.04

名　称	C	H	N	S	O	C/H(原子数比)
河南巩县风化煤黄腐酸	55.23	2.32	0.75	2.15	38.35①	1.98
广东湛江泥炭黄腐酸	45.74	4.52	0.92	2.06	45.53①	0.84
新疆吐鲁番风化煤黄腐酸	50.70	3.15	1.59	0.58	42.68①	1.34
云南昆明泥炭黄腐酸	42.28	3.84	2.15	1.84	41.77	0.92

① 直接法测定。

在氢的含量上，一般的规律是泥炭腐植酸高于褐煤腐植酸，褐煤腐植酸又高于风化煤腐植酸。从表 2-3 可见四种泥炭腐植酸的含氢量是在 5.07%～5.29% 之间，四种褐煤腐植酸的含氢量在 3.62%～4.39% 之间，而四种风化煤腐植酸的含氢量在 2.4%～2.94% 之间。氢的含量明显随着煤种的不同而异，且随着煤化程度的增加而减小。

氮的含量与氢的含量有着相同的变化趋势。但不论产地、原料煤种如何，氮含量一般都是在 1%～3% 的范围内。

腐植酸的氧含量随着不同煤种之间的变化不明显，但黄腐酸的氧含量普遍高于腐植酸。表 2-3 中最下面的三种黄腐酸的氧含量都在 40% 以上，明显高于其他各种腐植酸。巩义黄腐酸的氧含量为 38.35%，也已高出表中大多数腐植酸。巩义黄腐酸被认为是一种较特殊的黄腐酸类物质，它在某些方面的性质更接近腐植酸。

(2) 分子量　腐植酸不是一种纯物质，它不像一般纯净的有机化合物那样有着确定的原子个数、固定的分子量，对各元素的原子在空间的相对位置和空间排列也不能描述得很清楚。实际上，腐植酸是一类结构组成复杂的大分子混合物。由于生成腐殖物质是经历了数不清的反应，并且没有严格控制，所以在任何一种样品中几乎没有两个分子是完全相同的。其组成成分的大小尺度和组成结构都很不均一，分子量各不相同，分布在一个比较宽的范围内。一般说到腐植酸的分子量，指的是其平均分子量。关于腐植酸的平均分子量，虽然国内外腐植酸工作者作了不少专门的研究，但各研究报告中所给出的数据是非常分散的，高低差别特别悬殊。文献报道中腐植酸的分子量小到几百、几千，大到几百万，甚至同一样产品，用不同方法测得的结果可相差一到两个数量级。造成这种混乱情况的原因很多，一个主要原因是材料来源不同，腐植酸的提取、制备方法不一致，客观上难以统一对比。另外，腐植酸制备中的杂质很难除尽，而残余杂质对平均分子量的测定会带来很大的影响；又由于腐植酸是含有多种官能团的大分子物质，在水溶液中一方面会解离，另一方面又能通过氢键、桥键等形成聚合体，致使测定结果偏离了腐植酸的分子量。

腐植酸是复杂的混合物，但是成分之间有许多共同特征，可以采用分级的办法以得到性质上比较均一的成分。事实上，每个组分都只是富集了一定范围的成分。腐植酸类物质的分级通常利用溶解度、电荷性质、分子大小、与金属离子反应和吸附特点的不同来进行。而一般所谓的分级，是按分子量大小和溶解度进行分级的。在中国煤炭界比较通用的是 1919 年 Oden 提出的分级方法，即将腐植酸分成水溶性的黄腐酸、乙醇可溶的棕腐酸和碱溶性的黑腐酸。黄腐酸分子量最小，溶于酸、碱和水；棕腐酸分子量较大，溶于碱和乙醇、丙酮，而不溶于酸和水；黑腐酸分子量最大，溶于碱，而不溶于水、酸、乙醇、丙酮。所以说，黄腐酸是腐植酸中可溶于水、分子量较小的一个组分。

（3）结构表征　由于腐植酸是不纯物质，而且是结构组成相当复杂的复合物，具有很强的结合、吸附性能，各物质间通过键合、氢键、吸附等化学、物理作用纠结在一起，因此，对腐植酸结构的研究也就不可能像阐明纯物质那样将分子中各种元素的原子个数、相对位置及空间排布都描述得清清楚楚，而只能是在宏观上粗放地勾画出其主要结构特征。这种宏观的结构研究通常叫做结构表征。腐植酸的结构表征一般包括元素分析，含氧官能团的测定，E_4/E_6、絮凝极限两个重要特征常数的测定，分子量和分子量分布的测定。

由官能团的测定可知，腐植酸含有酚羟基、羧基、醇羟基、烯醇基、磺羧基、氨基、醌基、甲醛基等多种基团。由于这些活性基团的存在，决定了腐植酸的酸性、亲水性、离子交换性、络合能力及较高的吸附能力。表 2-4 列出了不同来源煤炭腐植酸的官能团分析数据。

表 2-4　不同来源腐植酸的官能团分析数据　　　　mmol/g

名　称	总羧基	羧基	酚羟基	总羟基	醇羟基	甲氧基	醌基
广东康江泥炭腐植酸	6.57	3.95	2.62	3.98	1.36	0.23	1.8
福建泉州泥炭腐植酸	5.71	3.04	2.67	4.26	1.59	1.93	1.3
北京延庆泥炭腐植酸	4.6	2.9	1.7	5.0	3.3	1.59	0.80
吉林敦化泥炭腐植酸	6.05	3.56	2.49	4.95	2.46	0.90	0.94
广东茂名褐煤腐植酸	6.33	3.71	2.62	2.70	0.08	0	1.8
云南昭通褐煤腐植酸	7.52	4.23	3.29	3.86	0.57	0.29	1.6
内蒙古贾兰诺尔腐植酸	6.55	2.85	3.70	—	—	0.45	—
吉林舒兰腐植酸	6.48	2.35	4.13	—	—	0.37	—
北京门头沟风化煤腐植酸	6.18	4.30	1.88	2.36	0.48	0	2.9
江西萍乡风化煤腐植酸	7.05	5.18	1.87	1.98	0.11	0	2.7
新疆吐鲁番风化煤腐植酸	7.36	5.61	1.75	2.01	0.26	0	3.1
山西灵石风化煤腐植酸	7.1	5.2	1.9	1.8	0	0	3.1
山西大同Ⅰ风化煤黑腐酸	6.56	4.03	2.53	—	—	0	—
山西大同Ⅱ风化煤黑腐酸	6.16	3.72	2.44	—	—	0	—

名　称	总羧基	羧基	酚羟基	总羟基	醇羟基	甲氧基	醌基
山西大同Ⅰ风化煤棕腐酸	7.29	3.19	3.80	—	—	0	—
山西大同Ⅱ风化煤棕腐酸	7.43	4.85	2.58	—	—	0	—
河南巩县风化煤黄腐酸	9.39	7.96	1.43	1.53	0.10	0.04	2.4
广东湛江泥炭黄腐酸	8.47	6.39	2.08	5.55	3.47	0.26	0.70
新疆吐鲁番风化煤黄腐酸	10.7	9.1	1.6	1.83	0.23	0	1.4

从表2-4可见，总羧基以及羧基的含量，大体上是风化煤腐植酸高于褐煤腐植酸和泥炭腐植酸，黄腐酸高于腐植酸。在腐植酸的三个级别中，黄腐酸的总羧基和羧基含量都是最高的，这和它们的水溶性是一致的，而酚羟基则与此相反。总羧基、羟基以及酚羟基在各来源的腐植酸中均为主要的含氧官能团，而醇羟基、甲氧基只是在泥炭腐植酸中存在，褐煤腐植酸、风化煤腐植酸中的含量很低，可以略去不计。醌基在煤炭腐植酸中大体是风化煤高于褐煤、泥炭，而黄腐酸中醌基的含量最低（巩义黄腐酸例外），所以在黄腐酸的三个级别中，黄腐酸的颜色最浅。羰基广泛存在于各种来源的腐植酸中，在总羰基中除去醌基均有相当数量的非醌羰基存在。

相对于一般的腐植酸，黄腐酸的分子量较小，含有较多的氧和较少的碳，结构上含有更多的羧基、羟基等活性基团。因此，在实际应用上，黄腐酸表现出更高的生理活性。E_4/E_6 与絮凝极限是腐植酸类物质的两个重要特征常数，所以说腐植酸不是纯物质，不能用单一的化学结构式来表示。长期以来，腐植酸的化学结构曾是众多研究者甚为关注的课题，也是腐植酸研究中最复杂的课题之一。但由于腐植酸的化学组成非常复杂，关于腐植酸的化学结构至今仍不清楚。各国科学工作者在大量研究所积累的资料、数据的基础上，对腐植酸的结构提出了很多设想和模型结构。比较一致的看法是 Haworth 在 1971 年提出的腐植酸的结构设想，认为煤炭腐植酸的骨架是由一个或数个不太大的芳核通过醚键、亚胺键、羰基、较短的烷烃基桥键随机连接起来组成的。在这些芳核和桥键上，随机分布着羧基、羟基、羰基等官能团。芳核通常由2～5个环缩合而成，其中可能包括五元或六元的芳杂环。少量的肽键残片、糖基残片、烷烃基、金属离子等通过共价键或配位键连接在芳核或官能团上，几个这种相似的结构单元之间通过氢键、金属离子桥、电荷转移络合成巨大的复合体。

三、腐植酸类物质理化性质

腐植酸在地球上的分布很广，涉及土壤、低级别煤炭及水体。天然腐植酸是由死亡的植物残体经长期的生物化学或地球物理化学作用后生成的。人工生物发酵和化学合成也能制成腐植酸，但大量存在腐植酸的地方仍是煤炭和土壤。腐植酸是一种良好的土壤改良剂，同时与化肥配合使用，不仅可以提高化肥利用率，增加肥效，还可以减轻对土壤理化性状的不良影响，减少高浓度化肥施用不当造成的"烧苗"现象。腐植酸在农业上的应用还有很多。

(1) 物理性质 腐植酸是一类无定形大分子化合物，通常都呈黑色或棕色的无定形形态。腐植酸的颜色随着腐植化程度的加深由红褐色→暗黑色→黑色依次变化。干燥的腐植酸外形呈贝壳断口样的凝胶状，相对密度为1.330～1.448。

腐植酸具有胶体性质，在水溶液中显示疏松的结构。根据 Flaig 等人的电子显微镜观察，腐植酸在水中的最小分散颗粒的直径是6～10nm。

加入电解质会破坏腐植酸胶体溶液的稳定，使腐植酸颗粒凝聚起来，产生絮状沉淀。电解质对腐植酸的这种作用称为絮状作用。不同来源的腐植酸耐电解质絮凝的能力不同，这种能力可用絮凝极限来表示，絮凝极限是腐植酸的一个重要特征常数。一般地说，不同来源、不同组分的腐植酸类物质的絮凝极限情况为：泥炭腐植酸＞褐煤腐植酸＞风化煤腐植酸；黄腐酸＞棕腐酸＞黑腐酸。

腐植酸的胶体性质在腐植酸的应用中发挥了很大的作用，如腐植酸水煤浆、腐植酸钻井液、腐植酸叶面喷施剂的制备、应用及其作用机理等，都与腐植酸的胶体性质有关。

腐植酸的热稳定性较差，在高温下很容易脱羧、脱羟基、裂解等，致使其变性，失去原有的活性。因此，对腐植酸的提取、分离及腐植酸类产品的干燥过程，最好在低于70℃下进行。

(2) 化学性质 腐植酸实际上是一种结构复杂、含有多种官能团的大分子有机弱酸。由于有羧基、酚羟基和醇羟基，腐植酸具有弱酸性，可遇碱成盐。腐植酸可与钾、钠、钙、镁及铵等离子结合生成相应的腐植酸盐。不少腐植酸盐已广泛应用于工、农、医药等领域并发挥了很好的作用，如用于工业水处理的腐植酸钠，用于农田肥料的腐植酸铵等。

腐植酸有较强的离子交换能力，利用其离子交换性，可将腐植酸用于工业污水处理、土壤保肥等很多方面。

腐植酸分子中含有苯环、稠苯环及各种杂环，各环之间有桥键相连，环及支链上有羧基、酚羟基、醌基、甲氧基、磺酸基、氨基等各种官能团。由此决定了腐植酸除具有酸性、亲水性、离子交换性外，还有较强的络合、螯合能力及吸附能力。腐植酸类物质在陶瓷工业、废水处理的有效应用都主要源于络合、螯合和吸附作用。

腐植酸在一定条件下还可以硝化、磺化、氧化和氯化等，通过化学结构的变化可以在一定程度上改变腐植酸原有的性质，赋予它新的品质，以满足实际应用的需要。

一、我国腐植酸资源的概况

中国和世界各国的农业生产，都是从使用有机肥料开始的；就是在化肥工业高速发展、化肥施用量不断增加的今天，有机肥料仍为中国农业提供了 35％的氮素、62％的磷素和 92.5％的钾素。

有机肥料不仅为农作物生长提供各种养分，而且向土壤中补充了大量有机质，这些有机质是土壤的重要组成成分之一，也是土壤肥力的基础。土壤有机质通过以下作用影响土壤肥力：参与离子交换反应；释放氮素及其他养分；作为金属阳离子对植物有效性的一种螯合反应剂；提供具有生物活性的物质和稳定土壤结构；为土壤微生物活动提供基质和能源。

土壤有机质根据 KOHOHOBa（1975）的方法主要分成两大类：一类是新鲜的和分解不完全的动植物残体，另一类是腐殖质。腐殖质中除包括有机残留物、进一步分解的产物和微生物再合成的产物外，主要成分是腐植酸。从土壤的形成和发展、土壤肥力的保持以及对农业生产的影响等方面研究土壤腐植酸，多少年来一直是土壤农业化学工作者的重要课题之一。自 1786 年 Achard 分离出土壤腐植酸以后，两百年来，全球科学工作者对腐植酸进行了大量的研究工作，积累了许多资料与数据，其中除对腐植酸复杂的化学组成和性质进行研究以外，腐植酸对农业生产的影响，腐植酸及其代用品作为肥料，一直是主要的研究内容。

泥炭、褐煤、风化煤中含有的煤炭腐植酸，与土壤腐植酸的结构、性质和对土壤及作物的影响有类似之处。因此，用储量丰富的煤炭腐植酸及其系列制品当作肥料施用，作为土壤腐植酸的补充来源，一直引起人们的重视。

土壤是地球陆地上能够生长植物的疏松的表层，肥力是土壤的基本特性。影响肥力的土壤的基本性状很多，其中主要有：土壤耕作层的厚度，耕层土壤的质地和结构，土壤有机质含量，土壤氮、磷、钾等养分的含量，土壤酸碱度等。

目前国内耕作土壤中，肥力水平低、土壤理化性状差、农作物产量不高的低产土壤占 30％左右，这些土壤的基本性状可以概括为："旱、涝、盐、碱、酸、板、瘦"几个字。改造低产土壤对农业实现均衡增产，加速农业现代化有重要意义。

改良低产土壤的措施中，大量施用有机肥料，增加土壤有机质是重要措施之一。煤炭腐植酸与土壤有机质中的腐植酸具有相似的结构和性质，因此，大量施用泥炭、褐煤、风化煤及其制造的腐植酸类肥料，实践表明，也可以起到显著的土壤改良作用。

1. 我国腐植酸资源的概况

腐植酸是动植物的遗骸，主要是植物的遗骸，经过微生物的分解和转化，以及地球化学的一系列过程造成和积累起来的一类成分复杂的天然有机物质。它在地球表面分布很广，存在于土壤、煤炭、湖泊、河流及海洋中。土壤煤矿，大部分地表上都有它的踪迹，总量达万亿吨。天然腐植酸可分为土壤腐植酸、水体腐植酸和煤炭腐植酸三大类。土壤所含的腐植酸总量最大，但在其中的含量平均不足百分之一；咸淡水中含有的总量也不小，但浓度更低，作为资源开发，是不可能的。工业上腐植酸的主要原料是一些低热值的煤炭，主要包括泥炭、褐煤和风化煤。我国的煤炭储存量非常丰富，根据资料，煤的总储量有亿万吨。其中，有泥炭和褐煤共约1300亿吨，风化煤的数量虽然没有统计数据，但也不在少数。

由于腐植酸在自然界的广泛存在对地球的影响也很大，涉及碳的循环、矿物迁移积累、土壤肥力、生态平衡等方面，所以首先注意和研究它的是土壤学家，大概在两百年前就开始研究了。到目前，环境科学家对它越来越重视。但是作为一类可以开发利用的资源来看待，恐怕还仅仅是开始。人类文明发展得愈迅速，愈感到资源的短缺。这样一类数以万亿吨计的潜在有机资源，理应受到重视。当然，作为资源利用的角度来考虑，不是随便什么类型的腐植酸，都有开发利用价值。最有希望加以开发利用的腐植酸资源，是一些低热值的煤炭，诸如泥炭、褐煤和风化煤。在它们之中，腐植酸含量达 10%～80%。从这个意义上说，腐植酸的生产和应用，也可以说是煤化工的一个方面。我国煤炭蕴藏量是非常丰富的，根据资料，有泥炭50亿吨，褐煤1265亿吨，风化煤尚没有统计数据，但煤的总储量有6000亿吨，其中风化煤当然也不在少数，应该说更有发展前途。

2. 我国腐植酸利用研究的发展历史

20世纪50年代初，中国科学院煤炭研究所开始对泥炭的利用进行研究，但起初并不明确要利用其中的腐植酸。50年代末，受苏联的影响，已有用泥炭改良土壤和制取植物刺激素的尝试。60年代初，中国科学院南京土壤研究所、北京农业大学、华东化工学院、北京石油学院等单位对用舒兰褐煤，以硝酸氧化制造硝基腐植酸肥料以及在农业上应用的方法和效果，曾进行过比较集中的研究和试验。1979年，国务院以200号文件批转了国家经委《关于加强腐植酸综合利用工作的请示报告》，明确在国家经委统一领导下，在有关部委分工下进行工作，使腐植酸科研工作逐步正规发展。

腐植酸在农业领域的研究开发利用是最多的，也是我国20世纪70年代开展腐植酸综合利用的初衷，目的是为了缓解当时化肥总量不足的困难。实践证明，腐植酸对番茄、棉花、葡萄等作物的生长具有类似于激素的刺激作用。目前，腐植酸已成为农业上应用的抗旱剂、叶面肥、调整剂及复配产品的主要成分。

近十年来，国内腐植酸的科学研究在稳步开展。中国腐植酸工业协会坚持奉行"高扬绿色，关注民生"的宗旨，全面推动"腐植酸是关怀人类新产业"的发展，用科学发展观统筹各项工作，以"循环经济"为理念，以"绿色环保"为主题，以"盘活资源"为主战场，以"科技开发"为突破口，以"产品创新"为着力点，以"重点产业"为支撑点，以"市场化"为前提，用"跳跃式"的发展模式，通过凝聚全行业的力量，全面提升了腐植酸产业的整体水平。主要表现在：各地煤炭腐植酸资源得到有效利用和保护，生物（化）腐植酸开发呈现多元化，各产业门类不断扩大，中、小企业迅猛发展，专业产品开发层出不穷，市场空间不断拓展，产、学、研结合更加紧密，绿色环保产业特色更加凸显，全行业整体实力大为增强。

发展到现在，全国生产腐植酸类产品的工厂有 70 多个，多数是中小型工厂，但也有年产万吨以上的硝基腐植酸系列产品的较大工厂。全国腐植酸类产品的总产量在 10 万吨上下。产品种类很多，一般通用的有提纯腐植酸、硝基腐植酸、黄腐酸、腐植酸钠等，用于农业方面的有硝基腐植酸铵、各种腐植酸复混肥料和专用肥料、小麦抗旱剂、营养土等，用于牧业的有杀螨灵、蛋多多等，用作钻井泥浆处理剂的有硝基腐植酸钾、磺甲基化腐殖酸钾、腐植酸铁铬盐和树脂改性的腐植酸等，用于混凝土减水剂的有磺化腐植酸钠和磺化硝基腐植酸钠等，用于环保的有 FH-1 等离子交换剂，用于医药的已有"腐敏"、"妇治栓"等成药，经批准投放市场。中国腐殖类产品品种之多已在世界各国的前列。

农业方面，具有中国特色的腐植酸应用可以列举以下一些例子：①吉林省等地，已广泛用硝基腐植酸作为水稻育秧的培土 pH 调节剂，保证获得健壮的秧苗；②河南、甘肃等北方小麦产区，将黄腐酸作为小麦抗剂喷洒，在经常发生的干热风侵袭下，减少蒸腾作用，增强抗旱能力，提高小麦收获量；③云南、河南等产烟区，用特殊配制的腐植酸复混肥料代替供应不足的饼肥，以保证烟叶质量不下降；④河南、新疆、四川、江西等地，施用备种腐植酸类复混肥料和腐植酸类植物刺激素，使葡萄、哈密瓜、黄桃、西瓜、蔬菜等果菜的糖分和丙种维生素等营养成分提高，从而提高了产品的质量。医学方面，国内不但已进行了大量的基础性研究，而且已经开始应用到临床方面。欧洲流行泥炭浴疗，根据中国医学界的观点，认为泥炭浴的治疗作用就是因为泥炭中含有腐植酸，因而国内创造了腐植酸浴疗，并已在治疗类风湿等疾病上取得了良好的效果。

在短短十几年内，中国腐植酸综合利用的研究，已有一个良好的开端，生产和应用也初具规模。中国腐植酸协会已成立，它已开始组织协调本行业的发展。

二、我国腐植酸资源利用的发展前景

我国拥有三大煤炭腐植酸资源（风化煤、褐煤、泥炭）约 2000 亿吨，属于不可再生的天然有机资源，再开发价值量高达 300 万亿人民币（以腐植酸钠均价

1600 元/t 计），其衍生产品包括生物（化）腐植酸产品在内，涉及 3500 多家为绿色、环保、低碳产业服务的企业。

在我国，腐植酸的综合利用虽然起步较晚，但现在的规模以及技术，在世界上并不落后。因此，也应该与发达国家一样把基础研究、应用研究、技术开发、生产技术、生产和市场作为一个统一的系统来考虑进行工作。

腐植酸不是纯物质，是类型物质，它的组成随来源的不同而差异很大。为得到质量好而且稳定的腐植酸类产品，先决条件是原料的质量好而且稳定。美国的腐植酸类产品都是以风化褐煤作原料的，这个选择不是偶然的，第一是这种原料的腐植酸含量很高，杂质很少，第二是风化褐煤比较年轻，容易进行化学改性，所以是一种很优越也很便宜的原料。中国也有类似的煤炭腐植酸原料，在全国各大区选出几处，作为腐植酸的原料基地，是完全可能也是必要的。

腐植酸类物质在农业生产中的应用是我国开展腐植酸综合利用工作的初始，目的是缓解当时化肥总量不足的困难，20 世纪 70 年代末 80 年代初广泛开展了发展腐植酸类肥料的群众运动，以腐铵为主的腐植酸类肥料的产量达到每年数十万吨到数百万吨，涌现了一大批推广应用腐植酸类肥料效果显著的典型事例，但由于腐铵、腐磷本身养分的局限性和当时生产与应用尚缺乏应有的科学技术指导，以致腐植酸类肥料的推广应用工作未能持续、健康地发展。

腐植酸类肥料具有改良土壤、增进肥效、调节作物生长、提高作物抗逆性和改善作物品质等作用，这些作用推动了腐植酸复混肥料、腐植酸专用肥料、腐植酸微量元素肥料、旱地育秧床土、腐植酸液体肥料和腐植酸作物调整剂等产品的开发，为我国发展有机-无机结合肥料品种提供了切实可行的途径。施用腐植酸肥料，可以生产出没有污染的绿色食品，施用后不会产生有害物质，所以，被农业部列为可以生产绿色食品和有机食品的肥料之一。我国绿色食品生产的全过程、质量控制技术体系，整体已达到欧盟、美国、日本等发达国家食品质量安全标准，已与国际接轨，但如何生产出绿色安全食品，根本问题还在于如何克服和防止土壤污染。从施肥角度讲，必须坚持有机肥、无机肥相结合，使用腐植酸类肥料是科学的选择。据农业发展需求及肥料发展前景，腐植酸在农业上的发展主要有：①制造腐植酸颗粒复混肥料，其中腐植酸含量不要求很高，主要起黏合剂、化肥增效剂、微量养分携载剂等作用。在可能的条件下，力求高养分含量的产品，但也应允许生产一些中等养分含量的品种，便于综合利用。例如，可以利用硝酸厂的氧化氮尾气，生产硝基腐植酸磷肥。在这些腐植酸颗粒复混肥料中，应该特别注意经济作物专用肥的发展。②发展和推广腐植酸液肥，重点用于提高农产品质量，如瓜果含糖量等，以及抗逆防灾方面，如防干热风等。③发展泥炭营养土在花卉、蔬菜栽培方面的应用，特别是绿化美化城市和蔬菜育苗工厂化方面的应用。④利用腐植酸对植物无害有益的特点，开发腐植酸在农药方面的应用，达到增加和延长药效，同时又减少环境污染的目的。

目前已经开发出来的腐植酸综合利用的途径，包括其可以预期的发展在内，与腐植酸资源的巨大潜力相比，还是十分不相称的。究竟能使腐植酸资源充分利用到何种程度，有待于人们在科学研究上做出辛勤的探索，寻求有效的突破。

腐植酸对肥料的增效作用不同于任何硝化抑制剂、铵稳定剂、脲酶抑制剂以及诸如包膜、脲醛、多肽等缓、控释技术提高肥效的作用。腐植酸是通过吸附、交换、螯合活化等多重作用与土壤中很多矿质元素，如氮、磷、钾、钙、镁等形成不可逆反应的腐植酸铵（非水稳性团粒）、腐植酸钾（非水稳性团粒）、螯合钙、铁、镁生成腐植酸钙（水稳性团粒）、腐植酸铁、腐植酸镁等螯合物，减少它们对磷素养分的固定作用，活化磷，使这些养分元素的有效性大大增加，从而改善了作物的营养条件，起到了稳定氮、钾，活化磷，防止氮、钾挥发、流失和磷的固定，从而大大提高氮、钾的养分利用率。

第三节　腐植酸类物质在改良土壤肥力中的作用

一、对盐碱土的改良

我国土壤质量日趋下降，水土流失、土壤沙化、酸化和盐渍化等现象不断扩展，重金属污染也逐渐加剧。近些年很多研究人员利用腐植酸来改良土壤，目前针对腐植酸改良土壤的研究取得了很大的进展。

腐植酸对土壤物理性状的改良主要是由于腐植酸中的羟基极易与土壤中的钙离子发生聚合反应，通过植物根系的生理作用就形成了土壤的团粒结构。当土壤的团粒结构变好时，其容重降低，空隙度增大，从而具备良好的通透性。腐植酸又是形成土壤团粒结构的重要的胶结剂，土壤团粒结构的形成提高了土壤有机、无机复合度，增加了水稳性大颗粒团聚体的数量，改善了土体的结构。因此，腐植酸可以改善土壤的物理特性。通过施用各类有机物料、改良剂、保水剂，可降解液态的地膜，可以增加土壤中腐植酸的份额。有研究表明，在荒漠化的土地上施用腐植酸类物料可使土壤中大于 0.25mm 的水稳性微团聚体的含量比对照提升 32%～72%。魏自民利用多种有机物料进行风沙土培肥改良，研究结果显示，利用泥炭配合麦秆的处理使土壤砂粒和粉砂粒的含量都呈降低的趋势，而小于 0.001mm 的黏粒、小于 0.01mm 的物理性黏粒含量则恰恰相反。可见，腐植酸相对其他有机物料来说，在改善土壤物理特性方面具有一定的优势。施用腐植酸类物料可以促进作物根系的发育，使农作物形成庞大的深层根系，有利于土壤中水、肥、气、热状况的调节，有利于作物吸收水分、养分。同时，腐植酸的保水、保肥功效有利于作物的生长发育，进而提高作物的产量。

由于腐植酸是一种酸性物质，通过酸碱中和反应以及阴阳离子交换作用可以降低盐碱土的pH值，降低土壤中交换性钠离子的份额，活化养分离子，从而达到改善土壤肥力状况的效果。已有报道称，呈现碱性的土壤中在施用占土壤质量10％的风化煤粉后，土壤的pH值由原来的9.0降低了1个单位。宋轩等的研究发现腐植酸可以改善盐碱土中速效养分供应情况，促进水稻根系活力大大提升，提高粮食产量。木合塔尔·吐尔洪等的研究发现，随着风化煤中提取的腐植酸施入量的增加，降低了土壤的pH值，使土壤中有机碳含量升高，全氮、速效氮、速效磷含量不断增加。

土壤中存在着大量的微生物，这些微生物参与了土壤的形成过程，又是土壤的重要组成部分，使土壤具有一定的生物活力。土壤微生物的种类及含量可作为1个指标反映土壤的质量情况。土壤微生物的主要作用是促进土壤养分的有效化及团粒结构的形成，经微生物改良后的土壤又为微生物提供良好的生存环境，有利于其大量繁殖。腐植酸类物质所含有的C、N、P等元素为土壤微生物提供了生存能源，土壤施用腐植酸类物质后，首先，土壤自生固氮菌显著增多，使NO的含量明显增加，丰富了土壤的N素营养，改善了植物根际环境；其次，增加土壤中好气性细菌、放线菌、纤维分解菌的数量，提高有机物的矿化速度，促进养分元素的释放；再有，土壤中蔗糖酶、蛋白酶、多酚氧化酶的活性均有所提高。党建友等的研究表明，腐植酸类有机肥料能为冬小麦的生长发育提供有机活性物质，为土壤微生物提供有机C，改善根际微环境，提高土壤酶活性，促进小麦对土壤养分的吸收与运转，提高肥料利用效率。

中国的盐碱土主要分布在西北、华北、东北和滨海地区，其中包括盐土、碱土两类。盐土主要含大量可溶性盐类，以氯化钠、硫酸钠为主，pH值8～9。碱土主要含碳酸钠、碳酸氢钠、pH值9～10，呈强碱性。

盐碱土的主要危害是：土壤含盐量过高；有害离子（如Na^+、Cl^-、HCO_3^-、CO_3^{2-}、Mg^{2+}等）浓度过大；土壤碱性过强；土粒高度分散，土壤结构性差；作物生长发育受到抑制。

长期大量应用腐植酸类物质，可以逐渐改变盐碱土的理化性状。

1. 促进土壤团聚体的形成

土壤团聚体是土壤结构的基本单位，它是由单个土粒被土壤腐殖质和黏粒等有机、无机胶体黏结成的较大的土粒。良好的团聚体遇水不易散，受到机械压力不易碎，疏松多孔，能够调节土壤的水、肥、气、热状况。煤炭腐植酸作为一种有机胶体，长期施用可以促进土壤团聚体的形成，改善土壤的结构状况，使土壤通气、透水性能良好，为加速可溶性盐的淋洗和根系的生长发育创造了良好的条件。例如新疆米泉县的苏打盐化水稻土，在连续三年施用腐铵以后，土壤中大于0.25mm的水稳性团聚体的含量明显地高于未施腐铵的土壤。其他如土壤空气含量、水分渗透速度、氧化还原电位等性状，均有所改善。

2. 降低表土含盐量

集中施用腐植酸类物质，可以疏松耕层土壤，破坏盐分沿土壤毛管孔隙随水分上升的条件，减少表土盐分的积累，降低表土食盐量，即起到一种"隔盐"的作用。

3. 提高土壤交换容量

腐植酸具有较高的阳离子交换量，比一般土壤高 10 倍以上。施入土壤以后，使得土壤对 Ca^{2+}、Mg^{2+} 等二价阳离子的吸附能力显著提高，在有适当水分淋洗的条件下，相应地加速了土壤溶液中 Na^+、Cl^- 等的淋洗速度，使表层盐分含量逐渐减少，盐分组成发生明显的变化。

4. 降低盐碱土的酸碱度

盐碱土，特别是碱土 pH 值过高（9.0 以上），直接危害作物的生长，甚至引起作物死亡。另外，pH 值过高还影响到土壤中的磷、铁、锰、硼、锌等营养元素的有效性。在碱性较强的盐碱土上，施用酸性原煤粉或腐铵，其中的腐植酸可以中和碱性，使土壤 pH 值降低。多次试验的研究结果表明，酸性风化煤粉的施用量为土重的 10%，可使土壤 pH 值由 9.0 降为 8.0 左右，减轻或消除土壤碱性的危害。在苏打盐化水稻土上，两年连续施用腐铵，土壤 pH 值由 9.2 降为 8.6，水稻插秧后的保苗率大幅度提高。

由于施用腐肥能够改善土壤理化性状，抑制盐分上升，中和土壤碱性，通过对阳离子的吸附降低了盐碱危害，为作物幼苗的生长创造了良好的土壤条件，使低产盐碱土得到改良。

二、对白浆土的改良

白浆土主要分布在中国东北地区。这类土壤耕层底部有一层 5～10cm 的灰化层，此层土壤透水性差，凝聚性强，酸度大，土壤结构不良，生物活性弱，作物根系很难穿进，是导致白浆土低产的主要原因。

吉林市农业科学研究所利用当地丰富的泥炭资源进行的白浆土改选试验获得了明显的效果，并在当地得到推广。

亩施泥炭 $5m^3$（低量）和 $10m^3$（高量），土壤容量明显下降，土壤总孔隙度和土壤持水量相应增加，有助于提高土壤保水、保肥能力，从而改善了作物的生长环境，降低了耕翻土地时的机械能耗，为提高作物产量、降低生产成本创造了条件。吉林市农科所研究泥炭对白浆土物理性状的影响得出以下结论，连续大量施用泥炭不仅改善了土壤的物理性状，对土壤农化性状也有明显的改善，表现在土壤全氮、易水解氮、全磷、速效磷的含量都有不同程度的提高，特别是速效氮、磷的增加，表明泥炭中部分养分是速效的，可以迅速被作物吸收利用。

施用泥炭对土壤有机质的增加、土壤腐植酸组成的变化有重要影响，其中主要表现在胡敏酸和富里酸的绝对含量均有明显的上升，加入适量泥炭的处理更为明显。施用泥炭以后，经过连年种植作物，土壤胡敏酸、富里酸含量又有逐年下降的趋势，这说明在耕作过程中，泥炭腐植酸参与了土壤有机质的循环，隔一定周期后需不断补充泥炭，以补充有机质的消耗。

泥炭对白浆土的改良，改善了土壤的物理性状和养分状况，提高了土壤腐殖质含量，增加了土壤的碱性交换能力，为作物生长创造了适宜的环境条件。经过改良的土壤，有效氮、磷的含量稳定在 $5\sim15mg/100g$ 土的水平上；土壤持水量保持在 $40\%\sim50\%$；毛管孔隙度达 50% 以上，土壤容重在 $1.0g/cm^3$ 左右，基本上达到了高产稳产土壤应有的理化指标，经过改良的白浆土，种植玉米和大豆的产量，比未改良以前的产量提高近两倍左右，经济效益也十分显著。

三、对红壤的改良

中国南方各省地处热带和亚热带地区，有着大面积的红壤分布。这类土壤由于高温多雨，土块有机质分解快，肥分容易随雨水流失，因而土壤有机质和养分贫乏。由于雨水多，土壤中碱性成分大部分被淋失，而不容易流动的铁、铝等酸性物质相对聚积，尤其是铝的增多造成红壤呈酸性或强酸性，同时铁、铝等成分很容易将磷素固定，使磷的有效性降低。此外，土壤结构不良，水分过多，土粒吸收水分散成糊状；干旱时土块变得紧实坚硬。红壤的特点可以归结为"酸、瘠、板、干"四个字。

江西、云南等地区的试验结果表明，不论是单独施用泥炭，风化煤，或富含腐植酸的复混肥料，都可以改善红壤的物理性状：土壤团聚体有所增加，土壤容重下降，孔隙度增加，持水量提高。施用腐植酸类物质对红壤化学性状的影响主要表现在：土壤有机质含量提高，速效养分含量增加，碱性交换量增加，酸度有减少的趋势。

江西、云南、四川等省均有丰富的泥炭、褐煤、风化煤资源，这些地区又有大面积贫瘠的红壤分布，长期大量施用腐植酸类物质，定会对改良红壤做出重要的贡献。

第四节　腐植酸类肥料作用概述

腐植酸在农业上的应用，主要是在腐植酸肥料应用方面。腐植酸肥料的研究在农业领域的开发利用已经取得长足的进展。腐植酸肥料的研发及应用究其原因是近年由于农业施肥不合理所造成的土壤环境问题，为充分利用资源，解决资源短缺问题，采用分布广泛、所占比例较大的腐植酸来缓解土壤环境问题已经有了新的进展。其研究主要是利用腐植酸特殊的分子结构及在土壤中的存在形态及作用，使其在保护和治理日益恶化的生态环境、降低污染、改善作物品质等方面发挥重要的作用。

全国各地对于腐植酸类肥料的大量农田试验证明，腐植酸类肥料不仅是一种优良的有机肥料，而且还是一种很好的土壤改良剂和作物生长刺激剂，如把它与氮、磷、钾等无机化肥配合施用，能提高无机化肥的利用率，起了化肥增效剂的作用。腐植酸类肥料与无机化肥制成的复合肥料既有速效作用，又有缓效作用，是一种多功能的新型肥料。它在增加土壤水稳性团粒结构、提高土壤肥力、改善土壤水分和养分状况、防止土壤板结、促进作物根系发育、增加产量等方面都具有一定的作用；它还能提高土壤的代换量，缓冲盐碱地的酸碱度。

一、腐植酸类肥料的种类

利用泥炭、褐煤等原料，采用不同的生产方式，制取含有大量腐植酸和作物生长、发育所需要的氮、磷、钾及某些微量元素的产品，就叫腐植酸肥料，相当于一种有机-无机复合肥。以制备工艺的不同，腐植酸肥料一般可分为以下类型：

① 生化腐植酸肥料；
② 腐植酸衍生物（硝基腐植酸、硝基腐植酸盐、腐植酸脲络合物等）；
③ 黄腐酸类肥料（黄腐酸营养液、黄腐酸颗粒复合肥）；
④ 长效腐植酸单质肥（长效腐植酸尿素、长效腐植酸磷肥、腐植酸盐）；
⑤ 腐植酸有机-无机复合肥（各种专用肥）；
⑥ 腐植酸生物肥。

以施用方式的不同，腐植酸肥料又可以分为以下类型：

① 浸种、蘸根肥（腐植酸钠、腐植酸钾）；
② 叶面喷施或冲施肥（腐植酸钠、腐植酸钾、黄腐酸营养液肥）；
③ 大田用基肥或追肥（腐植酸盐、腐植酸衍生物、长效腐植酸单质肥、腐植酸有机-无机复合肥、腐植酸生物肥）。

二、腐植酸类肥料在现代农业中的作用

1. 改善土壤团粒结构

团粒结构主要是土壤中的新鲜腐植酸与土壤中的钙离子相互作用形成絮状沉淀的凝胶体。这种胶体是种很好的胶结物质，它能把土粒胶结在一起，形成水稳性团粒结构，就是遇水不易散开的稳定团粒。

土壤学家威廉士非常重视腐殖质在形成土壤团粒结构中的作用。他在对这个

问题进行了多年的研究以后指出，植物根系在土壤结构的形成中起着很重要的作用，在植物根系的压力下，可把无结构的土壤分散成细小的团粒，但这种团粒是不稳定的，遇水很易分散。等到植物死亡以后，其残体在微生物的作用下，形成各种腐植酸，这些酸在钙离子等的作用下，可使上述团粒具有水稳性。

明确腐植酸在形成水稳性团粒结构中的作用之后，为了更好地做到用地养地，就得使土壤中的腐殖质经常得到补充。除了大力推广养猪积肥、种植绿肥等增加土壤有机质的措施以外，施用腐植酸类肥料，也是补充土壤腐殖质的有效方法之一。

团粒结构能够把水和空气的透过性、吸收性和保蓄性统一起来，从而满足了植物生长过程中对水分、养分、空气的需要。无结构的土壤，土粒之间的孔隙是非毛管状的，透水能力很差，水和空气的矛盾特别尖锐，有水分的时候，没有空气；有空气的时候，没有水分，所以好气分解和嫌气分解不能同时进行。当土壤有足够的水分时，有机质起着嫌气分解的作用，矿物养分和土壤中原有的养料变成不能被作物吸收利用的状态，同时水也没有发挥它应有的作用。等到土壤变干时，毛细管里又充满了空气，嫌气分解变成了好气分解，这时释放出来的矿物养料是氧化态的，就连土壤中原有的养料也变成氧化态的，这正好应当被植物吸收利用，但又缺少水分，养分还是无法发挥作用。遇到大雨，因无结构的土壤缺乏保水能力，土壤易被冲刷，养分也会随着雨水流失掉，这种不协调的情况，严重地影响了植物对水分和养分的要求。有结构的土壤，情况恰好相反，水分和空气的矛盾，好气分解和嫌气分解的矛盾得到统一。这是因为水和空气在这种土壤里面占着不同的位置，大的空隙（团粒与团粒）之间，除正在下着雨和浇着水的时候，都充满了空气，团粒的里面和团粒与团粒接触的地方，多半是水的居处，所以好气分解在团粒的外面进行，嫌气分解的进行就在团粒的内部。外面的好气分解越旺盛，内部就更适宜嫌气分解。这两种本来相反的作用，却变成了相互依存的关系。这样的土壤就是遇上大雨也很少会造成对土壤的冲刷，养分的流失也减少了。

由此可见，每个团粒的确是一个理想的小水库、肥料的小仓库，所以说团粒结构是土壤肥力的基础。

腐植酸类肥料的胶溶性以及它的持水性能（一般持水在30%～40%）和其他有机肥料一样，也能促进土壤环境的改善，增进土壤团粒结构的形成。各地的普遍反映是，施用腐植酸类肥料后，土壤变松了，作物的抗旱能力增强了。

2. 对酸性土壤及盐碱地的缓冲作用

腐植酸具有很好的离子交换作用。它的功能团对土壤中的阳离子 Na^+、Ca^{2+}、Mg^{2+}、Fe^{3+}、Al^{3+} 和阴离子 Cl^-、SO_4^{2-} 具有很强的交换能力和吸附作用，与 Ca^{2+}、Mg^{2+}、Fe^{3+}、Al^{3+} 等作用形成不溶性腐植酸盐类。腐植酸能被磺化和氯化，说明腐植酸对于 Cl^- 和 SO_4^{2-} 具有吸附作用和化合能力。据有关资料报道，腐植酸能被氯化，是由于腐植酸中有—C＝C—不饱和键存在的缘故。

(1) 对酸性土壤的缓冲　如南方的红黄泥田造成酸性的主要原因，是由于氢离子和铁、铝的酸性氧化物所致。其 pH 值为 4.5～6.5，有的可达 3.5，使微生物的活动能力减弱，特别是施用磷肥后，形成了不溶性的磷酸铁和磷酸铝，溶解度很小，很难被作物吸收利用，所以常用石灰来中和其酸性。而施用腐植酸类肥料，也是对红黄泥田改造的有效措施之一。

由于腐植酸能与 Fe^{3+} 和 Al^{3+} 形成络合物（如下式所示），因而减少了 Fe^{3+} 和 Al^{3+} 对作物的毒害作用。

$$\left[R\genfrac{}{}{0pt}{}{COOH}{O}\genfrac{}{}{0pt}{}{}{}Al\right]\genfrac{}{}{0pt}{}{COOH}{OH}$$

(2) 对盐碱土的改良　在这种土壤中主要含 $NaCl$、Na_2SO_4、Na_2CO_3、$NaHCO_3$、$CaCO_3$、$MgCl_2$、$CaCl_2$ 等盐分。由于这些盐分在土壤里含量过高，对种子的发芽、出苗和作物的生长会产生不利影响，如表 2-5 所示。

表 2-5　不同盐化土对植株生长状况的影响

盐化程度	1000kg 土壤中所含的盐分量	植株生长的状况
非盐化土壤	小于 2.5kg	正常
弱盐化土壤	2.5～5kg	不正常
中盐化土壤	5～10kg	不好
强盐化土壤	10～20kg	非常不好或死亡
盐土	20kg 以上	全部死亡

形成盐碱的主要原因是含盐量高的地下水位上升。由于内陆盐碱土分布多的地区，气候干旱，全年降雨量少，蒸发量大，地下水借土壤毛细管的作用，把本身所含的各种盐分带到土壤表层里，在无结构的盐碱土中这个现象尤其严重。

目前我国改良盐碱土的办法，主要是采用挖沟排水降低水位，在水利条件比较好的地区，采用打井抽水、引河水冲洗、种稻改土或种植耐盐碱性作物、大量地施用有机肥料等措施。改盐治碱工作，近年来取得了很大的成绩，一片片的盐碱滩变成了肥沃的良田。但是，对于难以挖沟排水和缺乏水利资源的地区，施用腐植酸类肥料或直接施用含腐植酸多的泥煤、褐煤或风化煤粉是改造盐碱地的一项非常有效的措施。实践证明，在盐碱地施用腐植酸类肥料，土壤团粒结构改善，土壤代换量增加，含盐量下降，作物的出苗率显著提高。在《吉林舒久煤矿的硝基腐植酸铵肥效试验总结》报告中提到硝基腐植酸铵对盐碱土的代换量的影响：在盐碱地里施用腐植酸类肥料或腐植酸以后，可以降低土壤表层 0～15cm 中的含盐量。同时由于土壤团粒结构的改善，使水分的蒸发量减少，因土壤上层和下层的毛细管被割断，使土壤下层的盐分不易上升，遇到下雨反而会洗掉上层的盐分，这样就减少了盐分在土壤表层的积累，这为种子的发芽、作物的出苗和生长创造了良好的生活环境。在盐碱地施用腐植酸类肥料后，促苗率提高已经得到认可。

但是据某些地区的反映，腐植酸类肥料在碱性土壤（含碳酸钠的苏打地）里，效果不太明显。可能是腐植酸与土壤中的钠离子作用形成可溶性的腐植酸钠盐在土壤中含量过高而抑制了作物的生长。同时，土壤中的腐植酸钠含量过高，破坏了土壤团粒结构。有关腐植酸类肥料在这种土壤中的作用，有待进一步研究。

3. 提供多种植物营养物质

腐植酸中含有植物生长所需的营养元素碳、氧、氢、氮等，而且它又可吸附、代换和活化土壤中的许多矿质营养元素，如磷、硫、钾、钠、钙、镁、铁以及其他微量元素锰、铝、硼、锌等。这些元素是植物生长需要的养分。大家知道在光合作用下，植物的叶片可吸收空气中的二氧化碳，作为碳和氧的主要来源。同时，植物的根系也可以从土壤里直接吸收二氧化碳，作为植物对碳和氧的补充来源，这部分二氧化碳主要是腐殖质的分解产物。因此，将有机矿物腐植酸通过各种加工、处理，如与厩肥和矿质肥料共同堆腐，或是在制造腐植酸类肥料的过程中再添加各种矿质营养元素，制成复合肥料施入土壤，是提高土壤肥力的重要措施之一。

施用硝基腐植酸铵后对土壤养分的测定结果见表 2-6。

表 2-6　施用硝基腐植酸铵后对土壤养分的测定

测定时间	处理	有机质/%	全氮/%	速效磷/(mg/kg)
分蘖盛期 7 月 2 日	对照	1.27	0.056	5.3
	施腐铵	1.81	0.057	14.8
灌浆期 8 月 23 日	对照	1.09	0.040	3.9
	施腐铵	1.45	0.047	6.3

腐植酸类物质对氮素的缓释作用来源于腐植酸功能团的特性，它作用于土壤中的氮、钾等速效矿质养分，并把它蓄存起来，因而减少了有效养分的流失，随着作物生长的需要而缓慢地释放出来。

4. 活化磷素，提高磷肥的利用率

过磷酸钙在土壤里溶解于水后，呈离子状态存在，磷酸离子和土壤溶液中的其他阳离子或和土壤胶体上吸附的阳离子化合，会生成不溶性的化合物沉淀下

来，这种现象叫做磷酸的固定。因为有固定作用，所以磷酸在土壤里的移动性很小，流失也就少。被固定起来的磷酸对作物的肥效因土壤的不同而有所差异。

（1）土壤的酸碱度对磷酸固定的影响　在酸性土壤里，有水溶性的铁盐、铝盐存在，Fe^{3+} 和 Al^{3+} 与过磷酸钙中的磷酸根离子结合起来，生成不溶性的磷酸铁和磷酸铝（$FePO_4$，$AlPO_4$）。这两种化合物很难溶解于水，一般情况下不能被作物所吸收利用。

在土壤胶体上吸附的铁离子和铝离子，也同样会固定磷酸根离子，因而降低了过磷酸钙的肥效。反应式如下：

$$土壤胶体_{Al}^{Al} + Ca(H_2PO_4)_2 \rightleftharpoons 土壤胶体_{4H}^{Ca} + 2AlPO_4$$

在接近中性的土壤里，过磷酸钙和土壤溶液里的碳酸氢钙或是土壤胶体上吸附的钙化合成磷酸二钙，由水溶性的磷酸一钙变成了酸溶性的磷酸二钙，虽然降低了磷酸的活性，但对作物仍然是有效的。

$$\underset{磷酸一钙}{Ca(H_2PO_4)_2} + \underset{碳酸氢钙}{Ca(HCO_3)_2} \rightleftharpoons \underset{磷酸二钙}{2CaHPO_4} + \underset{碳酸}{2H_2CO_3}$$

$$\boxed{土壤胶体}\, Ca + \underset{磷酸一钙}{Ca(H_2PO_4)_2} \rightleftharpoons \boxed{土壤胶体}\begin{matrix}H\\H\end{matrix} + \underset{磷酸二钙}{2CaHPO_4}$$

在碱性土壤里，一般含有大量的碳酸钙。过磷酸钙和过量的钙结合形成磷酸二钙，磷酸二钙被钙离子继续转化，形成磷酸三钙而被固定起来。

$$Ca(H_2PO_4)_2 + CaCO_3 \rightleftharpoons 2CaHPO_4 + H_2CO_3$$

继续转化：

$$2CaHPO_4 + CaCO_3 \rightleftharpoons Ca_3(PO_4)_2 + H_2CO_3$$

虽然酸性土壤和石灰性土壤对磷酸都有固定作用，但是石灰性土壤对磷酸的固定作用不像酸性土壤那样强烈。过磷酸钙施在石灰性土壤里，先行溶解，和钙离子结合形成不溶于水的磷酸二钙和磷酸三钙，分布于土壤粒子的表面，细度很高，遇到土壤中的碳酸或植物根系经过微生物作用分泌的有机酸，会再转化成磷酸一钙，又可被作物吸收利用。

（2）腐植酸对土壤酸碱度的调节及对磷酸活化的影响　了解了土壤酸碱度对过磷酸钙的固定作用之后，利用有机矿物腐植酸类肥料来调节土壤酸碱度，促进磷素活化，提高土壤肥力，促进农业丰收是非常重要的。

在酸性土壤里，由于腐植酸具有与铁离子、铝离子形成络合物和螯合物的能力，因而 Fe^{3+} 和 Al^{3+} 得到了适当的控制，减少了磷酸铁和磷酸铝形成的机会，促进了磷肥在酸性土壤中的活化。

$$R（腐植酸）+ AlPO_4 \rightleftharpoons RAl + PO_4^{3-}$$

另外，由于腐植酸能吸附和代换过磷酸钙中的钙离子，如果磷肥的施用方法加以改进，磷肥在施用前，先和适量的腐植酸进行堆置发酵，磷肥的有效性会有更大的提高。反应式如下：

$$R(COOH)_2 + Ca(H_2PO_4)_2 \Longleftrightarrow R(COO)_2Ca + 2H_3PO_4$$

采用把肥料集中施在作物根部最容易吸收的范围内，也可以减少磷酸被固定的机会。

在碳酸盐土壤里施用腐植酸类肥料，可以促进土壤中不溶性磷酸盐的转化。反应式如下：

$$Ca_3(PO_4)_2 + R(COOH)_2 \Longleftrightarrow 2CaHPO_4 + R(COO)_2Ca$$

我国北方地区碳酸盐土壤较多，施用磷肥后，磷酸根易被土壤中的钙离子固定，有些地区，曾一度误认为磷肥的肥效不高。随着对土壤性质的认识逐步加深，对磷肥的施用方法进行了改进，肥效有了很大的提高。这就是把磷肥在施用前，先和厩肥及其他有机土杂肥堆沤后再行施用。在沤制时，如再加进一定量的腐植酸类肥料，更能加速堆肥的熟化过程，同时也可促进磷肥的活化。腐植酸类肥料对于磷肥的这一效能，应当引起重视。

关于腐植酸可以促使磷矿粉中的固定磷酸变为有效磷素释放出来的情况见表2-7。

表 2-7　添加不同量腐植酸对磷矿粉释放有效磷素的情况

腐植酸添加量 /%	煮沸时间 /h	水溶 P_2O_5 转化率 /%	枸溶性 P_2O_5 转化率 /%	总可溶 P_2O_5 转化率 /%
5	2	0.95	23.8	24.8
	8	—	22.0	22.0
25	2	1.00	23.8	24.8
	8	1.21	22.0	23.2
50	2	2.58	29.6	32.2
	8	2.29	24.4	26.7
100	2	1.73	18.0	19.7
	8	2.74	21.6	24.3
200	2	1.52	18.6	20.0
	8	3.50	24.9	28.4

5. 对植物生长的刺激与促进作用

根据国内外的许多研究表明，可溶性腐植酸可作为植物生长的刺激剂。它在植物生理学上，是一个很重要的问题。研究表明，醌和聚酚型化合物能参与腐植酸形成的过程。腐植酸分子中的酚基和醌基相互转化，调节植物赖以发育的基质的氧化-还原状况。

（1）促进植物的呼吸　腐植酸进入植物体内，在发育的初期，是作为呼吸剂的聚酚的补充来源。腐植酸由于具有醌基，是氧的活化剂，使植物的呼吸旺盛，提高了植物的生命活动能力，促进了植物细胞的分裂，特别是加速植物生长点的分化，还能促进植物根系的发育。

北京农业大学用不同浓度的腐植酸钠试验对小麦根系发育的影响。

试验结果显示：处理过的根长比对照平均值增长 130% 左右，次生根数目的增加为 180%。这种情况在禾本科作物玉米、水稻、谷子、高粱等作物上有明显的反应。

这样发达的根系，促进了作物地上部分的生长，表现为增加分蘖、枝叶旺盛、茎秆粗壮、穗大粒多和提前成熟。

(2) 促进酶的活化　据有关文献报道，腐植酸对于酶活性及其新陈代谢有着特别重要的作用。研究证明，腐植酸对醛缩酶和转化的活性影响较大，它可加速酶的合成作用，使植物体内可溶性糖类加速积累，植物的渗透压提高，抗旱性能增强。近年来，我国不少地方的实践证明，在果树、瓜果、蔬菜等作物上施用腐植酸类肥料以后，瓜果变甜，糖分增加，品质改善。

(3) 促进微生物的繁殖与活动能力　少量的可溶性腐植酸盐，不仅对作物有刺激作用，而且对微生物也具有刺激性，使真菌、细菌和固氮菌等的活动能力大大提高，表现为促进有机质的分解，加速农家肥的腐烂熟化，增加土壤氮素等。如河北崇礼县用腐植酸铵肥料沤制农家肥，效果很好。其具体做法是：将玉米秆、麦秆、碎草渣等杂肥，用水洒湿，约 5000kg 秸秆中加入腐植酸铵 250kg 左右，再掺上少量牛马粪、羊粪等，掺和好堆集在挖好的窑洞里，只用七八天就沤制成黑烂的熟肥。如不用腐植酸铵沤制，则需要 20～30 天，大大缩短了沤制时间，而且沤制的肥料肥效很好。

(4) 促进植物对营养物质的吸收　腐植酸及其衍生物能提高植物细胞膜和原生质的渗透性，因而促进了营养物质更快地进入植物体内，吸收得多而快，特别是改善了磷的营养，使植物长势很好，穗多粒大，果实饱满。

以上几个方面，说明了腐植酸类肥料对于植物体内生理、生化过程的作用。这是腐植酸的一个重要特性。为此，关于腐植酸的生理活性的原理，应该在为提高农作物产量的技术措施中占有一定的地位，可以通过补充土壤新鲜有机质的数量及施用腐植酸类肥料而实现。

国外也有人提出用泥煤和褐煤作为原料来制造腐植酸类肥料的方法。制造腐植酸类肥料时，应注意到它们必须具有高分散状态（即腐植酸类肥料的可溶性），这将有助于它们进入植物体。当腐植酸类肥料与植物根系直接接触时，它的作用表现得最为明显。但是必须指出，腐植酸类肥料的作用，只有在充分供给植物主要营养元素氮、磷、钾的情况下，才能得到显现。

(5) 提高地温，增强作物的抗寒抗病和防冻能力　腐植酸类肥料是棕色的物质，它能增加土壤吸收日光光能的能力，提高土壤的温度。根据各地的试验证明，腐植酸类肥料可以提高地温 2～3℃，水田提高 2～2.5℃，使土壤的吸热保温性能增强。

如早在 1972 年辽西地区发生了百年不遇的冻害，施用腐植酸类肥料的小苗仅损失了 5%～10%，而施用其他肥料的小苗损失了半数以上。1972 年早秋，正值水稻扬花灌浆时节，山东省文登县小观公社一带有一股冷空气入侵，施用腐植酸类肥料的水稻未受影响，而未施的有不少穗粒干枯，严重者半截干瘪。这种肥料在山西雁北高寒地区施用后也有这种反映，能促使作物早熟，如太原市小井峪大队，有一块稻田，其中有一部分，因受地下水的影响比较阴，历年来水稻的死亡率在 50%左右，而且到收割时，因果实不成熟，只好割去喂牲口。1970 年在这块水稻田里施用了腐植酸类肥料，不但作物生长良好，保了全苗，而且同其他水稻一起成熟，保证了丰收。

6. 对蔬菜品质的改善作用

目前生产的蔬菜质量不尽如人意，农药残留超标，硝酸盐累积严重，重金属污染、病原微生物污染等时有发生，已成为发展绿色无公害蔬菜生产的严重障碍。而腐植酸在蔬菜生产中的应用，对于解决上述问题可以起到积极的作用。

（1）蔬菜生产常用的腐植酸类物质　蔬菜生产常用的腐植酸类物质包括硝基腐植酸、农用腐植酸铵、农用腐植酸钠、农用腐植酸钾和硝基腐植酸钾等。

（2）腐植酸在无公害蔬菜生产上的作用

① 提高肥料利用率，减少化肥用量，降低蔬菜中硝酸盐的含量。蔬菜是喜肥作物，需肥量较一般大田作物多，但过量施用，不仅肥效下降，而且还会破坏土壤结构，污染环境。氮肥的过量施用已造成了许多地区蔬菜中硝态氮的超标以及地下水和土壤的严重污染。化肥利用率低、肥效下降、重氮轻钾、重无机肥轻有机肥等施肥习惯已成为制约无公害蔬菜生产的重大障碍。腐植酸肥料既具有一般化肥的速效增产作用，又具有有机肥料的活化土壤、缓释培肥作用，而且无害、无污染，对解决既要发展农业又要保护环境的矛盾，促进生态良性循环有着十分重要的意义。

增施腐植酸能够提高氮肥特别是尿素的利用率，腐植酸与尿素作用可生成络合物，对尿素的缓释增效作用十分明显，可使氮利用率提高 6.9%～11.9%，后效增加 15%。通过减少氮肥用量，降低蔬菜中硝态氮的积累和硝酸盐的含量。

腐植酸对磷肥的增效作用表现在：一是与磷肥形成腐植酸-金属-磷酸盐络合物，从而防止土壤对磷的固定，磷肥肥效可相对提高 10%～20%，吸磷量提高 28%～39%；二是能够提高土壤中磷酸酶的活性，从而使土壤中的有机磷转化为有效磷。

腐植酸对钾肥具有增效作用，腐植酸是一系列酸性物质的复杂混合物，其酸性功能可吸收和储存钾离子，减少其流失，并可避免因长期使用无机钾遗留阴离子对土壤造成的不良影响。腐植酸可促使难溶性钾的释放，提高土壤速效钾特别是水溶性钾的含量，同时还可减少土壤对钾的固定。腐植酸还能提高土壤中微量元素的活性，一些微量元素如硼、钙、锌、锰、铜等，多以无机盐形式施入土壤，易转化为难溶性盐，使其利用率降低，甚至完全失效。腐植酸可与金属离子间发生螯合作用，使成为水溶性腐植酸螯合微量元素，从而提高植物对微量元素的吸收转运。

② 施用腐植酸可减少农药施用量，降低蔬菜产品中的农药残留。腐植酸对某些植物病菌有很好的抑制作用。施用腐植酸在防治枯萎病、黄萎病、霜霉病、根腐病等方面的效果达 85％以上，而且腐植酸的无毒、无副作用是许多农药所望尘莫及的，还有助于提高蔬菜自身的抗逆防衰能力。

腐植酸对农药的缓释增效作用，可降低农药的使用量。腐植酸不仅可单独作为农药使用，而且还可以与农药混用，其与有机、无机磷农药复合可使有机磷分解率大大降低。这是由于腐植酸分子中含有较多的亲水基团，与农药混合，能有效地发挥其良好的分散、乳化作用，从而有助于提高农药活性。此外，腐植酸具有很大的内表面积，对有机物、无机物均有很强的吸附作用，与农药配伍，会形成稳定性很高的复合体，从而对农药起缓释作用。腐植酸与农药复合，可使农药用量减少 1/3～1/2，药效延缓 3～7d。而且腐植酸与农药复配后，其毒性大大降低，这对于减少环境污染、发展无公害蔬菜生产具有重要的意义。

三、几种腐植酸肥料产品的肥效对比

腐植酸类肥料对作物产量的影响原因是多方面的，随着腐植酸类肥料中有效成分氮、磷、钾含量的增加，其肥效更加显著。

刘德江等人 2003 年在昌吉市安排了腐植酸尿素和普通尿素在小麦和油葵上应用的肥效对比试验，均有显著的增产效益，分别增产 12.5％和 25.1％。

2005 年 6 月～2006 年 10 月，山东农业大学农学实验站进行的试验，研究了不同腐植酸类肥料对生姜产量和品质形成规律，以及生姜专用腐植酸肥料对土壤环境效应的影响。其研究结果表明，生姜施用腐植酸尿素的生物学效应与无肥处理相比，腐植酸、尿素、腐植酸＋尿素、腐植酸尿素处理的增幅分别为11.98％、36.49％、55.75％、71.80％，腐植酸尿素增产最显著；与其他各处理相比，腐植酸尿素提高了生姜的淀粉、可溶性糖、蛋白质、氨基酸、姜辣素和纤维素含量，降低了硝酸盐含量。生姜施用腐植酸钾的生物学效应与无肥处理相比，腐植酸、硫酸钾、腐植酸＋硫酸钾、腐植酸钾处理的增幅分别为 17.68％、49.20％、56.45％、76.68％，与其他各处理相比，腐植酸钾提高了生姜的可溶性糖、姜辣素和纤维素含量，降低了淀粉、蛋白质、氨基酸、硝酸盐含量。与硫酸钾相比，腐植酸＋硫酸钾和腐植酸钾明显提高了叶面积系数、叶绿素含量、硝酸还原酶活性，提高了光合性能；还能提高根系活力，保持较强的吸收系统，使根系保持较高的生理活性，更好地满足生姜对水分和养分的吸收；后期提高了根系中 SOD、POD、CAT 和可溶性蛋白含量，降低了 MDA 含量，提高了生姜的细胞膜抗氧化和对逆境的抵抗能力，延缓衰老。腐植酸复混肥对生姜产量品质形成和根际土壤环境的影响：生姜专用腐植酸复混肥能明显提高株高、分枝数、单株叶片数，促进了生姜地上部叶片的生长，提高了硝酸还原酶活性、叶绿素含量，提高了光合性能；生姜专用腐植酸复混肥提高了生姜对 N、P、K 的吸收量；生姜专用腐植酸复混肥提高了土壤有机质含量、土壤全氮、碱解氮和速效磷含量；生姜专用腐植酸复混肥提高活跃生物量、土壤呼吸，增加土壤微生物生物量；生姜专用腐植酸复混肥对土壤脲酶、蔗糖酶、酸性磷酸酶的活性都有明显的提高作用；生姜专用腐植酸复混肥对生姜产量的提高达到极显著差异。与无肥处理相比，腐植酸、无机养分、生姜专用腐植酸复混肥处理增幅分别为 24.34％、69.10％、89.35％。

施用不同量的腐植酸肥料在太原市晋祠水稻试验及北京通县盐碱地试验结果表明了腐植酸类肥料对土壤和植物的作用。腐植酸类肥料确系一种多功能的有机肥料，它的功能团与胶溶性促进了土壤团粒结构的形成，提高土壤的保水、保肥能力，它的代换量和吸附能力可调节土壤的酸碱度，改良盐碱地，提高作物的出苗率，同时，还由于它的代换量和吸附能力，促进了土壤中不溶性磷酸盐及其他矿质养分的活化；提高作物生长所需要的营养成分的来源；它刺激作物生长的特点，能促进作物提前出苗，根系发达，使作物健壮、早熟，达到增产的目的；它的缓效作用，来源于腐植酸对土壤中各种营养元素的控制。

从腐植酸类肥料对不同作物的增产情况来看，水稻、蔬菜和麦类作物比较明显，这充分说明了腐植酸类肥料的喜水特性。对玉米、谷子、高粱、棉花、麻类、烟叶、薯类和豆类作物等也有不同程度的增产效果，对于果树、瓜类具有促进生长，改进口味，增加甜度的性能。总之，腐植酸类肥料对于各种作物有良好的反应。

实践还证明，腐植酸类肥料与氮、磷、钾配合或制成复合肥料施用，它的功能和作用更能得到充分的发挥，既能发挥它的改土和刺激作物生长的作用，同时对氮、磷、钾又起到增效的作用，但是施用方法也是非常重要的。

第五节　腐植酸类肥料的发展趋势

一、腐植酸肥料的新发展

近年来，腐植酸类复合肥料在我国又有了新的发展，在山东、河北、江苏、上海、北京等地兴办了一些生产腐植酸系列复合肥的工厂。产品大多数氮磷钾总含量为 20％～25％，有机质≥20％，钙、镁、硫、锌、铁、硼≥16％，其中微量元素各占 0.2％左右，腐植酸含量为 3％、5％或 10％。另外据试验证明，腐植酸钙、腐植酸镁、腐植酸钾、腐植酸钠四种腐植酸盐对作物生长均具有刺激效果，且其在附以适量氮磷钾元素后效果较佳。

在腐植酸肥料生产工艺改进和规模扩大的同时，其生产方法及原料的选择利用也有了长足的进展，主要表现在以下几个方面。

① 在传统复合肥的基础上加入了氮磷钾菌，制成生物肥料，使得复合肥中的营养元素向着多元化发展，提高了化肥的肥效，可使水稻平均增产 10％以上。

② 由于腐植酸尿素复合物为有机复合尿素，氮素速效和缓效兼备，属缓释型尿素，因而可用于制备各种缓释性专用复混肥基质，且有利于发挥腐植酸对尿素的增效作用、生物活性及其他生态效应。此外，腐植酸与尿素的相互作用及产物的组成结构研究也有了一定的进展。

③ 开发出稳定的以碳酸氢铵为主体的新型复混肥料。我国氮肥的主要构成是尿素、碳酸氢铵，二者占氮肥总产量的 90％。碳酸氢铵是我国特有的氮肥品种，具有货源足、价格低、肥效快、适应性广及对土壤无副作用等优点，但由于其易吸湿、易分解、易挥发、易结块、不易储存、肥效期短、含氮量低等不足，严重制约了进一步的推广应用，因此，对其加工改性的开发研究具有十分重要的意义。

④ 对腐植酸吸附磷的机理有了新的研究进展，这对提高磷肥利用率及制造废水脱磷新型吸附剂具有重要的意义。

此外，云南又生产出一种腐植酸可溶性膏肥，广泛用于茶叶、蔬菜、瓜果类作物后，不仅增产效果明显，而且克服了粉剂肥料和水剂肥料的不足，具有一定的研究参考价值，可见，腐植酸类肥料在未来的发展也正是沿着化学肥料发展的总趋势前进的。我国是腐植酸生产利用大国，如能很好地加以开发利用，必将对化肥领域做出更大的推动与贡献。

实践证明：腐植酸的应用不但对大田作物（如水稻、小麦等）有增产作用，而且对蔬菜、生姜、烟草等经济作物的生长亦有促进作用。同时，在果树、林业、水产业、食用菌、改良土壤等领域都有广泛的应用并取得明显的效果。下面列举相关腐植酸肥料的应用研究。

徐全辉等研究了活性腐植酸生物有机肥对水稻产量和养分吸收的影响，结果表明：腐植酸生物有机肥以腐植酸为载体，采用现代腐植酸生物工程技术，吸附高效固氮菌、溶磷菌、解钾菌和双效菌，并加入植物生长所需要的营养元素制成，使产量增加，氮、磷、钾养分吸收量分别提高了 8％、17％、23％。

刘兰兰等采用池栽方式，研究了腐植酸肥料对生姜土壤脲酶活性和碱解氮含量、植株氮素吸收量以及根茎产量的影响。结果表明：与不施肥处理相比，施用等量腐植酸能够显著提高土壤碱解氮含量、植株氮素吸收量和根茎产量，土壤脲酶活性前期降低，后期提高，与施用等量无机养分的处理相比，施用腐植酸肥料能提高生长后期土壤脲酶活性、土壤碱解氮含量和植株氮素吸收量，根茎产量提高了9.17%。

孙焕顷等研究了腐植酸钾对黄冠梨果树土壤中腐殖质、氮、磷、钾含量的影响，结果表明：腐植酸钾能通过提高土壤中腐殖质使土壤有机质增加3.89%，腐植酸钾的施入，土壤中的速效氮、磷、钾含量分别提高了4%、16%、20%，达到了增氮、解磷、促钾的作用，有效调节果园土壤中的营养元素的合理比例。

杨德俊等研究了腐植酸缓释肥在食用菌生产中的应用，通过在培养基中添加腐植酸缓释肥料，观察其对食用菌产量和有机质利用率的影响。结果表明：腐植酸缓释肥对平菇和杏鲍菇的增产效果达到32.5%和42.3%，其中，平菇和杏鲍菇的有机质利用率分别达到73.8%和66.2%，比对照组分别提高7.7%和11.1%。

魏坤峰等用腐植酸改碱肥料在西部林木栽培中试验，结果表明：用于新疆杨苗木，每公顷用1500kg，苗木高和地径粗分别比对照增长49cm、0.49cm；用于新疆造林，株施该肥1kg，成活率提高8.7%，新梢生长量增加3.7cm；用于云杉、侧柏幼林，株施1.5kg，年平均株高分别比对照增加了2.9cm和4.9cm，该肥不仅能促进苗和幼树生长，提高造林成活率，对改良苗圃和造林地也有明显的效果，如：土壤pH值用该肥前为8.0，4个月后为6.25。

陈金和等研究了腐植酸钠在水产上的应用，研究结果表明：腐植酸钠复合了多种有效成分，通过物理、化学作用，吸附和凝聚水中的有机质及悬浮物，螯合重金属离子，氧化水体中的氨、氮、硫化物等有毒物质，增加溶解氧，迅速将有害物质去除，转化为有益生物，起到了改善底层养殖环境的作用，同时，还可以提高饲料利用率，促进水产动物生长，增强机体免疫力，达到抗菌、消炎、防病、治病的作用。

二、腐植酸肥料的发展趋势

施用腐植酸类肥料的最终目的，可以归结为两点：一是增产增效，二是保护生态环境。关于前者，在1980～1985年的试验中已取得了大量的数据，大致情况是，与等养分的普通化肥相比，腐植酸肥料增产5%～35%，氮利用率提高2%～5%，磷利用率提高2%～7%，植物吸钾量提高1倍左右。但是关于腐植酸肥料的农业生态环境效应，过去研究得很少，只有少数改善作物品质方面的研究资料表明糖分、维生素等含量的变化，但缺乏降低农作物中毒性物质（主要是硝酸盐）的基本数据。多年后的今天，这个问题已显而易见地摆在人们面前，需要人们思考。如果说技术创新的话，不仅仅是在腐植酸的增产增效方面再上台阶，更要在生态环境效益上有所突破。

专家们认为，工业时代的农业是"化学农业"，而当今知识经济时代的农业是"生态农业"，即可持续发展的农业，其根本目的是改善人类生存环境和解决食品安全问题，最终还是落脚到防止食品污染，生产安全、优质和富含营养的"绿色食品"上来。要达到这一目的，开发"绿色肥料"，减少化肥流失造成的大气、水体、土壤污染是最关键的措施之一。化肥污染造成的后果，一是氮肥分解-硝化-反硝化形成的氧化二氮对大气臭氧层的破坏，从而导致紫外线穿透大气层，对生物造成危害；二是过量施用氮肥和磷肥使水体和地下水富营养化，使藻类大量繁殖，其死亡后遗体分解又使水体缺氧，水质恶化，鱼虾大量死亡，威胁人类健康；三是过量的硝态氮或亚硝态氮被生长后期的植物吸收，导致食品污染，或硝酸盐进入地下水和饮用水，有可能继续转化为致癌性的亚硝铵，对人类健康造成威胁。国内外"绿色食品"的一个主要标志是严格控制硝酸盐含量，如大部分蔬菜要求硝酸盐$\leq 700 mg/kg$，而硝酸盐的主要来源是氮肥。无论是有机氮肥还是无机氮肥，都可能转化为硝态氮。但使用"绿色肥料"不等于取消化肥，包括硝态氮肥，有机肥料、生物肥料和腐植酸肥料也不等于"绿色肥料"，关键是肥料的结构和性能是否符合生产"绿色食品"的要求，特别是能否有效控制食品中硝酸盐含量不致超标。

腐植酸肥料向绿色肥料方向迈进，关键是技术的创新，包括融合和吸取国内外其他肥料的先进技术，培育新的生长点。关于如何创新下面谈几点不成熟的建议。

第一，进一步提高肥料的控制释放性能。过去的固体腐植酸肥料，顶多是缓释性肥料，还谈不上控制释放肥料。所谓的"控制释放肥料"，就是肥料释放养分的速度尽可能与植物吸收养分的速度同步，这样就可能把养分的损失和化肥分解转化造成的污染降低到最低限度。如何提高腐植酸肥料的控释能力如前所述，首先，腐植酸至少应与一种化肥成分发生化学反应，形成一定形式的反应产物；其次，应该用腐植酸或同时添加其他吸附物质的复合材料包裹肥料颗粒，这样双管齐下，达到控制释放的目的。此种肥料的最终目标就是减少施肥次数，变多次施肥为一次施肥，以利于减少植物体内的硝酸盐含量。因为植物在吸收氮素后，随着合成代谢的进行，体内的硝酸盐是不断减少的。施肥与收获时间间隔越长，硝酸盐就越少。

第二，腐植酸-无机复混肥与有机肥、生物肥按比例复合或共处理。有的研究证明，有机氮与无机氮之比为1：1时，氮的利用率最高，植物残留硝酸盐的数量最少。因此，将腐植酸肥料与有机肥（发酵的动物粪便或堆肥）按比例复合是行之有效的控释方法。如果再添加几种生物肥，特别是能控制硝态氮吸收或促进植物体内硝态氮向蛋白氮转化的微生物肥料，则效果更好。

利用腐植酸作基质接种有益微生物制取生物肥料，是一个大胆的设想和尝试，为腐植酸肥料与生物肥料结合生产新型高效肥料提供了一条新的途径，但是缺乏必要的基础研究，至今进展不是很大。首先，需要搞清的是，煤炭腐植酸包括泥炭腐植酸本身能不能作培养微生物的基质，因为微生物基质的任务，主要是为微生物提供碳源和氮源。如前所述，煤炭腐植酸是植物经过几十万年到几千万年的地球化学作用的产物，结构非常稳定，很难继续分解，因此也很难为微生物提供足够的 C 营养和 N 营养。当然，在腐植酸中添加其他有机质和营养，构成复合基质是可行的，这时腐植酸只是起辅助作用，就不能称其为"基质"了。其次，腐植酸能提高土壤酶和微生物的活性，但对有些酶或菌的活性不是越高越好，如脲酶和硝化菌的活性太高，反而加剧尿素氮的流失，应如何用腐植酸控制此类酶或菌的活性，另外，培养不同种类的微生物应选用何种类型的腐植酸，如何对腐植酸进行预处理，经过微生物作用后的腐植酸有何变化等，都需要进行一定的基础研究。

第三，合理调整腐植酸肥中养分的比例。我国施肥普遍存在"缺磷少钾氮饱和"的现状，复混肥中氮的比例也普遍偏高。过量施氮，会增加铵态氮硝化、反硝化的机会，加剧环境污染，也是导致植物生长后期吸收硝酸盐过多、食品中硝酸盐超标的原因之一。因此，肥料中应适当减少氮肥用量，提高磷、特别是钾的比例。钾不仅是作物的主要营养元素之一，而且是合成蛋白质的"催化剂"，可促进氮向合成氨基酸和蛋白质的方向转化，减少食品中硝酸盐的含量。

第四，提高控制氮素形态转化的能力，控制氮的有害转化。这方面包括两个含义。①抑制土壤中铵态氮肥的亚硝化-硝化-反硝化。已经证明腐植酸有一定的抑制硝化作用，但是否也有抑制反硝化的作用，目前还是未知数。有专家估计，在水田中有 $30\%\sim50\%$ 的氮是由于反硝化作用生成、损失掉的。在缺氧、高 pH 值或有大量易被氧化的含氮化合物的土壤中，反硝化菌的活性也很高。能否搞清有无抑制反硝化的功能，并且设法加强这种功能很值得研究。②抑制植物体内硝酸盐含量。这一功能已得到证实。最近沈阳农业大学邹德乙教授等在多种作物上的对比研究证明，与有机肥和三元无机肥相比，施腐植酸复混肥明显降低了植物果实中的硝酸盐含量，这是可喜的重要发现。可见，腐植酸有可能作为土壤或植物的硝化抑制剂用于"绿色肥料"和生产"绿色食品"。现在的任务是，进一步搞清哪类腐植酸产品或腐植酸的哪些结构部位更具有硝化抑制功能，如何更有效地用腐植酸抑制植物体内的硝酸盐含量，以便定向地进行化学或生物处理，生产高水平的"绿色肥料"。

第五，多功能性肥料的尝试。开发"药肥合一"的功能性肥料，是目前化肥和农药行业的热门话题，也有厂家在试制。腐植酸对多数农药的减毒增效作用已经得到证实，如果将腐植酸与肥料和农药同时复合，制成既具有杀虫、杀菌、除草的功能，又不污染作物和环境的高效肥料，当然是非常理想的目标。但至今仍缺乏基本的科学数据，需要从扎扎实实的基础工作入手，搞清楚一些基本的问题。比如，腐植酸不是对所有的农药都能增效，不同农药与不同的肥料之间可能还有复杂的相互作用，不同的土壤、气候环境也会对它们的作用有各种影响。如果盲目复合，不仅会造成浪费，而且可能适得其反。因此，开发多功能腐植酸肥料，一要大胆创新，二要扎实仔细，不能急于求成。

综上所述，只有在改造或再造肥料中不断发挥重要作用，那是因为对肥料养分的储藏、转运、吸附、活化和生物化学作用，是其他物质不可替代的。如何有效地充分发挥腐植酸的这些功能，就必须不断开拓，有所发现，有所创新。腐植酸肥料要想在现代肥料领域中占有一席之地，就应该与其他肥料成员联姻，共同向"绿色肥料"的目标迈进。中国腐植酸工业协会已发布了"腐植酸行业五年发展规划和十年发展目标"，肥料生产和技术创新的目标和举措是比较明确的。要实现这些目标，需要腐植酸肥料行业做出艰苦卓绝的努力。

第三章

植物磷素营养与磷肥

磷于 1669 年为德国汉堡炼金家布兰德所发现。地壳中磷（P_2O_5）的平均含量大约为 0.28%。而土壤表土一般变动在 0.04%～0.25% 之间。我国许多土壤磷素供应不足。

新中国成立前磷肥工业几乎空白，1953 年研制生产了过磷酸钙，1957 年在南京建成年产 40t 的过磷酸钙厂。至 1984 年磷肥产量已达 235.96t（P_2O_5），在美国、苏联之后居第三位，N：P_2O_5 从 1970 年的 1：0.6 降至 1980 年的 1：0.23，（1981～1985 年期间为 1：0.25）。2012 年磷肥总量为 1693 万吨 P_2O_5，高浓度磷复肥产量为 1462 万吨 P_2O_5，占总量的 86.4%。通过引进技术和自主创新，中国磷复肥技术装备国产化、大型化取得突破性进展，装置投资大幅降低。

第一节　植物的磷素营养

一、植物体内磷的含量与分布

一般植物含磷量占植物干重的 0.2%～1.1%，而大多数植物的含量为 0.3%～0.4%，其中大部分是有机磷，约占 85%，而无机磷约占 15%。植物体内的含磷量依植物种类、生育时期、器官的不同而异。其一般规律是：油料植物＞豆科植物＞禾谷类植物，生育前期＞生育后期，幼嫩组织＞衰老组织，繁殖器官＞营养器官，种子＞叶片＞根系＞茎秆。磷多分布在含核蛋白较多的新芽、根尖等生长点部位，其转运、分配和积累规律总是随着植物生长发育中心的转移而变化，表现出"顶端优势"。所以，当磷素不足时，植物体内的磷总是优先保证生长中心器官的需要，而缺磷的症状总是从最老的器官开始表现出来的。

二、磷的生理功能

1. 构成植物体内许多重要化合物的组成成分

(1) 核酸（RNA 和 DNA）和核蛋白　核酸是核蛋白的重要组分，核蛋白又是细胞核和原生质的主要成分，它们都含有磷。核酸和核蛋白是保持细胞结构稳定，进行正常分裂、能量代谢和遗传所必需的物质。核酸作为 DNA 和 RNA 分子的组分，它既是基因信息的载体，又是生命活动的指挥者。核酸在植物个体生长、发育、繁殖、遗传和变异等生命过程中起着极为重要的作用。所以磷和每一个生物体都有密切的关系。从现代生物学的观点来看，蛋白质和核酸是复合体，它们共同对生命活动起决定性作用。

(2) 磷脂　植物体内含有多种磷脂，如二磷脂酰甘油、磷脂酰胆碱、磷脂酰肌醇、磷脂酰丝氨酸、磷脂酰乙醇胺等。这些磷脂和糖脂、胆固醇等膜脂物质与蛋白质一起构成生物膜，它是外界的物质流、能量流和信息流进出细胞的通道，并具有选择性，从而起到调节生命机能的作用。此外，大部分磷脂是生物合成或降解作用的媒介物，它与细胞的能量代谢直接有关。供应充足的磷营养，就能促进生物膜的形成和新陈代谢的正常进行，增强植物的抗逆性。

(3) 植素　植素是磷脂类化合物中的一种，它是环己六醇磷酸酯的钙、镁盐或钾、镁盐，是磷的一种储藏形态，故在植物种子中积累量较高。豆科植物种子中，植素态磷约占总磷量的 50%，谷类籽粒中为 60%～70%。植素的产生不仅限于籽实中，在马铃薯块茎中其含量也可占总磷量的 15%～30%。大多数植素存在于谷类植物籽粒的糊粉层中，或玉米籽粒的胚芽中和豆科植物的子叶中。

当植物进入成熟阶段，植素参与调节籽粒灌浆和块茎生长过程中淀粉的合成，同时，植素的生物合成又与籽粒中磷素水平的降低密切相关。因为当葡萄糖-1-磷酸酯转化成淀粉时，要释放磷酸，才能完成其合成反应（葡萄糖-1-磷酸酯淀粉＋nP$_i$）。因此，植素的形成犹如储存库，把磷储存起来，使繁殖器官内保持较低的磷水平，而利于淀粉的合成，此时，若有过量的磷存在，反而抑制淀粉的形成。如水稻在开花后 10d 籽粒中植素含量迅速增加，到 20d 前后植素的形成最盛。还须指出的是，在此期间，若施用磷肥过多，体内磷增加，反而不利于淀粉的生物合成反应。植素又在种子发芽过程中起着十分重要的作用，当种子发芽时，它在植素酶的催化下可水解释放出无机磷，供发芽和幼苗生长的需要。根据 Mukherji 等（1971）的观测结果，在种子萌发的最初 24h 内，从植素中释放出的磷大多结合入磷脂，表明了生物膜的形成，细胞内的分隔化再现，细胞器的重建为细胞的生理代谢活动创造了必要的条件。无机磷和磷酸酯数量的增加反映了种子旺盛的呼吸作用、磷酸化作用等过程的开始，随着植素降解过程的延续，最终使 DNA 和 RNA 磷的水平提高，这表明细胞分裂与蛋白质合成的加强。由此可见，植素的形成又为幼苗提供了磷源，保证其正常的生长发育。

(4) 高能磷酸化合物（ATP） 植物体内糖酵解、呼吸作用和光合作用中释放出的能量常用于合成高能焦磷酸键，ATP就是含有高能焦磷酸键的高能磷酸化合物。这种键水解时，每摩尔ATP可释放出约30kJ的能量。在磷酸化反应中，此能量随着磷酰基可传递到另一化合物上，而使该化合物活化。ATP水解时，随着能量的释放，自身即转变为ADP。ATP能为生物合成、吸收养分、运动等提供能量。同时，它是淀粉合成时所必需的。ATP和ADP之间的转化伴随有能量的释放和储存，因此，ATP可视为是能量的中转站。在代谢旺盛的细胞中，高能磷酸盐具有极高的周转速率，这为代谢的顺利进行提供了良好的条件。除ATP以外，在细胞内还有结构与ATP相似的三磷酸尿苷（UTP）、三磷酸鸟苷（GTP）和三磷酸胞苷（CTP）等高能磷酸化合物。三磷酸尿苷是合成蔗糖所必需的，三磷酸鸟苷是合成纤维素所必需的，而三磷酸胞苷是脂类生物合成专一的能量载体，为合成磷脂所必需。所有的三磷酸核苷都是合成核糖核酸（RNA）时所必需的，脱氧型的三磷酸核苷则可合成脱氧核糖核酸（DNA）。DNA是遗传信息的携带者，不同类型的RNA则起着翻译遗传信息和合成蛋白质的功能。

(5) 磷是许多酶的组成成分 植物体内有许多含磷酶，如脱氢酶的辅基——辅酶Ⅰ（NAD）与辅酶Ⅱ（NADP）、转酰酶的辅基——辅酶A（HS-CoA）、黄酶类辅基——黄素腺嘌呤二核苷酸（FAD）、脱羧基的辅酶——硫胺素焦磷酸（TPP）和转氨酶的辅基——磷酸吡哆醛等。这些化合物有的是递氢体，在植物呼吸链和光合链中起着传递氢的作用，有的则是在碳氮代谢等过程中发挥生物催化剂的效能。

2. 积极参与体内各种代谢

(1) 糖类代谢 在光合作用中，光合磷酸化作用必须有磷参加；光合产物的运输也离不开磷。在糖类代谢中，许多物质都必须首先进行磷酸化作用。无机磷在光合作用和糖类代谢中有很强的操纵能力，无机磷浓度高时，植物固碳总量受到抑制。己糖和蔗糖合成的初始反应需要高能磷酸盐（ATP和UTP）。韧皮部负载中的蔗糖-质子协同运输对ATP的需要量也很高。

叶片中糖类代谢及蔗糖运输也受磷的调控。当供磷充足时，叶绿体中光合作用所形成的磷酸丙糖（TP），大部分能与细胞溶质内的无机磷进行交换，TP转移到细胞溶质中，经一系列转化过程可形成蔗糖，并及时运往生长中心；当供磷不足时，缺少无机磷与TP进行交换，导致叶绿体内的TP不能外运，进而转化为淀粉，并存留在叶绿体内。淀粉只能在叶绿体内降解，降解后形成的TP才可运出叶绿体。

作为细胞壁结构成分的纤维素和果胶，其合成也需要有磷参加。此外，糖类的转化也和磷有密切的关系。如单糖之间的相互转化都必须首先进行磷酸化作用，形成相应的磷酸酯，然后方可转化为另一种糖的磷酸酯。

蔗糖是植物体内普遍存在的一种二糖，它是高等植物体内糖类长距离运输的主要形式。在光合组织中，蔗糖是由 C_3 循环的中间产物合成的，在非光合组织中蔗糖也可由单糖合成。从结构上看，蔗糖是由葡萄糖和果糖缩合而成的，但不能直接合成，必须先与尿三磷作用形成尿二磷葡萄糖。生成尿二磷葡萄糖后可通过两个途径合成蔗糖。即：①尿二磷葡萄糖转移到果糖上，形成蔗糖；②由尿二磷葡萄糖把葡萄糖转移到 6-磷酸果糖上，形成磷酸蔗糖。磷酸蔗糖在磷酸蔗糖磷酸酶的催化作用下，水解生成蔗糖。

由此可见，蔗糖无论是由何种途径合成的，都离不开磷酸化和 ATP。此外，蔗糖与淀粉之间也经常相互转化。例如，粮食作物的种子，在成熟过程中，需要把叶片中运输来的蔗糖在种子内转化为淀粉储藏起来；而在种子萌发时，又把淀粉转化为蔗糖，运往生长中心，供幼苗利用。上述过程都与磷有密切的关系。

（2）促进氮代谢 磷是氮素代谢过程中一些重要酶的组分。例如，磷酸吡哆醛是氨基转移酶的辅酶，通过氨基转移作用可合成各种氨基酸，将有利于蛋白质的形成；硝酸还原酶也含有磷。磷能促进植物更多地利用硝态氮，磷也是生物固氮所必需的。豆科作物缺磷时，根部不能获得足够的光合产物，而影响根瘤的固氮作用。氮素代谢过程中，无论是能源还是氨的受体都与磷有关。能量来自 ATP，氨的受体来自与磷有关的呼吸作用。因此，缺磷将使氮素代谢明显受阻。

（3）脂肪代谢 脂肪代谢同样与磷有关。脂肪合成过程中需要多种含磷化合物。此外，糖是合成脂肪的原料，而糖的合成、糖转化为甘油和脂肪酸的过程都需要磷。与脂肪代谢密切相关的辅酶 A 就是含磷的酶。实践证明，油料作物比其他类型的作物需要更多的磷。施用磷肥既可增加产量，又能提高产油率。

3. 提高植物抗逆性和适应能力

（1）磷能提高植物的抗旱性、抗寒性、抗病虫害以及抗倒伏能力，增强植物的抗逆性

① 抗旱。磷能提高细胞原生质胶体的水合度和细胞结构的充水度，使其维持胶体状态，还能增加原生质的黏性和弹性，因而增强了原生质抵抗脱水的能力，从而提高了植物的抗旱能力，此外，磷还对块根作物（如甜菜）根的伸展发育有明显的促进作用。根系的良好发育，能使植物对土壤水分有效地利用，以利于减轻干旱造成的危害。

② 抗寒。磷能提高体内可溶性糖类和磷脂的含量，可溶性糖能使细胞原生质的冰点下降，磷脂能增强细胞对温度变化的适应性，从而增强作物的抗旱能力。越冬作物增施磷肥，可减轻冻害，安全越冬。

③ 抗病虫害和抗倒伏。作物磷素营养正常时，体内各种代谢过程协调进行，

植株生长健壮，当然能减轻病菌侵染，增强抗病能力和抗倒伏能力。

（2）提高植物的缓冲性　磷能提高植物对外界酸碱反应变化的适应能力。当磷素供应充足时，能提高植物体内无机态磷酸盐的含量，有时其数量可占总磷量的一半左右。这些磷酸盐主要是以 KH_2PO_4 与 K_2HPO_4 的形态存在的，它们常形成缓冲体系，能增强细胞液对酸碱变化的缓冲性。因此，植物体内所含的磷酸盐，在细胞液中起着缓冲作用，使 pH 值保持相对稳定。当外界环境发生酸碱变化时，细胞质的生理 pH 值保持较稳定的状态，这有利于植物的正常生长发育。

磷酸二氢钾遇碱能形成磷酸氢二钾，因而减缓了碱的干扰；而磷酸氢二钾遇酸能形成磷酸二氢钾，减少了酸的干扰。其反应如下：

$$KH_2PO_4 \underset{H^+}{\overset{OH^-}{\rightleftharpoons}} K_2HPO_4$$

这种缓冲体系在 pH 值为 6～8 时的缓冲作用最大，因此，在盐碱土上施用磷肥可以提高植物抗盐碱的能力。

三、植物对磷的吸收与运输

1. 植物对磷的吸收

（1）植物可吸收的磷　植物可吸收的磷包括无机磷和有机磷两大类，分述如下。

① 无机磷。植物可吸收的无机磷包括正磷酸盐（$H_2PO_4^-$、HPO_4^{2-}）、偏磷酸盐（PO_3^-）、焦磷酸盐（$P_2O_7^{4-}$）、亚磷酸盐（PO_3^{3-}）和次磷酸盐（PO_2^{3-}），其中正磷酸盐在自然界中最为普遍，是植物最适宜的利用形态，所以它是植物最主要的磷源。偏磷酸盐（PO_3^-）和焦磷酸盐（$P_2O_7^{4-}$），植物也能吸收，但吸收后很快转化为正磷酸盐。亚磷酸盐和次磷酸盐，植物虽能吸收，但不易被同化，故不宜作为植物的磷源。聚磷酸盐需在介质中经水解后才可被植物吸收。由此可见，植物主要吸收正磷酸盐。但正磷酸盐可以生成三种不同的阴离子形态，植物究竟吸收哪种形态，取决于正磷酸盐的种类（见表 3-1）和介质的 pH 值。

表 3-1　磷酸盐种类及其与植物吸收的难易程度

	磷酸盐种类		植物吸收的难易程度	
植物可吸收利用的正磷酸盐	磷酸铵、磷酸钾（$NH_4H_2PO_4$，KH_2PO_4）		最易被吸收	易
	磷酸钙镁盐	$Ca(H_2PO_4)_2$，$Mg(H_2PO_4)_2$	水溶，易被吸收	
		$CaHPO_4$，$MgHPO_4$	弱酸溶，次之	
		$Ca_3(PO_4)_2$，$Mg_3(PO_4)_2$	难溶，最难被吸收	
	磷酸铁铝盐（$FePO_4$，$AlPO_4$）		难溶性，最难被一般植物吸收	难

② 有机磷。植物不仅能吸收无机态磷，也能吸收如己糖磷酸酯、蔗糖磷酸酯、甘油磷酸酯以及分子量较大的核酸、植素、卵磷脂等有机磷化合物，而且吸

收速率和营养效果不亚于或超过无机态磷源。Weittftig 和 Mengdehl 等在无菌条件下研究了以肌醇态磷作为磷源对玉米产量的影响，结果表明它与无机磷源的效果相似。另有用标记^{32}P-核糖核酸在灭菌条件下施用的试验结果得出，在等磷等氮条件下，2d 内水稻吸收核糖核酸中的磷超过吸收无机态磷酸盐，6d 后前者竟达后者的 2.556 倍。由此可见，有机肥料所含的磷以及其在分解时所形成的多种有机磷化合物的营养作用是不可忽视的。

(2) 植物吸磷的机理　业已研究证明，植物对磷的吸收是逆浓度梯度的主动吸收，需要消耗能量。有试验表明，植物根系能从极稀的土壤溶液中吸收磷，通常根细胞及木质部汁液中的含磷量高于土壤溶液 100～1000 倍。一般认为，磷的主动吸收过程是以质膜上 H$^+$-ATP 酶的 H$^+$ 为驱动力，借助于质子化的磷酸根载体而实现的。故属于 H$_2$PO$_4^-$/H$^+$ 共运方式，即质膜 H$^+$ 泵 ATP 酶泵出 H$^+$到质外体，通过无机磷酸盐（P$_i$）载体，P$_i$ 与 H$^+$ 共运输到质膜内。

植物根系吸磷的主要部位是根毛区，因为根毛区有大量根毛，吸收面积大，而且根毛区的木质部已经成熟，可将所吸收的磷向地上部运输；而根尖分生区与伸长区，因木质部未发育完全，影响磷的移动。在根系吸收磷的同时，有少部分磷酸盐从根细胞溢出，其溢出速率一般为 4～50nmol/[g(根鲜重)·h]，而磷的吸收速率为 20～1000nmol/[g(根鲜重)·h]，在适宜于植物生长的条件下，前者约为后者的 8%。

(3) 影响植物吸收磷的因素　影响植物吸收磷的因素很多，大致可归纳为植物基因型和环境条件两个方面。

① 植物基因型。不同种类植物或同种植物的不同品种（系）对磷的吸收存在着明显的差异，具体的影响表现为以下几个方面。

a. 植物根系形态和吸收特性。植物根系的吸磷能力与土壤的接触面积密切相关，因为磷在土壤中的扩散系数极小，移动性很差。一般来说，根系与土壤的接触面积愈大，植物的吸磷能力愈强。因此，植物根系的形态特征会影响其吸磷能力。有根毛的油菜比无根毛的洋葱吸磷能力强，黑麦草的根系发达，比小麦等禾本科作物利用土壤磷的能力强。植物还具有自动调节能力，在缺磷的条件下，植物根系形态会不同程度地发生变化，通常为根系变细，根长增加，根毛增多，光合产物运到根系的比例增加，根/冠增大，促进植物对土壤磷的吸收。有些植物还会形成"排根"，如羽扇豆在缺磷时，其侧根变成类似肉桂属植物根系的"排根"，它对土壤磷有很强的吸收能力，以适应缺磷环境。

b. 植物根系分泌物的种类与数量。根系在生长过程中可分泌出 H$^+$（或 OH$^-$ 和 HCO$_3^-$）、有机酸、磷酸酶等，这些分泌物会改变根际环境条件，进而影响根际土壤磷的有效化程度。但这种影响与植物种类有关，不同种类的植物根系对根际土壤引起不同程度的酸化，可能与根对阳离子与阴离子的吸收不平衡，使根排出 H$^+$ 或 OH$^-$（或 HCO$_3^-$）数量上的差异有关。当阳离子吸收量超过阴离子时，根排出 H^+ 多，使根际土壤 pH 值下降，可促进土壤难溶性磷的有效化，有利于植物的吸收；当阴离子吸收量超过阳离子时，根周围土壤 pH 值增高，则降低磷的溶解度，影响植物对磷的吸收。有试验表明，植物的吸磷量与根际土壤 pH 值呈指数相关，即在一定范围内，根际 pH 值下降，植物的吸磷量增加。另一些植物如油菜，在磷不足时，根系能自行调节其阳/阴离子的吸收比例，向介质分泌 H^+，致使根际酸化，促进难溶性磷溶解，增加根际磷浓度。许多植物根系除向介质分泌 H^+ 外，还分泌不同数量的有机酸如柠檬酸等，从而对土壤中铁、铝产生螯合作用，有利于提高土壤磷的有效性。最近的研究证明，禾本科作物根系能产生专性分泌物即麦根酸，它在一定程度上改善了麦类对土壤磷的吸收。此外，植物根系还能分泌酸性磷酸酶，促进了土壤有机磷的水解，增加植物对其的利用。

c. 菌根感染程度。菌根能增加植物的吸磷能力，因为通过菌根菌丝向土体扩展可以增大根系的吸收面积，并能缩短根吸收养分的距离，从而提高土壤磷的空间有效性，有利于增加吸磷量。菌根分泌物也能促进难溶性磷的溶解。实践表明，不同植物感染菌根的能力是不同的，因此，吸磷能力存在差异。如紫云英感染菌根的程度比苕子高，根系吸磷能力前者比后者强。

另外，有人认为植物吸磷能力还与植物生长速率、根系阳离子交换量和与植物体内 CaO/P_2O_5 比例等有关。

目前科学家十分重视筛选吸收利用磷素能力强的植物基因型，即磷高效基因型，主要集中在筛选磷高效植物种类、品种或品系方面，采用了许多筛选指标，旨在培育、利用耐低磷的高效基因型和提高磷素资源的利用效率。何文寿（2003）采用不同施磷处理的肥料田间试验，系统地研究了宁夏 100 个春小麦品种或品系的磷素吸收与利用效率的基因型差异。结果表明，小麦地上部茎叶和籽粒中的含磷量以及磷素吸收累积量、磷素利用效率等均存在明显的基因型差异，变异系数为 17%～40%，且这种差异在低磷条件下更为明显。

② 土壤环境条件对植物吸收磷的影响。

a. 介质 pH 值。在各种环境因素中，介质 pH 值是影响植物吸磷的最主要因素，因为介质 pH 值控制着土壤溶液中磷酸根离子的存在形态及其浓度。当 pH 值为 5～9 时，土壤中的磷主要以 $H_2PO_4^-$ 和 HPO_4^{2-} 形态存在。当 pH 值在 5 左右时，磷酸根离子均以 $H_2PO_4^-$ 形态存在，HPO_4^{2-} 几乎不存在，植物主要吸收 $H_2PO_4^-$；当 pH 值为 5～7.2 时，土壤溶液中 $H_2PO_4^-$ 的浓度大于 HPO_4^{2-} 的浓度，植物吸收的磷前者大于后者；当 pH 值＝7.2 时，土壤溶液中 $H_2PO_4^-$ 和 HPO_4^{2-} 两种离子的数量相等，植物可以同时吸收二者；当 pH 值为 7.2～9 时，土壤溶液中 $H_2PO_4^-$ 的浓度小于 HPO_4^{2-} 的浓度，植物吸收的磷后者大于前者；当 pH 值大于 9 时，呈强碱性溶液，才以 PO_4^{3-} 形态存在，但根系本身就不能生长，所以一般植物不能吸收 PO_4^{3-}。大量资料表明，对于大多数作物而言，磷的有效性范围是在土壤 pH 值 6.5～7.5 之间，所以把 pH 值 6.5～7.5 这个范围称为磷的有效带。也有研究认为，在一定的 pH 值范围内，降低 pH 值有利于植物对磷的吸收，因此认为磷的最大有效性范围是在土壤 pH 值 5.5～7.0 之间。另外，介质 pH 值还直接影响吸收机制，质外体 pH 值低时，有利于膜上磷酸根载体的质子化，促进 $H_2PO_4^-/H^+$ 共运机制的运行。

b. 土壤物理性质。土壤水分、温度、质地、通气性等物理性质影响磷的扩散系数，所以影响植物对磷的吸收。一般地，增加土壤水分有利于土壤溶液中磷的扩散迁移。在一定的温度范围内（10～40℃），提高介质温度可增加植物对磷的吸收。因为温度升高，不仅可加快溶液中磷的扩散速率，而且根系呼吸作用也增强，根和根毛的生长速率加快，根系活力增加，这些都有利于植物对磷的主动吸收。同时土温较高，有利于土壤中有机磷化合物的矿化，改善土壤供磷状况。土壤质地愈黏重，通气性愈差，磷的扩散阻力愈大，妨碍根系伸展，影响植物对磷的吸收。另外，土壤质地黏重，黏粒矿物对磷的吸持固定增多，磷的生物有效性降低，影响植物对磷的吸收。一般来说，土壤水分增多、温度升高、土壤疏松，有利于植物对磷的吸收。

c. 养分的相互关系。土壤中元素组成和不同肥料形态及其陪伴离子种类都能影响植物对磷的吸收。磷与氮在植物吸收、利用方面相互影响，增施氮肥常能促进植物对磷的吸收利用，因为氮、磷之间存在协助关系。Soon 和 Millen（1977）的试验表明，不同氮素形态对植物吸收磷也有一定的影响，NH_4^+ 的吸收可增加植物体内的正电荷，促进根系释放 H^+ 以及铵态氮，在土壤硝化过程中可降低其 pH 值，从而促进难溶性磷的释放，增加磷的有效性。土壤中含有适量的钙、镁、钾等，均能促进作物对磷的吸收，而铁、铝和钙浓度较高时以及 Cl^- 离子都能降低植物对磷的吸收。

2. 植物体内磷的同化和转运

根毛和表皮细胞所吸收的磷，通过共质体途径径向输送至皮层，继而向中柱转入木质部导管，然后随蒸腾液流向植物地上部运输。一部分磷亦可在根系吸收后立即参与根内代谢，形成有机磷化合物。Jackson 和 Hagen（1960）的试验表明，磷被吸收 10min 后就有 80% 的磷酸盐可结合到有机化合物中，形成磷酸己糖和二磷酸尿苷等含磷有机化合物。当上述含磷有机化合物从中柱到达导管时，它们通过脱磷酸化过程而生成无机磷，再输往地上部。因此，木质部汁液中的磷大部分是无机磷，极小部分为有机磷。韧皮部中的磷则有无机磷和有机磷两类。无机磷在植物体内的移动性大，再利用率高，可以直接向上或向下移动。运入地上部的磷约一半以上能通过韧皮部筛管再运输到植物的其他部分，特别是旺盛生长的器官。植物根系吸收的磷首先向生长最活跃的分生组织（根尖、新叶等）转移和累积，而且还具有再利用的特性。有试验表明，植物根系吸收磷素主要是在生育前期，生育后期主要靠运转再利用。磷素在植物体内的运转效率比氮高。

植株中磷的运输方向常受介质供磷水平的影响，当植株缺磷时，在根部保留着其吸收的大部分磷，其生殖器官形成发育所需的磷主要是再利用营养体中的磷。适当的供磷条件下，植株根部只保留所吸收磷的一小部分，茎叶中的磷在繁殖器官形成发育时也可被再利用。高水平供磷时，植株的茎叶中则保留了其中大部分磷不再利用，直至繁殖器官成熟。这种磷的运输特点在一定程度上能确保缺磷植株完成生长发育过程。但在缺磷严重时，生殖器官形成受阻，会明显影响作物的产量与质量。因此，在农业生产上磷肥作基肥、种肥或早期追肥，对保证植物正常磷素营养、提高磷素利用效率具有十分重要的意义。磷肥施用过晚，对植物体内代谢和产品产量有较大的影响。

四、植物磷素缺乏与过多的症状

由于磷是许多重要化合物的组分，并广泛参与各种重要的代谢活动，对植物生长发育有着多方面的作用，所以当磷素不足或过多时，在形态上表现的症状就相当复杂，不像氮素那样十分明显，需要细心观察。

1. 缺磷症状

从生理角度来看，缺磷一方面影响植物的光合作用、呼吸作用及生物合成过程，另一方面影响蛋白质的合成、细胞分裂与伸长和营养生长。从外形上来看，首先出现在老叶上，一般缺磷时，叶色暗绿或灰绿，缺乏光泽，生长迟缓，植株矮小，分枝或分蘖减少，延迟成熟。在缺磷初期，叶片常呈暗绿色，这是由于缺磷的细胞其伸长受影响的程度超过叶绿素所受的影响，因而缺磷植物的单位叶面积中叶绿素含量反而较高，但其光合效率很低，表现为结实状况很差。严重缺磷时，茎叶上出现紫红色条纹或斑点，甚至枯死脱落，尤其是喜磷作物如油菜、玉米、番茄等表现突出。禾谷类作物缺磷时，分蘖减少或不分蘖，各生育期都延迟，籽粒不饱满。玉米缺磷时果穗常有秃顶现象，油菜缺磷易脱荚，薯类作物的块根、块茎变小和耐储藏性变差。果树缺磷，芽的出生和发育慢而弱，果实质量也差。缺磷果树的叶片常呈褐色，花果容易过早脱落。一般来讲，大多数植物的潜在缺磷阶段，从外形上难以判断，而当作物的缺磷症状表现出来时，表明缺磷已相当严重，这时补施磷肥已难以克服病症，所以对缺磷土壤要施足基肥和种肥。

植物缺磷的症状首先出现在老叶上，因为磷的再利用程度高，在植物缺磷时，老叶中的磷可运往新生叶片以供利用。缺磷的植株，因为体内糖类代谢受阻，有糖分积累，而易形成花青素（糖苷）。许多一年生植物（如玉米）的茎常出现典型的紫红色症状。豆科作物缺磷时，由于光合产物的运输受阻，使根部得不到足够的光合产物，而导致根瘤菌的固氮能力下降，植株生长也受到一定的影响。在缺磷环境中，植物自身有一定的调节能力，如植物根系形态发生变化，表现为根和根毛的长度增加、根的半径减小，而每单位重量根的长度增加，这样可使植物在缺磷的土壤中吸收到较多的磷。根的半径减小可使根所吸收的磷更快地径向运输到达导管。此外，在缺磷的情况下，某些植物还能分泌有机酸，使根际土壤酸化，提高土壤磷的有效性，从而使植物能吸收到更多的磷。

不同基因型植物的自身调节能力不同，因而对磷的利用效率也有差异，根的形态是一个重要因素。缺磷时光合产物运往根系的比例增加，引起根的相对生长速率加快，根/冠比增加，从而提高根对磷的吸收和利用。

2. 磷素过多症状

当磷素供应过多时，由于植物的呼吸作用过强，消耗大量的糖分和能量，也会因此产生不良影响。虽不像氮那样表现出过剩症，但也对植物生长不利。主要表现是营养生长期缩短，成熟期提早，导致减产，而且还将诱发锌、铁、锰、镁的缺乏，其外部表现常与缺锌、缺铁、缺锰、缺镁等症状伴随出现，影响产量和品质。例如，谷类作物的无效分蘖和瘪籽增加，叶片肥厚而密集，叶色浓绿，植株矮小，节间缩短，出现生长明显受抑制的症状。繁殖器官常因磷肥过量而加速成熟进程，并由此而导致营养体小，茎叶生长受抑制，产量低。施磷肥过多还表现为植株地上部分与根系生长比例失调，在地上部生长受抑制的同时，根系非常发达，根量极多而粗短。此外，还会出现叶用蔬菜的纤维素含量增加、烟草的燃烧性差等品质下降的情况。

五、磷对作物生长发育的影响

1. 磷对根系生长的影响

试验证明，磷能促进根细胞的分裂和增殖，增加次生根条数，而次生根对水分和养分的吸收起重要作用。如小麦在越冬前施磷肥，越冬后次生根条数比不施磷可增加一倍。磷对根生长的影响，主要表现不是在根重的变化上，而是表现在单位根重有效面积的差异上。在低磷条件下，根的半径减小，单位根重的比表面积增加，从而提高根系对磷的吸收。但不同作物的增加幅度不同，苔子和油菜增加幅度较小，而小麦、黑麦草增加幅度较大。这是作物对磷的一种适应性调节，它可通过根的形态变化，增加根的表面积，调节根对磷的吸收，以增强对低磷环境的适应能力。

磷对根用作物块根的生长有明显的促进作用。施磷肥对饲用甜菜叶片产量影响不大，但对块根产量影响较大；而磷肥对大麦则相反，施磷处理对根系干物质重的影响较小，而对地上部干物质重的影响较大，随着磷肥用量的增加，地上部干物质重增多。可见，磷对作物储藏根的影响远小于非储藏根。

2. 磷对营养生长的影响

磷是作物体内核酸、磷脂、植素和磷酸腺苷的组成元素，这些有机磷化合物对作物生长与代谢起重要作用。正常的磷素营养有利于核酸与核蛋白的形成，加速细胞的分裂与增殖，促进营养体生长，尤其在作物生长早期，充足的磷素营养尤为重要。因为生长前期作物吸收的磷可以再利用，参与新生组织的形成与代谢。小麦是对磷反应敏感的作物，磷素营养的丰缺，可以促进或延缓干物质的积累和营养物质向分配中心转移的进程。据报道，高产小麦拔节期干物质积累占一生中总干物质的25％以上，而干物质积累量与吸磷量相一致，小麦生长前期吸收磷的强度和数量都比较大，小麦籽粒中的磷，主要来自抽穗前积累在茎叶中的磷，抽穗后所吸收的磷，主要积累在根部。如果小麦生长前期磷素营养不足，会引起体内碳氮代谢失调，糖积累多，蛋白质合成受到抑制，从而导致干物质积累少，株型瘦弱，叶片小，叶数少。

3. 磷对植物激素的影响

在作物生长发育与产量形成中，植物激素起着重要的调节作用。磷素营养水平将影响植物体内激素的含量。据研究，番茄细胞分裂素的产生与磷的供应有关，缺磷使番茄茎基部伤流液中的细胞分裂素比对照降低了30％，从而使第一花序中的花数显著减少。不施磷的第一花序花数仅有3个，施磷的增至7个，施磷并在叶面喷洒激动素，则花数增至16个。因为缺磷影响了根中植物激素向地上部输送，从而抑制了花芽的形成。苹果树的花芽分化也受磷的影响，叶片中磷的浓度与翌年开花数呈正相关，叶片中磷浓度高的，激素活性也高，花芽发育好，花也多。此外，施用植物激素可促进豆科作物豆荚中磷的积累。试验表明，由豆科作物豆荚中移出种子，则花梗中^{32}P（由叶面喷施）的积累急剧下降，如用生长素（IAA）处理残梗切口，则可得到一定程度的恢复。当IAA和细胞激动素合用时，花梗中^{32}P的积累比对照多。可见，植物激素能促进果实中磷的富集。

4. 磷对作物产量的影响

由于磷参与了作物体内糖类、蛋白质和脂肪的代谢，因此，磷素营养状况的好坏对作物产量的形成起着重要的作用。如供磷水平的高低对小麦产量及其构成因素的影响较大，在缺磷的土壤上，小麦生长前期磷素供应往往不足，增施磷肥能促进有效分蘖，施磷较不施磷可提高有效穗数30％～50％，但是对穗粒数和粒重的影响较小；在磷素丰富的土壤上，小麦生长前期磷素营养充足，不但促蘖增穗，而且还可增加穗数和粒数。如果小麦前期吸收磷较多，则干物质积累增加，有利于糖类向穗部输送，以促进籽粒饱满，增加穗粒重。

六、磷对作物品质的影响

1. 对禾谷类作物的影响

大麦、小麦和玉米等禾谷类作物籽粒中蛋白质的含量和氨基酸的组成是重要的品质指标。据多数研究报道，单施氮肥能在一定程度上提高小麦籽粒产量和蛋白质产量，如再配合施用适量磷肥，则可进一步提高籽粒产量和蛋白质产量，但蛋白质百分含量略有下降，其主要原因是干物质增加引起的稀释效应。施磷可改善小麦面粉的烘烤品质和籽粒的营养价值，提高必需氨基酸的总量和某些氨基酸组分的含量。此外，磷素还可提高小麦籽粒中维生素 B_1 的含量。

谷子是营养价值较高的禾谷类作物之一，据研究报道，氮磷配施较单施氮肥可提高谷子籽粒中粗蛋白、粗脂肪含量和胶稠度，而对淀粉含量的影响较小。胶稠度是小米食味品质的一项主要指标，常以小米胶质流动的长度（cm）来表示，它影响米饭的柔软性。据报道，氮磷配施与单施氮肥相比较，前者可提高水稻糙米中蛋白质含量和含磷量，从而提高了稻米的营养品质。

2. 对油料作物的影响

油料作物中的油是由各种脂肪酸与甘油所组成的，不同油料作物中脂肪酸的组成也不同，施磷对其有一定的影响。芥酸含量是菜籽油品质的重要指标之一，其含量愈高，品质愈差。田间试验结果表明，冬油菜施磷肥后，可降低芥酸含量，而油酸和亚油酸含量略有提高，品质得到改善。磷素营养对大豆产量和品质也有一定的影响，缺磷可使大豆皱皮，种子带病率高，产量低；供磷充足可大大降低种子带病率，提高产量。在缺磷的土壤上，氮、磷、钾肥配施，可提高大豆籽粒中蛋白质和脂肪含量，改善其品质。总之，增施磷肥可提高油菜、向日葵等油料作物种子的含油量，同时还可改善脂肪品质，增加不饱和脂肪酸，减少饱和脂肪酸，可明显降低油菜中的芥酸含量，减轻对人体的不良影响，提高食用营养价值。

3. 纤维作物的影响

磷对棉花、麻等纤维类作物的产量、品质有明显的影响。在缺磷土壤上施用磷肥，不仅皮棉重量、单株结铃率和百铃皮棉重相应提高，而且可增加纤维长度，改善品质，但磷对棉花衣分的影响不大。

4. 对糖用作物和果树的影响

磷对作物体内糖类的合成、分解和运输起着重要的作用，因此可提高糖用作物的产量和品质。糖用甘蔗和甜菜作为制糖工业原料时，其品质要求与食用者不完全一样。甘蔗的品质指标有蔗糖含量、锤度、重力纯度和纤维分等，试验表明，施磷肥有利于提高甘蔗产量与品质，特别是氮、磷肥配施可明显提高产量，增加蔗糖含量和锤度。

糖用甜菜的块根含糖率与土壤氮磷养分的协调供应有关。据黑龙江省资料，耕层土壤有效 N/P 比值与甜菜块根产量、含糖率与含糖量均呈极显著的指数曲线相关。当土壤有效氮与速效磷（P_2O_5）的比值在 8 左右时，对甜菜块根产量、含糖率和产糖量均有利。

水果中糖与酸的含量及比例是重要的品质指标。当含糖量过低、含酸量过高时，糖/酸比降低，适口性差，品质劣。磷素供应正常，可提高水果、蔬菜等的糖分和维生素 C 含量，从而提高其营养价值。含糖量是西瓜品质的重要指标，在缺磷土壤上种植西瓜，如单施氮肥，瓜苦涩，口感差；如果氮肥配合适量磷肥或有机肥料施用，可促进植株体内的糖类向果实中运输，使果实中含糖率增加，甜味增加，适口性好，商品价值高。

第二节 我国土壤磷矿资源的基本状况

一、我国磷矿资源的分布特点

我国磷矿资源的分布从整体上看很不均匀。若以磷矿石资源储量 $168 \times 10^8 t$ 计，云南、贵州、四川、湖北和湖南 5 省是主要集中分布区。这几个省合计储量约有 $110 \times 10^8 t$，占全国磷矿总储量的 5%，且 P_2O_5 大于 30% 的富矿几乎全部集中于这 5 个省，从而使我国磷矿石的利用呈现"南磷北运，西磷东调"的局面。而从质量上看，高品位磷矿少而集中，中低品位磷矿多，胶磷矿多，含杂质也多。这样的资源特性使得磷矿利用多表现为：不适宜大规模高强度开采。在开采过程中常出现开发利用技术难度大、损失率高、贫化率高和资源回收率低等问题。而面对世界范围内对磷肥需求量的不断增加，磷矿石开发可获得高额利润的局面，各磷矿资源地在开发矿山时常常过度开采，采易避难，采富弃贫，大大加速了我国磷矿资源的耗竭。

我国磷矿资源的生产现状如下。近 10 年来我国磷矿石产量基本上保持每年 10% 的递增趋势。但从统计数据与实际的磷矿需求量来看，我国磷矿资源的开发利用速度要快得多。2005 年 1～10 月磷矿产量为 $2135 \times 10^4 t$。若以我国磷肥产量及其他工业对磷矿石的消耗计算，磷矿产量应有近 $4000 \times 10^4 t$，超过统计量近 $2000 \times 10^4 t$。而这多出来的产量应来自未加统计的小矿生产。而这些小矿对磷矿的开发导致了更大的浪费。

国家统计数据显示，2001～2004年我国磷矿石生产量逐年增长（$100×10^4～200×10^4$t/a），而磷矿石出口量逐年减少，从2001年占总量的23％降到2004年占总量的12％（见表3-2）。磷矿石出口量从所占比例的下降（近50％）来看是很快的，但实际出口量仍然很大，且比率依然高于10％。磷矿石出口不仅造成优质矿产资源的外流，同时相对制约我国经济的长期可持续稳定发展。

表3-2　2001～2004年我国磷矿石生产量与出口量

年份	磷矿石生产量/10^4t	磷矿石出口量/10^4t	出口比率/％
2001	2101	491	23.37
2002	2301	351	15.25
2003	2447	356	14.55
2004	2617	313	11.96

国土资源部已将我国磷矿石资源列为2015年后不能满足国民经济发展需求的20个矿种之一，合理开发利用优质磷矿资源刻不容缓。

二、我国磷矿资源的利用

磷矿石的绝大部分用来生产磷肥及磷复肥。磷肥需求量随时间快速增长，但绝大部分的磷肥靠国内市场供应，磷肥自给率已由20世纪末的不到70％增长为基本自给（2004年自给率94％）。但高自给率的背后反映的是有限磷资源的进一步耗尽，我们并没有因我国磷矿资源的日渐短缺而想到充分利用国外市场的磷资源。从1995～2004年我国磷肥的生产、进口及消费情况来看，出口创汇要求高品位磷矿，而国内市场对高浓度磷肥的需求量逐年增加，这样就加速了富矿的开采，由此引发资源的过度开发与消耗。若以我国磷矿查明资源储量总量$168×10^8$t、资源储量约$21×10^8$t计，则我国可开采磷矿至多可到2060年。

世界范围内每年生产的大量磷矿石，90％左右用于生产肥料产品和动物饲料。这说明，磷矿石的生产与使用在很大程度上影响着农业生产，进而影响着人们的生活。2000年世界人口已到60亿，预测2050年世界人口将达到90亿（FAO）（I. Steen，1998），由此引发的对磷的需求将进一步增加。与此同时，随着经济与社会的发展，世界范围内饮食结构也发生相应改变，动物产品的需求量急剧增加，使得饲养业对磷的需求量也快速提高。因此，如何应对将给我国社会经济可持续发展以及人类的生存均构成严重威胁的潜在的磷危机，确保国内磷肥工业的原料供应，促进我国农业经济的发展，将是现阶段磷资源可持续利用的首要任务。

第三节　磷肥的种类、性质与施用

目前大规模工业生产磷肥的原料主要是磷矿石。磷肥的制造方法主要有以下三种，即：

机械法，将磷矿石经机械磨碎后直接利用，如磷矿粉；

酸制法，用硫酸、磷酸、硝酸、盐酸等单酸或混酸处理磷矿粉而成，如过磷酸钙、重过磷酸钙、硝酸磷肥、沉淀磷酸钙、磷酸铵等；

热制法，借电热或燃料的燃烧热所产生的高温分解磷矿粉而成，如钙镁磷肥、碱熔磷肥、脱氟磷肥、钢渣磷肥等。

磷肥按其磷酸盐的溶解度不同可分为三种类型，即：

水溶性磷肥，凡养分标明量主要是水溶性磷酸一钙的磷肥，有过磷酸钙、重过磷酸钙、富过磷酸钙、氨化过磷酸钙、磷酸铵等；

弱酸溶性磷肥或称枸溶性磷肥，能溶于2%的柠檬酸或中性柠檬酸铵的磷肥，有钙镁磷肥、脱氟磷肥、钢渣磷肥、沉淀磷酸钙和偏磷酸钙等；

难溶性磷肥，有磷矿粉、骨粉等，它们所含的磷酸盐大部分只能溶于强酸中，肥效迟缓而漫长，为迟效性磷肥。

一、水溶性磷肥

1. 过磷酸钙（简称普钙）

过磷酸钙（calcium superphosphate）的生产和使用已有100多年的历史。目前由于高浓度磷肥的迅速发展，过磷酸钙的产量占世界总磷肥量的25%左右。我国磷矿资源的品位较低，多年来仍以过磷酸钙为主，目前仍是生产最多的化学磷肥品种，估计今后仍占有较大的比重。

（1）过磷酸钙产品及性质

① 制造。用硫酸处理磷矿粉而制成，使难溶性的磷酸盐转化为水溶性的磷酸一钙。其主要反应式如下：

$$Ca_{10}(PO_4)_6F_2 + 7H_2SO_4 + 3H_2O \longrightarrow 3Ca(H_2PO_4)_2 \cdot H_2O + 7CaSO_4 + 2HF\uparrow$$

② 成分。主要成分是水溶性的磷酸一钙［$Ca(H_2PO_4)_2 \cdot H_2O$］和难溶于水的硫酸钙（$CaSO_4$），分别占肥料重量的30%～50%和40%～50%，其次还含有少量硫酸铁、铝盐（2%～4%），游离硫酸、磷酸（3%～5%）等杂质。成品中有效磷含量及其他成分的含量，按国家标准分级见表3-3。

③ 性质。深灰色或灰白色粉末或颗粒（2～4mm），含有效磷（P_2O_5）

12%～18%；过磷酸钙呈酸性反应，具有腐蚀性和吸湿性，易吸湿结块；也具有退化作用，主要是由于硫酸铁、铝盐的存在，吸湿后，使水溶性的磷酸一钙转变为难溶性的磷酸铁、铝盐，导致磷的有效性降低，这种作用通常称为磷酸退化作用，因此，在贮运过程中应注意防潮，储存时间不宜过长。

表 3-3　过磷酸钙产品的质量标准（ZG 2740—1995）

项目	指　　标			
	优等品	一等品	合格品	
			I	II
有效 P_2O_5 含量/%	≤18.0	≤16.0	≤14.0	≤12.0
游离酸含量(P_2O_5)/%	≤5.0	≤5.5	≤5.5	≤5.5
水分/%	≤12.0	≤14.0	≤14.0	≤15.0

(2) 土壤中磷的转化　水溶性磷肥施入土壤后，除少部分被生物吸收外，大部分进行着各种化学的、物理化学的和生物的复杂转化，可归纳为磷的固定和释放两个相反的过程。前者是指水溶性磷有效性降低的过程，后者是指难溶性磷的有效化过程。这种转化不但影响磷肥的生物有效性，而且还与生态环境质量有关。

① 土壤中磷的固定。

a. 过磷酸钙的溶解过程和化学沉淀。过磷酸钙施入土壤后，由于肥料水分少于土壤，所以水分就从土壤迅速向施肥点和肥粒内汇集，使磷酸一钙发生异成分溶解。其特点是 1mol 磷酸一钙溶解生成 1mol 磷酸和 1mol 二水磷酸二钙，反应式如下：

$$Ca(H_2PO_4)_2 \cdot H_2O + H_2O \longrightarrow CaHPO_4 \cdot 2H_2O + H_3PO_4$$

于是，在施肥点就形成了磷酸一钙、磷酸和二水磷酸二钙的饱和溶液。这时磷的浓度可高达 40mol/L，造成施肥点与其周围土壤很高的磷浓度梯度差，驱使磷酸不断地向四周扩散，而不溶于水的二水磷酸二钙则留在施肥点。同时，磷酸一钙溶解形成的磷酸和肥料本身含有的游离酸，致使施肥点周围的 pH 值急剧下降至 1.5 以下。在这样强酸 pH 值条件下，溶液向周围土壤扩散时，能溶解土壤中的 Fe、Al、Ca、Mg 等成分，当溶解这些阳离子达到一定浓度后，就会产生相应的磷酸盐沉淀。在酸性土壤中形成 Fe-P 和 Al-P，在石灰性土壤中形成 Ca-P。这就是所谓的化学沉淀作用，这是水溶性磷肥当季作物利用率低的最主要原因之一。

磷在土壤中的化学沉淀反应，受不同土壤体系所控制。在中性土壤和石灰性土壤中，主要受 Ca^{2+}、Mg^{2+} 体系控制，转化形成 Ca-P。磷酸在扩散的过程中与土壤中的 Ca、Mg 结合，逐步转化为二水磷酸二钙、无水磷酸二钙和磷酸八钙等中间产物，对作物仍有一定的有效性。最后经长时间转化为稳定的磷酸十钙

（羟基磷灰石、氟磷灰石和氯磷灰石），成为无效态磷，要经过长时间的风化作用才能逐步释放。反应式如下：

$$Ca(H_2PO_4)_2 \cdot H_2O + H_2O \xrightarrow[\text{快}]{Ca^{2+}} CaHPO_4 \cdot 2H_2O \xrightarrow[\text{较快} \ 2H_2O]{Ca^{2+}} CaHPO_4(简称 Ca_2\text{-}P)$$

$$\xrightarrow[\text{慢}]{Ca^{2+}} \begin{array}{l} Ca^{2+} \downarrow 慢 \\ Ca_8H_2(PO_4)_6 \cdot 5H_2O(简称 Ca_8\text{-}P) \\ Ca^{2+} \downarrow 很慢 \\ Ca_{10}(PO_4)_6(OH)_2(简称 Ca_{10}\text{-}P) \end{array}$$

随着一系列的反应过程，其生成物的溶度积不断增大，它们分别为：$pK(CaHPO_4)=6.66$，$pK[Ca_8H_2(PO_4)_6 \cdot 5H_2O]=46.9$，$pK[Ca_{10}(PO_4)_6(OH)_2]=111.82$。磷酸钙的稳定性愈来愈大，而对植物的有效性愈来愈小。在不同形态无机磷含量中，各组 Ca-P 的总和约占无机磷总量的 80%，而 Ca_2-P、Ca_8-P 和 Ca_{10}-P 三者之比，为（$1\sim2$）：10：70。在石灰性土壤中，Ca_2-P 是作物最主要的有效磷源，Fe-P 和 Al-P 含量较少，它们和 Ca_8-P 一样，也可能是作物有效磷的给源。Ca_{10}-P 只能作为潜在磷源，对作物的有效性极低。

在酸性土壤中，主要受 Fe^{3+}、Al^{3+} 的控制，转化形成 Fe-P、Al-P。水溶性磷肥施入酸性土壤后，磷酸离子在扩散的过程中与土壤中的 Fe^{3+}、Al^{3+} 结合，形成磷酸铁、铝盐，使磷的有效性降低。最初形成的胶状无定形磷酸铁、铝盐，溶解度较大，对植物仍有一定的有效性。但随着时间的推移，磷酸盐不断"老化"，经水解逐步转化为溶解度很低的晶形粉红磷铁矿、磷铝石沉淀，使磷的有效性大大降低。其主要反应式如下：

第一步	第二步：脱水	第三步：水解
$Fe^{3+}+H_3PO_4+nH_2O \longrightarrow$	$FePO_4 \cdot nH_2O \xrightarrow{-nH_2O} FePO_4 \downarrow$	$\xrightarrow{+2H_2O} Fe(OH)_2 \cdot H_3PO_4 \downarrow$（粉红磷铁矿）
$Al^{3+}+H_3PO_4+nH_2O \longrightarrow$	$AlPO_4 \cdot nH_2O \qquad AlPO_4 \downarrow$	$Al(OH)_2 \cdot H_3PO_4 \downarrow$（磷铝石）
	（胶状无定形，溶解度较大，对作物有一定的效果）	（晶形沉淀，溶解度很低）

b. 磷的吸附固定。水溶性磷肥施入土壤后，经溶解和水解，以不同形式的磷酸根离子进入土壤溶液，被土壤中铁、铝氧化物、水铝英石、黏粒矿物、石灰物质、有机质等固相所吸持，这种吸持作用包括吸附和吸收两个不同而又难以截然区分的反应。吸附是指磷由土壤溶液被吸持到土壤固相表面的现象，固相上磷酸根离子的浓度高于溶液中磷酸根离子的浓度。吸附不完全可逆，固相部分吸附态磷可被解吸进入土壤溶液，通常称为交换态磷。吸收是指吸附于土壤固相表面的磷酸根离子部分扩散进入土壤固相内部的现象，基本上是不可逆的。由于吸附和吸收难以截然区分，一般统称为吸持。

土壤对磷的吸附按其作用力可分为非专性吸附和专性吸附（或称配位体交换）两大类。非专性吸附是由带正电荷的土壤胶粒通过静电引力（库仑力）产生的吸附，又可称为物理吸附。它发生在胶粒的扩散层，与氧化物配位壳之间有 1~2 个水分子间隔，故结合较弱，易被解吸。这种吸附作用与体系 pH 值密切相关，它随土壤 pH 值的降低而增加，因为这种吸附过程与胶粒表面羟基的质子化有关。其反应式如下：

$$M-O\begin{matrix}H \\ H\end{matrix}^{+} + {}^{-}O-\underset{HO}{\overset{O}{P}}-OH \longrightarrow M-O\begin{matrix}H \\ H\end{matrix}^{+-}O-\underset{HO}{\overset{O}{P}}-OH$$

上式反应是可逆的，当 H^+ 浓度增高时，质子化作用强，吸附量多；若 H^+ 浓度降低，则向反方向进行，磷酸根离子得以解吸。由于这种因静电引力而形成的吸附对于任何负电荷的离子（如 OH^-、SO_4^{2-}、SiO_4^{4-} 等）都能发生，所以它们之间存在着相互竞争置换的现象，其置换方向主要取决于某一负电荷离子的相对浓度。

专性吸附是磷酸根离子进入扩散层内部与金属离子配位的配位基进行交换而产生的吸附现象，即土壤中具有可变电荷的颗粒（如铁、铝氧化物和 1∶1 型黏土矿物等）表面上的—OH 基或—OH_2 基与磷酸根离子进行配位交换的过程。专性吸附多发生在铁、铝含量较高的酸性土壤中，酸性土壤由于溶液中 H^+ 浓度较高，黏粒矿物表面的 OH^- 被质子化，形成—OH_2^+，吸附性增强。如黏粒矿物表面的 Fe—OH 与 $H_2PO_4^-$ 发生反应，一个 Fe—OH 与 $H_2PO_4^-$ 结合，称为单键结合。其反应式如下：

$$O\begin{matrix}Fe-OH_2 \\ Fe-OH\end{matrix}^{+} + H_2PO_4^- \longrightarrow O\begin{matrix}Fe-H_2PO_4 \\ Fe-OH\end{matrix}^{0} + H_2O$$

两个 Fe—OH 与 $H_2PO_4^-$ 反应，称为双键结合，并形成六边形结构。

$$O\begin{matrix}Fe-OH \\ Fe-H_2PO_4\end{matrix}^{0} \longrightarrow O\begin{matrix}Fe-O \\ Fe-O\end{matrix}\underset{OH}{\overset{O}{P}}{}^{0} + H_2O$$

双键结合比单键结合牢固得多，由单键结合的磷酸盐过渡到双键结合的磷酸盐，即随着磷酸盐的不断老化，其稳定性不断增强。

在石灰性土壤中，碳酸钙表面也可以配位基交换的方式吸附磷酸根离子。碳酸钙的颗粒愈细，表面积愈大，则吸附量愈大。

$$—Ca—OH + H_2PO_4^- \longrightarrow —Ca—H_2PO_4 + OH^-$$

土壤对磷的吸附，以专性吸附为主。专性吸附与非专性吸附的主要区别是：前者主要靠化学力引起，与表面电荷无关，作用力比库仑力强，但吸附过程缓慢，不易发生逆向反应，故又可称为化学吸附。

c. 包被固磷。土壤中有多种物质可以吸附磷，如含水氧化铁、铝；黏粒矿物；氢氧化铁、铝等，其中含水氧化铁、铝的吸附能力最强（见表 3-4），它往往对土壤吸附磷起控制作用。

表 3-4　几种土壤组分在所示溶液 pH 值条件下吸附的磷量

组分	吸附磷(P)/(mg/kg)	溶液中磷(P)/(mg/L)	溶液 pH 值
水化氧化铁凝胶(干)	14290	5.0	5.5
水化氧化铁凝胶(湿)	50000	3.0	5.5
水铝英石	27500	3.0	6.0
无定形氢氧化铝	3900	3.8	5.0
三水铝石	7130	3.1	5.0
针铁矿	5800	2.7	4.2
赤铁矿	1150	3.1	4.0
高岭石	465	3.0	6.5
蒙脱石	110	3.0	6.5
方解石	60	2.8	9.2

土壤中的磷既存在吸持过程，又存在解吸过程，二者处于动态平衡之中，可以用吸附和解吸动力学过程描述。磷的解吸是指吸附态和吸收态的磷被释放出来重新进入土壤溶液的过程，是吸持作用的逆过程。但是，吸持作用与解吸作用不是完全可逆的，一般是吸持得多，解吸得少。特别是当吸附的磷渗入固相成为吸收态磷后，解吸就比较困难，必须破坏吸附层后才能释放出来。土壤中磷的吸附和解吸主要取决于土壤溶液中磷的浓度、土壤 pH 值、土壤物质组成和作用时间等。

在酸性土壤、中性土壤和石灰性土壤中，水溶性磷肥转化的结果都是形成溶解度很低的沉淀物。随着时间的延长和磷酸盐的不断"老化"，形成闭蓄态磷酸盐，即在磷酸盐外围包被了一层胶膜状的溶解度很低的物质（多为氧化铁胶膜，还有钙质胶膜），把其包被起来而形成的有效性极低的一类磷酸盐，称为闭蓄态磷（O-P）。

在酸性土壤中，由于铁、铝含量较高，磷酸盐易被溶解度很低的无定形铁、铝氧化物胶膜所包蔽，形成更难溶的闭蓄态磷。在我国南方水稻土中，闭蓄态磷占无机磷总量的 40%～70%。在石灰性土壤中，由于碳酸钙的含量较高，闭蓄态磷不仅有由氧化铁胶膜包被的磷酸盐，而且主要是由碳酸钙胶膜包被的磷酸钙盐。但石灰性土壤中闭蓄态磷的数量较酸性土壤显著减少，仅占无机磷总量的 10%～20%。

闭蓄态磷在旱作条件下，溶解度极低，作物难以吸收利用。但在淹水还原条件下，胶膜易消失，可释放出磷，供作物吸收利用。

综上所述，当水溶性磷肥施入土壤后，土壤对磷的吸持、沉淀和包被固磷作用都会发生。但以何种转化过程为主，则是由土壤条件而定的，特别是土壤 pH 值的影响最大，其转化结果都是水溶性磷肥的有效性降低，影响磷肥肥效。

d. 生物固磷。生物固磷是指土壤微生物吸收有效性的磷酸盐，合成有机磷化合物，用以构成生物体成分，使磷肥的有效性降低，导致土壤微生物和植物竞争磷素。这是水溶性磷肥施入土壤后的生物学和生物化学转化过程，它是在土壤微生物和酶的参与下进行的。但这种固定是暂时的，当微生物死亡分解后，又重新释放出来，供植物吸收利用。

② 土壤中磷的释放。土壤中磷的释放过程是固定过程的逆向过程，是土壤磷素的有效化过程。土壤中磷的释放主要有以下几种途径。

a. 难溶性磷酸盐的释放。土壤中化学沉淀的磷酸盐和闭蓄态磷酸盐等难溶性的磷酸盐，在一定条件（物理的或化学的或生物化学的作用）下，可以转化为溶解度较大的磷酸盐或非闭蓄态磷，提高磷的有效性。土壤中磷的这一转化过程称为难溶性磷的释放，或称为难溶性磷的有效化过程。在石灰性土壤中，难溶性磷酸钙盐可借助植物根系和微生物分泌的碳酸、有机酸、有机肥料分解时产生的有机酸，以及生理酸性肥料所产生的无机酸，逐渐转化为有效性较高的磷酸盐，如磷酸二钙等。在酸性土壤中，淹水后土壤还原条件增强，E_h 下降，土壤 pH 值向中性发展，促进磷酸铁盐等的水解，提高无定形磷酸铁盐的有效性；同时又能使一部分包蔽在磷酸盐外层的氧化铁被还原成氧化亚铁，胶膜逐渐消失而成为非闭蓄态磷酸铁盐，这类磷酸盐在淹水条件下有一定的活性，能为水稻所吸收利用。所以在旱地改为水田后，土壤磷素供应能力提高，有效磷含量增加，这对于酸性土壤中磷的释放尤为重要。

b. 吸附态磷的解吸。解吸过程是吸附过程的逆向反应，即吸附态的磷重新进入土壤溶液的过程。但大量的试验表明，土壤吸附态磷不能全部被解吸下来，只有部分能解吸下来进入土壤溶液。从理论上解释有两方面的原因：一是单键吸附态磷形成了双键吸附态磷，呈环状结构，而这种结构是不能被解吸的；二是部分吸附态磷扩散进入到铁、铝氧化物晶体的内层，从而失去可解吸性。因此，只有部分吸附态磷能解吸下来进入土壤溶液。那么，引起土壤吸附态磷解吸的原因又是什么？目前一般认为有两个方面的原因：一是化学平衡反应的需要，土壤溶液中磷浓度因植物的吸收而降低，从而失去了原有的平衡，驱使吸附态磷向土壤溶液移动，即发生解吸；二是竞争吸附的结果，所有能被土壤胶体吸附的阴离子可与磷酸根离子进行竞争吸附，从而导致吸附态磷的解吸。根据等温吸附线判断，各种阴离子的竞争吸附能力存在明显的差异，土壤中普遍存在的 SO_4^{2-} 和 HCO_3^-，与磷相比吸附很弱；而吸附性强的 AsO_3^-、SeO_4^{2-} 和 MoO_4^{2-}，在土壤中含量一般均极微；唯有 SiO_4^{4-} 和 OH^- 吸附性强，且在土壤中又普遍存在，尤其是 OH^-，其吸附能力超过磷，因此，更具竞争交换的能力，促使磷的解吸。另外，竞争性阴离子的相对浓度也影响吸附态磷的解吸。在浓度相同的条件下，除 OH^- 外，磷酸根离子比其他阴离子具有更大的竞争吸附能力，在这种情况下，其他阴离子的存在不易引起磷的解吸。提高竞争性阴离子的相对浓度有利于磷的解吸。在生产实践中，酸性土壤上施用石灰或硅肥可提高土壤磷的有效性。

③ 土壤有机磷的矿化。土壤中的有机磷化合物主要以植素、核酸、核蛋白、

磷脂等形态存在，除少部分可被植物直接吸收利用外，大部分需经微生物和磷酸酶的作用，逐渐转化为无机磷，供植物吸收利用，或再与土壤中的固磷基质结合，形成难溶性磷酸盐。其转化过程如下：

$$\begin{matrix}核蛋白\\卵磷脂\\植素\end{matrix}\xrightarrow{微生物和磷酸酶}\begin{matrix}核酸\\磷酸甘油\\植酸\end{matrix}\xrightarrow{水解}H_3PO_4$$

土壤中有机磷的矿化主要是在磷酸酶的作用下进行的，土壤有机磷的矿化速率往往与磷酸酶活性呈正相关，因此，磷酸酶在有机磷的生物化学转化中具有十分重要的作用。土壤磷酸酶是植物根系和土壤微生物的分泌物，包括核酸酶类、甘油磷酸酶类和植酸酶类，其活性强弱与土壤 pH 值有密切的关系。因对 pH 值的适应性不同，磷酸酶又可分成酸性磷酸酶、中性磷酸酶和碱性磷酸酶。酸性土壤中以酸性磷酸酶为主，石灰性土壤以中性磷酸酶和碱性磷酸酶为主。

土壤中磷酸酶的活性与土壤性质有关。土壤中黏粒矿物的种类与含量、温度、水分、通气性、pH 值和土壤有机质的 C/P 比值等均影响磷酸酶的活性。由于土壤黏粒对酶有吸附作用，因而黏粒含量与磷酸酶活性之间常呈负相关。磷酸酶的最适温度是 $45\sim60℃$，因此，热带地区有机磷的矿化速率高于温带地区，四季中夏季有机磷矿化释放速率大于其他季节。土壤风干后，磷酸酶活性减弱，因此，土壤干湿交替可促进有机磷的矿化。土壤通气性差，会抑制磷酸酶的产生和活性，使土壤有机磷矿化速率减慢。土壤 pH 值影响土壤微生物的活性，也影响磷酸酶的种类。土壤有机质中 C/P 比值影响有机磷矿化，因为土壤中有机磷量与磷酸酶活性之间呈正相关。一般认为，C/P 比值 <200 为净矿化过程，有无机磷的释放；当比值 >300 时，则有磷的净生物固持。因此，进入土壤中的植物残体等有机物质，只有当其含磷量 $>2g/kg$ 时，才有无机磷的释放，否则，在其矿化过程中微生物要从介质中吸收无机磷而产生生物固持现象。

④ 影响土壤中磷固定与释放的主要因素。了解影响土壤磷固定和释放的各种因素，对于指导合理种植和肥料施用具有重要意义。

a. 土壤矿物质的组成与性质。黏土矿物对磷的固定量大于原生矿物。而黏土矿物本身亦因其种类不同，对磷的吸附量也有差异。1∶1 型黏粒矿物固定磷的能力大于 2∶1 型黏粒矿物，SiO_2/R_2O_3 小的固磷能力大于 SiO_2/R_2O_3 大的、铁、铝水化氧化物（特别是氧化铁凝胶）大于高岭石、蒙脱石和方解石，无定形胶体由于表面积大将大于表面积小的晶质物质。同理，土壤黏粒含量高的质地黏重的大于轻松的砂性土壤。

b. 土壤 pH 值。土壤 pH 值对可溶性磷的固定方式和固定数量都有很大的影响。当土壤 pH 值为 $6.0\sim7.0$ 时，磷的有效性最高。当 pH 值低于 5.3 时，由于铁、铝水化氧化物的存在，土壤对磷的吸附固定强烈。因此，在酸性土壤中施用适量石灰，调整 pH 值，可以促进磷的释放，提高其有效性。当土壤 pH 值在

7.0以上时，由于土壤中钙、镁盐及其交换性离子的存在，土壤对磷的固定增强，而磷的有效性降低。对于这类土壤，磷的释放主要借助于土壤生物分泌和有机肥分解所产生的碳酸和有机酸的作用，施用酸性肥料和生理酸性肥料也有助于磷的释放。

c. 土壤有机质含量。土壤有机质含量与有机肥料施用数量对土壤磷的固定和释放有明显的影响。凡有机质含量高，有机肥料用量多且经常施用，有利于提高土壤中磷的有效性。其主要原因有二：一是有机肥料能活化土壤中的难溶性磷，有机肥料分解过程中可产生许多有机酸，促进难溶性磷（包括 Ca-P、Al-P 和 Fe-P）的溶解，提高其有效性；二是减少磷的固定，有机肥料在分解过程中产生的有机酸，通过螯合作用可以将土壤中的固磷基质 Ca、Fe、Al 等螯合起来，形成螯合物，减少磷在土壤中的固定，对土壤有效磷起了保护作用。土壤有机磷的含量一般占土壤全磷量的 $10\%\sim50\%$，其含量与土壤有机质含量之间有一定的相关性，南土所做的回归方程为：$P_o=0.001+0.014M$。因此，大量施用有机肥料对于提高土壤磷的有效性具有重要作用。

d. 土壤含水量。土壤含水量影响磷的扩散速率、改变土壤 pH 值和 E_h 值，引起铁、铝及其化合物存在形态的变化，从而影响土壤中磷的固定和释放。旱地土壤，当水分不足时，磷扩散系数小，植物吸收少，被土壤吸附和固定较多；土壤淹水后，可提高磷的扩散系数，有利于植物吸收，还会引起土壤 E_h 值下降，使闭蓄态磷酸盐转化为非闭蓄态磷酸盐，提高磷的有效性。淹水对土壤 pH 值的影响因土壤性质而异，在酸性土壤中，淹水可使 pH 值升高，增加了 Fe-P 和 Al-P 的溶解度，同时土壤的正电荷量减少，促使非专性吸附的磷酸根离子解吸。在石灰性土壤中，淹水可使 pH 值下降，增加土壤中 CO_2 分压，促进 Ca-P 的溶解。由此可见，在旱地改为水田后，土壤磷素供应能力提高。若土壤排水，土壤 E_h 值和 pH 值均向逆方向回复，致使土壤溶液磷和土壤有效磷降低。因此，排水回旱的土壤，施用磷肥往往可获得良好的增产效果。

e. 时间和温度。磷与土壤接触时间愈长，土壤温度愈高，磷酸根离子被固定的量也愈多，其有效性就愈低。水溶性磷肥施入土壤后，新生成的沉淀物稳定性较低，对植物有一定的有效性。以后随着时间的延长，会变得稳定而难以溶解，磷的有效性变低。

(3) 施用技术　过磷酸钙适用于各类土壤和各种作物，可作基肥、种肥和追肥。由于磷在土壤中易被固定，移动性小，大部分磷集中在施肥点周围 0.3～0.5cm 范围内。所以，为了提高磷肥利用率，必须针对其易被土壤吸附和固定、移动性小的特点，尽量减少其与土壤的接触面和增加其与根系的接触面，进行合理施肥。为此，通常采用以下几项措施。

① 集中施用。过磷酸钙无论作基肥、种肥或追肥，都应将其集中施于根系密集土层，以利于根系的吸收。生产上常用的集中施用方法有沟施、穴施、蘸秧

根等。若磷肥充足，还可采用分层施肥的方法，即在耕地时深施和在播种前结合整地浅施，可满足作物苗期、中期、后期对磷的需要。归结起来就是集中施、深施、分层施和施到根系附近。

② 与有机肥料混合施用。过磷酸钙与有机肥料混合施用，可大大减少磷与土壤的接触面积，从而减少土壤固定；同时，有机肥料在分解过程中可产生多种有机酸，能络合土壤中的 Ca^{2+}、Fe^{3+}、Al^{3+} 等固磷基质，从而起到保护磷有效性的作用。因此，二者混合施用是提高磷肥肥效的有效方法。

③ 制成颗粒磷肥。颗粒磷肥表面积小，可减少肥料与土壤的接触面，从而减少固定，但颗粒不易过大，一般为 3～5mm。颗粒磷肥在固磷能力强的土壤上，可提高磷肥肥效。但在固磷能力弱的土壤上，粉状磷肥的效果常常优于颗粒磷肥。因此，要因土、作物而选用。

④ 作根外追肥。过磷酸钙作根外追肥，可避免磷被土壤固定，尤其在作物生长中后期，根系吸收能力弱和土壤不易深施的情况下，喷施是补充磷素营养的好措施。喷施浓度一般单子叶植物（如水稻、小麦等）和果树为 1%～3%，双子叶植物（如棉花、油菜、番茄、黄瓜等）为 0.5%～1.0%，保护地栽培的蔬菜和花卉为 0.5%左右。

2. 重过磷酸钙

重过磷酸钙简称重钙，又称三料过磷酸钙。在 19 世纪 70 年代初德国第一次实现重过磷酸钙的工业化生产，到 20 世纪 50 年代才迅速发展起来。

(1) 制造 由硫酸处理磷矿粉制得磷酸，再用磷酸和磷矿粉作用制得。反应如下：

$$Ca_{10}(PO_4)_6F_2 + 10H_2SO_4 + 20H_2O \longrightarrow 6H_3PO_4 + 10CaSO_4 \cdot 2H_2O + 2HF \uparrow$$

$$Ca_{10}(PO_4)_6F_2 + 14H_3PO_4 + 10H_2O \longrightarrow 10Ca(H_2PO_4)_2 \cdot H_2O + 2HF \uparrow$$

(2) 成分和性质 主要成分是水溶性的磷酸一钙 $[Ca(H_2PO_4)_2 \cdot H_2O]$，不含石膏（$CaSO_4$），含有少量游离磷酸（4%～8%）。重过磷酸钙是一种高浓度磷肥，含有效磷（P_2O_5）40%～50%，比普钙高 2～3 倍，故又称为三料过磷酸钙。呈深灰色粉末或颗粒（2～4mm），呈酸性反应，腐蚀性和吸湿性比过磷酸钙强，易吸湿结块。因此，在贮运中应注意防潮。由于不含硫酸铁、铝盐等杂质，所以没有磷酸退化现象。不宜与碱性物质混合，否则会降低磷的有效性。粒状重过磷酸钙产品的质量标准见表 3-5。

(3) 土壤中的转化和施用技术 重过磷酸钙在土壤中的转化过程和施用技术与过磷酸钙基本相似，只是施用量较小，因其有效磷含量较过磷酸钙为高。据全国化肥试验网的结果，按等磷量计算，重过磷酸钙的肥效与过磷酸钙相近。由于它不含硫酸钙，对喜硫作物如豆科作物、十字花科作物和马铃薯等的肥效不如过磷酸钙。

表 3-5　粒状重过磷酸钙产品的质量标准 （HG/T 2219—1991）

项 目		指　标		
		优等品	一等品	合格品
总磷含量(P_2O_5)/%	≥	47.0	44.0	40.0
有效磷含量(P_2O_5)/%	≥	46.0	42.0	38.0
游离酸含量(P_2O_5)/%	≤	4.5	5.0	5.0
水分/%	≤	3.5	4.0	5.0
粒度(1.0～4.0mm)/%	≥	90	90	85
颗粒平均抗压强度/N	≥	12	10	8

二、弱酸溶性磷肥

1. 钙镁磷肥

钙镁磷肥的生产在我国始于 20 世纪 60 年代，它的生产不需要消耗硫酸，可利用中、低品位的磷矿资源，适于中、小型厂生产，贮运方便。因此，是我国目前主要的磷肥品种之一。

(1) 制造　钙镁磷肥是将磷矿石和适量的含镁硅矿物如蛇纹石、橄榄石、白云石等在高温（＞1350℃）下共熔，使磷矿结构破坏，再将熔融体水淬骤冷成玻璃状碎粒，然后经机械磨碎成粉状而成的。其反应式如下：

$$Ca_{10}(PO_4)_6F_2 + SiO_2 + H_2O \xrightarrow{1350℃} 3Ca_3(PO_4)_2 + CaSiO_3 + 2HF\uparrow$$

(2) 成分和性质　成分较复杂，含磷的主要成分是 α-磷酸三钙，含磷（P_2O_5） 12%～20%，CaO25%～30%，MgO10%～25%，$SiO_2$40% 以及少量铁、铝、锰盐等，是一种以磷为主的多成分肥料。呈灰绿色或灰棕色玻璃质粉末状，不溶于水，可溶于 2% 柠檬酸溶液。水溶液呈碱性反应，其 2% 水溶液的 pH 值为 8.0～8.5。无腐蚀性，不吸湿，不结块，肥料密度为 1.54～1.58t/m³。其产品的质量标准见表 3-6。

表 3-6　钙镁磷肥产品的质量标准 （HG 2557—1994）

项 目	指　标		
	优等品	一等品	合格品
有效磷含量(P_2O_5)/%	≥18.0	≥15.0	≥12.0
水分/%	≤0.5	≤0.5	≤0.5
碱分含量(CaO)/%	≥45.0		
可溶性硅含量(SiO_2)/%	≥20.0		
有效镁含量(MgO)/%	≥12.0		
细度(通过 250μm 筛)/%	≥80		

注：优等品中碱分、可溶性硅和有效镁含量如用户没有要求，生产厂可不作检验。

(3) 土壤中的转化　钙镁磷肥中所含的磷酸盐，必须进行溶解进入土壤溶液后，才能被作物吸收。但其中磷酸盐的溶解度受土壤 pH 值的影响很大，据报道，钙镁磷肥的溶解度随 pH 值的升高而明显下降。由此推断，钙镁磷肥施入酸性土壤后，可借土壤酸的作用使肥料中的磷酸盐逐步溶解，释放出磷酸来，供作物吸收利用。其转化过程如下：

$$Ca_3(PO_4)_2 \xrightarrow{H^+} CaHPO_4 \xrightarrow{H^+} Ca(H_2PO_4)_2$$

同时，钙镁磷肥在转化过程中又能中和部分土壤酸度，从而提高土壤磷以及肥料磷的有效性。

钙镁磷肥施入中性土壤或石灰性土壤后，在土壤微生物和作物根系分泌的酸（如碳酸）的作用下，也可以逐步溶解而释放出有效磷，其反应式如下：

$$Ca_3(PO_4)_2 + 2CO_2 + 2H_2O \longrightarrow 2CaHPO_4 + Ca(HCO_3)_2$$

$$2CaHPO_4 + 2CO_2 + 2H_2O \longrightarrow Ca(H_2PO_4)_2 + Ca(HCO_3)_2$$

但其释放速率要比在酸性土壤中缓慢，肥效缓慢而稳长，并有一定的后效。因此，在石灰性土壤中，钙镁磷肥的肥效低于酸性土壤。

总之，钙镁磷肥在酸性土壤中的肥效相当或超过过磷酸钙，而在石灰性土壤中的肥效低于过磷酸钙。在严重缺磷的石灰性土壤中，对吸收能力强的作物，适当施用钙镁磷肥，仍可以获得一定的增产效果，并有利于土壤中有效磷的累积。

(4) 施用技术　钙镁磷肥的施用效果与土壤性质、作物种类、颗粒细度和施用方法等有关，分述如下。

① 土壤性质。在酸性土壤中，钙镁磷肥的当季肥效高于或等于过磷酸钙；而在中性土壤和石灰性土壤中，钙镁磷肥的当季肥效低于过磷酸钙。所以，钙镁磷肥应优先分配于缺磷的酸性土壤中，在缺磷、缺钙、缺镁、缺硅的非酸性土壤中也有良好的效果。

② 作物种类。不同种类的作物对钙镁磷肥中磷的吸收能力不同。对水稻、小麦、玉米等作物的当季肥效为过磷酸钙的 70%～80%，而对油菜、豆类和豆科绿肥作物的效果与过磷酸钙相当。所以，宜施用在后者这些喜磷、喜钙的作物上。

③ 颗粒细度。钙镁磷肥的枸溶性磷量与粒径有关。一般认为，粒径为 40～100 目时，其枸溶性磷的含量和对水稻的增产效果，随粒径的变小而增高。在酸性土壤中，粒径大小对肥料中磷酸盐的溶解没有明显影响；而在石灰性土壤中，细度对肥料中磷的溶解有重要作用，颗粒愈细，肥效愈好。无论是柠檬酸溶性磷还是水溶性磷，其溶解度均随粒径的变小而明显增加。因此，在不同类型的土壤上，应采用不同粒径的肥料。对缺磷的酸性土壤，一般要求能通过 40～60 目筛孔；缺磷的中性土壤，小于 60 目；石灰性土壤，一般要求 90% 能通过 80 目筛孔，粒径为 0.177mm。

④ 施用方法。钙镁磷肥宜作基肥，在酸性土壤也可作种肥和追肥，但以基

肥深施效果为最佳。基肥和追肥宜适当集中施用，追肥应早施。作基肥的用量一般为450～600kg/hm²，要求提前施用，让其在土壤中尽量溶解。也可与生理酸性肥料配合施用，以加速肥料中磷的溶解与释放，提高肥效。但不宜与铵态氮肥或腐熟的有机肥料混合施用，以免引起氨的挥发损失。作种肥或蘸秧根，其用量为75～150kg/hm²。作水稻秧苗肥，其用量为450～600kg/hm²。钙镁磷肥也可先与新鲜有机肥堆、沤后施用，以促进磷的释放，减少土壤对磷的吸附和固定。另外，在石灰性土壤中施用时，还可与水溶性磷肥配合施用。

2. 钢渣磷肥

钢渣磷肥（Thomas slag）是炼钢工业的副产品，又称汤马斯磷肥或碱性炉渣。主要成分是磷酸四钙（$Ca_4P_2O_9$）和硅酸钙（$CaSiO_3$），深棕色粉末，颗粒细度要求80％能通过100目筛孔。一般含磷（P_2O_5）7％～17％，不吸湿，不结块，物理性状好。呈强碱性，不溶于水，能溶于弱酸。成品中还含有钙、镁、硫、铁、硅、锰、锌、铜等营养元素，是一种多成分的弱酸溶性磷肥。

钢渣磷肥在土壤中酸及根系分泌的碳酸等的作用下，逐步溶解释放出磷，供作物吸收利用。其反应式如下：

$$Ca_4P_2O_9 \cdot CaSiO_3 + 6CO_2 + 4H_2O \longrightarrow 2CaHPO_4 + 3Ca(HCO_3)_2 + SiO_2$$

由于土壤酸性能促进钢渣磷肥中磷酸盐的溶解，故应首先分配于酸性土壤上施用。对于水稻、豆科作物等需硅喜钙作物肥效较好，而对于嫌钙的马铃薯等施后易影响品质。从施肥方式来看，适合作基肥，用量一般为450～600kg/hm²，施用方法与钙镁磷肥相似，但不能作种肥。

3. 沉淀磷酸钙

沉淀磷酸钙是用硫酸或盐酸等强酸分解磷矿粉制取磷酸后，用石灰粉悬浮液或石灰乳中和，生成沉淀物，经过滤、洗净、干燥而成。主要成分是磷酸二钙（$CaHPO_4 \cdot 2H_2O$），含P_2O_5 30％～40％。不溶于水，能溶于弱酸。呈灰白色粉末，中性，不吸湿，不结块，不含游离酸，贮运方便，物理性状好。含氟量低，亦可作饲料添加剂。

沉淀磷肥适于作基肥和种肥，对各种作物均有增产效果，施于缺磷的酸性土壤，其肥效优于过磷酸钙，与钙镁磷肥相当；在石灰性土壤上的肥效略低于过磷酸钙，其施用方法与钙镁磷肥相似。作种肥时，比过磷酸钙更安全有效。

4. 脱氟磷肥

脱氟磷肥是由磷灰石或磷矿粉和磷酸经高温煅烧，通过水蒸气脱氟后粉碎而成的。主要成分为α-$Ca_3(PO_4)_2$，其中大部分磷能溶于2％柠檬酸，属弱酸溶性磷肥。一般含P_2O_5 14％～18％，高的可达30％。呈碱性反应，深灰色粉末，物理性状良好，不吸湿，不结块，不含游离酸，贮运方便。适于酸性土壤作基肥，对各种作物均有增产效果，施用方法与钙镁磷肥相似。因不含砷，含氟量低，可作饲料添加剂。

5. 偏磷酸钙

偏磷酸钙又称玻璃肥料（calcium metaphosphate），是用电热还原法处理磷矿石，先制得黄磷（元素磷），由黄磷在空气中燃烧成的五氧化二磷蒸气，与磷矿石反应，并借助燃烧所产生的高温使其熔融，经冷却固化成玻璃态物质，再粉碎而得。主要成分为 $Ca(PO_3)_2$，含磷量（P_2O_5）高达 $60\%\sim70\%$。呈黄色玻璃状晶体，晶粒细度一般通过 10 目筛孔，微有吸湿性，受潮后变成白色或浅灰色，碱性反应。

施入土壤后能逐渐溶解和水解，转化成易被作物吸收利用的磷酸一钙。其反应式如下：

$$Ca(PO_3)_2 + 3H_2O \longrightarrow Ca(H_2PO_4)_2 \cdot H_2O$$

据我国 8 个省（自治区）对 7 种作物 58 个试验的统计结果，偏磷酸钙对多数作物的肥效都优于过磷酸钙，肥效持久。施用方法与钙镁磷肥相似，但因含磷量高，施用量较钙镁磷肥少。

三、难溶性磷肥

1. 磷矿粉

天然磷矿石磨成粉直接作磷肥施用的称为磷矿粉（ground phosphate rock）。它具有加工简单，可直接利用中、低品位磷矿石等特点。最早将磷矿粉直接用于农业的是法国，至今已有百余年的历史。我国从 20 世纪 50 年代起推广磷矿粉的施用，已在生产上取得了明显的经济效益。由于我国大部分磷矿属中、低品位，其中 60% 以上属硅钙质，选矿困难；同时，我国南方有大面积缺磷的酸性土壤。因此，在我国推广磷矿粉的施用有广阔的前景。

（1）制造 磷矿粉是直接由天然磷矿石经机械加工磨碎而制成的粉状磷肥。

（2）成分和性质 磷矿粉的主要成分是磷灰石，包括氟磷灰石、羟磷灰石和氯磷灰石等。其中主要是氟磷灰石 $[Ca_{10}(PO_4)_6F_2]$，是原生矿物，结构非常致密，溶度积极小，极难溶于水。但氟磷灰石原有组成常与半径相近的阴阳离子发生不同程度的同晶置换，因此，磷矿粉中还含有羟磷灰石 $[Ca_{10}(PO_4)_6-(OH)_2]$ 和氯磷灰石 $[Ca_{10}(PO_4)_6Cl_2]$ 等，此外，还含有一些其他伴随矿物等杂质。大多呈灰褐色，中性至微碱性，全磷量（P_2O_5）一般为 $10\%\sim25\%$，枸溶性磷为 $1\%\sim5\%$。肥效漫长。

（3）施用技术 磷矿粉的肥效与土壤性质、作物种类、颗粒细度和施用方法等有关。

① 土壤性质。影响磷矿粉施用效果的土壤性质主要是土壤 pH 值，酸性条件有利于磷矿粉中磷的溶解。根据氟磷灰石的溶度积和磷酸解离常数，可以从理论上推算出磷矿粉施入土壤后，溶液中磷酸根离子浓度与 pH 值的关系：

$$pH_2PO_4 = 2pH - 5.18$$

上式表明，土壤溶液中磷酸根离子浓度与氢离子浓度呈对数直线关系，即随着酸度的增强，施入土壤中的磷矿粉的溶解度也会有显著的提高。因此，磷矿粉应首先分配于缺磷的酸性土壤中。

此外，土壤钙离子饱和度、土壤阳离子交换量、黏粒矿物种类、土壤有效磷含量和土壤熟化程度等也影响磷矿粉的肥效。一般地，凡土壤钙饱和度高、土壤阳离子交换量大、以 2：1 型黏粒矿物为主、土壤有效磷含量和土壤熟化程度高的土壤，施用磷矿粉的肥效差；相反，亦然。从我国土壤性质来看，由南向北土壤酸度逐渐减弱，磷矿粉的增产效果也随之降低。南方的酸性土壤如华中、华南的红壤、黄壤等，施用磷矿粉的效果好，尤其是新垦地最为明显。华北、西北等地区的石灰性土壤，由于呈碱性反应，不利于磷矿粉的溶解，所以肥效不稳定，一般不宜施用磷矿粉。所以，磷矿粉宜施用于有效磷含量低的酸性土壤或微酸性土壤中。

② 作物种类。不同种类作物对磷矿粉中磷的吸收能力存在较大的差异。油菜、萝卜、荞麦等吸收利用能力最强，与过磷酸钙相比较，其肥效可达 80%；苕子、紫云英、胡枝子、田菁、猪屎豆等豆科绿肥作物及豌豆、大豆、花生等豆科作物和林木、果树等的吸收能力较强，相对肥效可达 60%～70%；玉米、马铃薯、番茄、芝麻、甘薯等中等，相对肥效为 40%～60%；谷子、小麦、黑麦、燕麦、水稻等小粒禾谷类作物最弱，相对肥效为 15%～30%。产生这种差异的生理原因有多种解释。主要有：a. 植物对钙的利用，吸收利用磷矿粉能力强的植物，往往是需钙较多和吸钙能力较强的植物，有研究认为，吸收能力强的作物每吸收单位重量的钙，所伴随吸收的磷也较多，凡是利用能力强的作物，其 P_2O_5/CaO 大；利用能力弱的作物，其 P_2O_5/CaO 小。b. 根系酸化环境的能力，吸收利用磷矿粉能力强的植物，往往其根系能分泌较多的有机酸，使土壤酸化，促进磷矿粉溶解；c. 根系 CEC，根系 CEC 大者吸收利用磷矿粉的能力强，豆科作物大于禾谷类作物。所以，磷矿粉宜施用在豆科作物、豆科绿肥和油料作物等吸磷能力较强的作物上。

③ 磷矿粉的细度。磷矿粉粉末愈细，表面积愈大，它与土壤和作物根系接触的机会和面积也愈大，其肥效愈好。但从能耗、经济效益等方面综合考虑，一般要求 90% 能通过 100 目筛孔，最大粒径以 0.149mm 为宜。

④ 磷矿粉的施用方法与后效。磷矿粉是迟效性肥料，宜作基肥，不作种肥和追肥。作基肥时，以撒施、深施居多。施于经济林木上，可采用环形施肥法，

即按树冠大小，开一环形沟，沟深 15～25cm，将肥料施下后盖土。磷矿粉的用量在一定程度上与其肥效呈正相关，而它的用量又主要取决于全磷量及其可给性，一般用量为 750～1500kg/hm²。磷矿粉与酸性肥料或生理酸性肥料混合施用，是提高磷矿粉当季肥效的有效措施。如与过磷酸钙配合施用，除有利于磷矿粉中磷的转化外，还可弥补磷矿粉供磷容量大，但强度不足的缺陷，对作物苗期吸收十分有利。

田间试验和盆栽试验都证明，磷矿粉具有较长的后效，而且在土壤中不易流失，故磷矿粉连续施用几年后，可停施一段时间再用。

2. 鸟粪磷矿粉

鸟粪磷矿粉（guano ground phosphate rock）是由鸟粪石开采磨细后制得的。而鸟粪石是在长期有海鸟群栖的岛屿上（如我国海南诸岛上），有较厚的鸟粪堆积，且在高温多雨的条件下，由鸟粪分解生成的磷酸盐向下淋溶，与土壤中的钙结合而形成的。据分析，西沙群岛的鸟粪石含 P_2O_5 15%～19%，CaO 40%，N 0.33%～1.0%，K_2O 0.1%～0.18%。鸟粪石中磷酸盐主要以隐晶质的胶态磷灰石的形式存在，50%以上的磷可被中性柠檬酸铵提取，枸溶率极高，是一种优质高效磷肥，直接施用的肥效接近钙镁磷肥，施用方法与普通磷矿粉相似。

3. 骨粉

骨粉（bone meal）是动物骨头经加工磨细而成的肥料，主要含磷成分是磷酸三钙 $[Ca_3(PO_4)_2]$，占骨粉的 58%～62%。此外，还含有 26%～30%的脂肪和骨胶，1%～2%的磷酸三镁，6%～7%的碳酸钙，2%的氟化钙，4%～5%的氮（存在于骨素中）。所以它是一种多成分肥料。由于动物骨头中含有较多的脂肪和骨胶等物质，影响粉碎和养分释放，故需采用脱脂处理，便于加工和提高肥效。目前生产的骨粉种类及其成分含量见表 3-7。

表 3-7　骨粉的种类及其成分含量

名称	N/%	P_2O_5/%	脱脂程度
生骨粉	3.7	22	未脱脂
蒸制骨粉	1.8	29	大部分脱脂
脱胶骨粉	0.8	33	不含脂肪

骨粉肥效缓慢，宜作基肥。一般先与有机肥料堆积发酵后施用，效果较好。若施于生长期长的作物或酸性土壤上，当年肥效相当于过磷酸钙的 60%～70%，并有一定的后效。骨粉在夏季施用的肥效比冬季快。在水田施用时，蒸制骨粉未经发酵的要先排干水后再施，否则骨粉漂浮在水面上，影响肥效。

第四节 磷肥的合理施用

磷肥的有效施用，必须根据土壤条件、作物特性、轮作制度和施用技术等加以综合考虑，才能充分发挥磷肥的肥效。

一、因土施磷

土壤供磷水平、土壤有机质含量和土壤 pH 值等都会影响磷肥的肥效，尤其是土壤供磷状况是磷肥合理分配和有效施用的重要依据。

1. 土壤供磷水平

按照土壤磷素对作物有效性的大小，将土壤磷素分为全磷（soil total phosphorus）和有效磷（available phosphorus）两部分，后者又可区分为速效磷和缓效磷。

(1) 根据土壤全磷量确定施磷量 全磷量是土壤的潜在磷素肥力，虽然全磷量的高低不能反映土壤的供磷能力，但它能反映土壤中磷的总储量，是土壤供磷潜力的一个指标。一般地，土壤全磷量过低，必然会影响土壤有效磷水平。我国土壤全磷量（P）一般变幅在 $0.2 \sim 1.1 g/kg$，但大部分土壤在 $0.35 \sim 0.70 g/kg$ 范围内。宁夏土壤的全磷量一般为 $0.50 \sim 0.80 g/kg$。根据《中国土壤图集》(1986)，将我国土壤全磷量划分为四个等级，即 $P < 0.35 g/kg$ 为低、$0.35 \sim 0.52 g/kg$ 为中等、$0.52 \sim 0.70 g/kg$ 为中上、$> 0.70 g/kg$ 为高。有资料表明，当土壤中全磷量（P）在 $0.35 \sim 0.44 g/kg$ 以下时，施用磷肥都表现出增产效果。

(2) 根据土壤有效磷含量确定施磷量 土壤全磷量与土壤有效磷含量之间并无相关性，土壤全磷量高不一定有效磷含量高，而土壤有效磷是当季作物能直接吸收利用的磷素，所以土壤有效磷含量更能反映土壤磷素的供应水平。从理论上讲，土壤有效磷包括速效磷和缓效磷两部分，但实际上很难用化学方法的测定结果加以区分，目前在石灰性土壤上一般以 Olsen 法（$0.5 mol/L\ NaHCO_3$ 溶液提取）测定的磷作为土壤有效磷，习惯上称为土壤速效磷，这两个概念通常混用，实际上应该称为 Olsen 磷。大量试验表明，凡 Olsen 磷含量低的土壤，施用磷肥具有显著的增产效果，土壤 Olsen 磷含量与磷肥肥效之间呈显著负相关。为此，全国各地区都制定出了土壤有效磷含量的丰缺指标（见表 3-8~表 3-10）。

表 3-8 我国土壤有效磷含量（Olsen 法）与磷肥反应的分级指标

土壤有效磷(P)/(mg/kg)	作物对磷肥的反应
<5	严重缺磷,对磷肥的反应极好,磷是限制因子
5~10	缺磷,磷肥有良好反应
10~15	需磷迫切的豆科、绿肥作物,磷肥有效
>15	一般施磷无效

注：此表分级指标适合于除强酸性土壤以外的各类土壤。

表 3-9 宁夏土壤有效磷含量（Olsen 法）丰缺指标及其推荐施磷量

土壤有效磷(P)/(mg/kg)	肥力级别	推荐施磷量(P_2O_5)/(kg/hm²)
<4	缺	135~180
4~9	较缺	90~135
9~14	较丰	45~90
>14	丰	0~45

表 3-10 宁夏土壤有效磷含量（Olsen 法）与磷肥反应的分级指标（何文寿，1992）

土壤 Olsen 磷(P)/(mg/kg)	肥力级别	磷肥反应
<3.2	极低	效果极显著
3.2~7.8	低	效果显著
7.8~15.2	中	有效果
15.2~20.2	高	效果不显著
>20.2	很高	无效果

　　根据第二次土壤普查结果，宁夏全区耕地土壤有效磷含量变化在 4.4～11.3mg/kg，平均为 7.9mg/kg，其中山区土壤平均为 6.5mg/kg，引黄灌区平均为 12.8mg/kg。按照土壤有效磷含量分级指标计算所占面积，结果表明，宁夏引黄灌区 1/2 耕地土壤缺磷或低磷，仅有 1/4 耕地土壤的有效磷含量丰富。20世纪 90 年代何文寿等人重新研究制定出土壤有效磷含量丰缺指标（见表 3-9），并研究确定出土壤 Olsen 磷含量在 15～16mg/kg 时，为宁夏引黄灌区土壤供磷水平高低的临界指标。低于此值，施用磷肥具有显著或极显著效果；高于此值，磷肥效果不稳定。

2. 土壤有机质和有效氮/有效磷之比

　　多数研究表明，土壤有机质含量与土壤有效磷含量之间呈正相关。土壤有机质含量高，有效磷含量也高，磷肥肥效就低；相反，土壤有机质含量也低，磷肥肥效就高。有研究认为，土壤有效性 N/P_2O_5 比值也是影响磷肥肥效的重要因素，当土壤碱解氮与有效磷（P_2O_5）的比值大于 4 时，表明土壤缺磷，施用磷肥增产效果好，比值越大，增产越明显。

3. 土壤 pH 值

土壤 pH 值既影响磷素在土壤中的存在状态和植物的吸收利用，又影响磷肥在土壤中的转化方向和肥效。因此，在宏观上进行磷肥种类分配时，土壤酸碱度是首要考虑因素。对于酸性土壤或强酸性土壤，可选用碱性磷肥或溶解度低的磷肥，如钙镁磷肥、磷矿粉等。对于中性土壤和石灰性土壤，可选用酸性磷肥和溶解度较高的磷肥，如普通过磷酸钙、重过磷酸钙等。

二、因作物施磷

1. 作物种类

不同作物对磷的需要量和吸收利用能力不同，对磷肥的反应也有明显差异。豆科作物、豆科绿肥作物、糖用作物、油料作物中的油菜、块根块茎作物及棉花等喜磷作物，需磷较多，吸磷能力较强，施磷有良好效果，可以选用溶解度较低的磷肥。禾谷类作物需磷量较少，吸磷能力较弱，但小麦和玉米对磷反应敏感，需选用水溶性磷肥。瓜类、果树类等也需磷较多。因此，磷肥应优先施在豆科作物、需磷较多或对磷敏感的作物上，以充分发挥磷肥的肥效和经济效益。

2. 轮作制度

在水旱轮作中，土壤经干湿交替，引起一系列化学和生物学变化，淹水有利于土壤有效磷的提高，但磷肥肥效下降。因此，在水旱轮作中，磷肥分配应掌握"旱重水轻"的原则，即在一个轮作周期中，把磷肥重点施在旱作物上，水稻可利用其残效，不论在酸性土壤、中性土壤和石灰性土壤上，都是一种经济有效的磷肥施用技术。在旱作轮作中，磷肥应重点施在主栽作物如小麦上。越冬作物应重视施用磷肥，以保证越冬作物苗期生长和安全过冬。

三、因磷肥特性施磷

1. 根据磷肥品种分配磷肥

磷肥品种较多，可归纳为三大类。难溶性磷肥和弱酸性磷肥主要分配于酸性土壤和强酸性土壤，适用于吸磷能力强的作物，适宜作基肥。水溶性磷肥适应范围广，各种土壤和各种作物均可，但以中性土壤和石灰性土壤为好，宜作种肥、追肥和根外追肥，适用于吸磷能力弱的作物。

2. 根据磷肥后效施用磷肥

磷在土壤中易固定，移动性小，所以磷肥的当季利用率一般为 $10\% \sim 25\%$，大部分残留在土壤中，可为后茬作物吸收利用，表现出明显的后效或残效。这种后效可维持4～5年，而且这种后效的大小随着施磷量的增加而增加。据报道，虽然磷肥的当季利用率不高，但叠加利用率却很高，可达70％～90％。在连年施用磷肥或一次重施磷肥，可提高土壤有效磷的储量，所以在确定是否施用磷肥和施多少磷肥时，应考虑磷肥的后效和土壤有效磷含量。

四、选择适当的施用技术

为提高磷肥的利用效率，要选择合理的施用技术。

① 经济施用。磷肥施用后，当季作物只能利用其中的一小部分，而后效则可持续数年，所以磷肥不必年年施用，以免造成浪费。

② 不缺磷不施。对有机肥充足，土壤含磷丰富，或过去重视施用磷肥，曾连续大量施用磷肥的田块可适当少施或不施磷肥。将磷肥重点施于红壤旱田、黄泥田、鸭屎泥田、冷浸田等缺磷肥土壤上。

③ 早施细施。磷肥早施，是因为农作物在苗期吸收磷最快，约占生长期吸收总磷的50％，苗期缺磷，最终影响后期生长，即使后期再补施也很难挽回早期缺磷的损失，故苗期不能缺磷。细施就是要粉碎后施用，过磷酸钙在储存时易吸潮结块，在施用时，要打碎过筛，以细粉状施用最好，有利于根系吸收。

④ 集中施用。大家知道，磷具有易被土壤中的铁、铝、钙等元素固定而失效的特点。故应穴施、条施，使磷分布在种子和根系的周围，既有利于吸收利用，又可有效地减少被其他元素固定而失效的现象发生。

⑤ 分层施用。磷肥在土壤中移动性小，施在哪里基本就在哪里不动。因此，在深层和浅层都要施用磷肥。把磷肥施在浅层，有利于秧苗的吸收，从而使农作物返青早、分蘖快。一般浅层施用量占1/3，深层施用量占2/3。

⑥ 配合有机肥施用。磷肥特别是钙镁磷肥与有机肥混合，并进行适当堆沤后施用，可使磷肥中的那些难溶性的磷转化为农作物易吸收的有效磷，提高利用率。

⑦ 配合氮肥施用。农作物吸收各种养分有一定的比例，若比例失调就长不好。单施氮肥，根系发育不好，易倒伏，又易遭受病虫害，而且加速土壤中氮素的过度分解，引起氮磷比例失调。而氮磷配合施用，既可平衡养分，促进健壮生长，又有利于优质、高产。

⑧ 根外喷施。农作物生长后期，根系逐渐老化，吸收养分的能力减弱，常造成缺磷。这时，采用根外追肥，将水溶性的过磷酸钙喷施在农作物叶片上，磷营养就会通过叶面的气孔或角质层进入植物体内，可大大提高利用率。一般禾谷类作物可用1％～3％浓度的磷肥溶液，果蔬类作物可用1％浓度的磷肥溶液，于晴好天气的上午9时以前或下午4时以后喷施。

五、磷肥与其他肥料配合施用

1. 氮、磷配合施用

氮、磷配合施用可充分发挥氮与磷的交互作用，可同时提高氮肥和磷肥的利用率，可显著提高作物产量。因此，氮、磷配合施用是提高磷肥肥效的一条有效措施，已在生产上普遍推广应用。至于氮、磷配合的比例，根据土壤供氮、磷水平和作物需氮、磷量而定，一般谷类作物和叶菜类作物需氮较多，$N : P_2O_5$ 比例约为 $1 : 0.5$ 为宜；而对豆科及其他需磷较多的作物，则应提高磷肥用量，$N : P_2O_5$ 比例以 $(1 : 0.5) \sim (1 : 1)$ 为宜。

2. 磷肥肥效与有机肥料

(1) 长期施用有机肥料可提高土壤磷库中有效磷含量 施用有机肥料可提高土壤磷库中有效磷含量，原因有二：一是有机肥料本身含有磷素，施入土壤后可提高土壤磷库中有效磷含量；二是有机肥料能活化土壤中的难溶性磷，有机肥料分解过程中可产生许多有机酸，促进难溶性磷的溶解，提高其有效性。所以，施用有机肥料可改善土壤供磷状况，提高土壤磷库中有效磷含量，但会降低化学磷肥的肥效。

(2) 磷肥与有机肥料混合施用可提高磷肥肥效 有机肥料在分解过程中可产生许多有机酸，通过螯合作用可以将土壤中的固磷基质 Ca、Fe、Al 等螯合起来，形成螯合物，减少磷在土壤中的固定。同时，有机肥料在分解过程中产生的有机酸和无机酸，可促进化肥中难溶性磷的溶解，提高磷肥肥效。

第五节 我国磷肥工业的发展状况

磷肥工业是关系到国家农业发展、粮食安全的重要的基础行业，经过五十多年的发展，尤其是近十年以来，我国磷肥工业取得了举世瞩目的成就。在供给能力、技术装备、资源配置、国际贸易诸多方面均在市场发挥着越来越重要的作用。受近年的经济危机以及相关因素的影响，给行业带来了重创，但同时也带来了反思与调整的机遇。

一、我国单质磷肥的发展状况

到 2009 年底，我国磷肥产 2000 万吨 P_2O_5 左右，其中，高浓度磷肥产能达到 1450 万吨 P_2O_5。高浓度磷复肥加工能力为：磷酸二铵（DAP）能力（实物）

1200 万吨，磷酸一铵（MAP）能力 1300 万吨，重钙（TSP）能力 200 万吨；硝酸磷肥（NP）90 万吨；高浓度 NPK 复合肥能力 5000 万吨左右，NPK 复混（合）肥有生产许可证的有 4624 家，加工能力 2 亿吨。

2009 年，国内化工行业中化肥产业发生的影响最深远的事件莫过于《对磷肥行业产业结构调整的意见》的出台。据商务部最新公布的 2010 年磷肥出口关税，淡季关税由 10％下调至 7％的水平，2010 年磷肥出口产量将较 2009 年有所增长。对于磷化工来说，无可置疑是利好因素。透过磷肥行业便能看出化肥行业复苏迹象明显。

从整体磷化工行业来看，国内磷化工产品价格继续大幅上涨 5％～10％，处于上游的磷矿资源因其稀缺性和不可再生性，具备巨大的价值。2009 年 11 月黄磷产量为 8.7 万吨，产量仍然维持在年内较高水平。12 月末国内黄磷库存约 4 万吨，相比 11 月末上升近 3 万吨。电价上调和运费上涨情况已反映在黄磷价格中，市场预计黄磷价格已经处于高位。工业级磷酸出口加征 10％的关税，目前没有价格优势，11 月仅出口 77t；食品级磷酸无关税，出口 4.3 万吨。三聚磷酸钠 11 月市场表现转好，合成洗涤剂月产量达到历史最高值，显示五钠下游需求好转。食品级和工业级五钠出口保持平稳。据中国磷肥工业协会最新统计数据显示，我国磷石膏综合利用水平已经世界领先。2009 年，我国磷肥行业副产磷石膏 5000 多万吨，综合利用 1000 多万吨，利用率达到 20％，已基本实现磷肥行业磷石膏综合利用"十一五"规划目标。磷石膏是用硫酸分解磷矿、萃取磷酸（称湿法磷酸）过程中的副产物，制取 1t 磷酸（以 100％P_2O_5 计），副产磷石膏约 5t。

从下游需求方面来看，需求陆续增加也有一定的季节性因素，如包括磷肥在内的化肥春节后旺季即将开始，化肥企业增加生产；同时食品加工业加紧准备春节备货，对食品级磷酸采购量增大，这些均会增加市场需求。

从国际市场来看，2010 年 1 月初，国际磷矿石价格（印度/CFR）上涨 7.1％，黄磷上涨 8％；从过去两个月看，目前价格与 2009 年 11 月相比，印度磷矿石 CFR 价格上涨了 10.53％，黄磷上涨 28.13％，磷酸上涨 3.56％，三聚磷酸钠（工业级）上涨 12.97％。

从储量方面看，中国磷储量位居全球第二，但富矿较少，以目前的开采速度 20 年左右将开采完毕。而美国早在 20 世纪 80 年代就认识到磷资源的价值，并开始限制其矿石出口。现阶段中国也开始认识到磷矿资源的重要性，并对出口进行了限制，国内磷资源大省也开始保护并进行整合。磷对发展农业意义重大，且在日化、电子等方面用途广泛。从投资者的角度来看，磷资源的价值将会不断在股价上体现出来，拥有磷矿资源的上市公司有着很大的潜力。

从产业发展方面来看，中国磷及磷制品产业发展迅猛，磷化工产品黄磷、磷酸、三聚磷酸钠的产量均位居世界第一，占据了世界 2/3 的市场份额，成为名符其实的世界磷化工生产大国。从这个意义上讲，世界磷化工产业的竞争实际上就是中国磷化工企业之间的竞争。

从精细化方面来看，中国精细磷化工产品技术还不够成熟，必须依靠国外进口量才能满足行业的需求。中国磷化工产品行业目前面临的突出问题是有机磷产品需求增长较快，每年需进口；另外，现有磷化工企业的生产技术和原料路线较落后，科技方面还有待提高。

从磷化工企业来看，作为目前国内最大的现代化露天磷矿采选企业，云天化旗下的云南磷化集团有限公司长期坚持在磷矿采空区进行复垦植被，恢复生态环境，走出了一条绿色矿业发展之路。贵州云福化工磷矿石出厂报价为 450 元/t 左右，含量 32％的磷矿砂（磷矿粉）目前报价为 500 元/t 左右，产销稳定。江苏新磷矿化含量 30％的磷矿石报价为 380 元/t（码头价），产销稳定。

二、我国磷复肥的发展状况

1. 磷复肥工业现状及"十一五"期间取得的成就

(1) 基本情况 我国磷复肥工业建国后经过了从无到有，从小到大，从多方引进到基本实现国产化，从大量进口到自给有余的发展历程，并在"十五"和"十一五"期间取得了快速发展，目前已形成了科研、设计、设备制造、施工安装、生产、销售、农化服务等一套完整的工业体系，市场竞争力不断增强。

据统计，截止到 2009 年 11 月末，我国共有规模以上磷复肥企业 1553 家，比 2004 年增加 510 家；从业职工 25.5 万人，比 2004 年增加了 3 万人；资产总计 1655 亿元，是 2004 年的 2.3 倍；实现销售收入 2027.7 亿元，是 2004 年的 3.2 倍；实现利润 57.1 亿元，比 2004 年增长 83.6％。

(2) 现有能力 截止到 2009 年年底，我国已形成的磷肥生产能力约 2000 万吨 P_2O_5，与 2004 年相比增长了 60％，其中，高浓度磷复肥所占比例已经达到 75％，比 2004 年增长 140％，过磷酸钙（SSP）、钙镁磷肥（FCMP）产能约下降 20％。高浓度磷复肥中，磷酸二铵（DAP）和磷酸一铵（MAP）实物能力都已经超过 1400 万吨，磷酸基 NPK 复合肥约 1100 万吨，重过磷酸钙（TSP）约 200 万吨，硝酸磷肥（NP）90 万吨。

(3) 产量 "十一五"期间，我国磷肥工业发展迅速，2005 年我国磷肥产量首次超过美国，居世界第一位，2006 年基本实现了自给，2007 年实现了自给有余，由世界第一进口大国变为净出口国，当年出口磷复肥产品占到世界贸易量的 20％以上（见表 3-11）。

表 3-11　"十五"以来年我国磷肥（P_2O_5）产量表 　　　　10^4 t

项目	2000	2001	2002	2003	2004	2005	2006	2007	2008	2009
磷肥	663	739.4	805.7	908.5	1017.4	1124.9	1210.5	1351.3	1285.5	1385.7
高浓度	235.3	296.5	368	448.8	549.1	667.8	820.3	992.4	948.4	1061.5
占比/％	35.5	40.1	45.7	49.4	54.0	59.4	67.8	73.4	73.8	76.6

2009 年，磷肥产量达到 1386 万吨 P_2O_5，创历史新高，比 2004 年增长 36.2％，其中：高浓度磷复肥产量 1061.5 万吨，比 2004 年增长 93.3％，过磷酸钙和钙镁磷肥产量 324.2 万吨，比 2004 年下降 30.8％。高浓度磷复肥中，DAP 产量 1045.4 万吨（实物量），比 2004 年增长 139％，是所有磷肥产品中增长最快的品种（见表 3-12）；MAP 产量 835.2 万吨，比 2004 年增长 101％；磷酸基 NPK 复合肥产量 849.9 万吨，比 2004 年增长 32.4％；TSP 产量 131.6 万吨，比 2004 年增长 47.5％；NP 产量 66.3 万吨，与 2004 年持平。高浓度磷复肥在磷肥总产量中的比重达到了 76.6％，比 2004 年提高了 22.6 个百分点。国产 DAP 的国内市场占有率达到 95.1％，比 2004 年提高了 35.1 个百分点，同时有超过 20％的产量要在国际市场上寻找出路。

2010 年，磷肥产量达到 1450 万吨，高浓度磷复肥在磷肥产量中的比例约为 78％，DAP 的实物产量将达到 1150 万吨，MAP 将达到 900 万吨。

表 3-12　高浓度磷复肥历年产量表 　　　　10^4 t

品种	2000	2001	2002	2003	2004	2005	2006	2007	2008	2009
DAP	151	213.4	267.3	348.9	436.9	502.9	598.6	688.6	815.8	1045.4
MAP	180	219.3	275.3	326.8	415.7	551.5	693.9	909.9	802.1	835.2
NPK	359	420.4	517.4	613.5	641.8	795	968	1151	771	790
NP	79.9	86.3	84.6	74.9	66	62.1	70.1	68.0	76.6	66.3
TSP	42.3	39.6	55.0	62.7	89.2	108.3	108.5	121.0	198.2	131.6

注：NPK 指用自产磷酸直接与合成氨等原料生产，在生产过程中发生了化学反应的产品，不含二次加工方法生产的产品。

2. 磷肥进出口情况

我国自 20 世纪 60 年代开始进口磷肥，主要品种为 DAP 和 NPK，进口量逐年增加。1998 年进口 DAP 曾达到 549.5 万吨，占当年世界市场贸易量的 35％，占我国当年农业 DAP 需求量的 85％。随着我国磷肥工业的发展，国产高浓度磷复肥竞争力的增强，进口产品逐渐减少，出口量逐年增加（见表 3-13）。

表 3-13　近年来我国磷肥进口情况 　　　　$\times 10^4$ t

品种	2000	2001	2002	2003	2004	2005	2006	2007	2008	2009
DAP	360	329.2	493	261	228.6	174.8	143.9	54.0	9.6	43.3
NPK	198.5	226.2	282	224	204.7	228.5	195.2	135.1	64.5	131.0

随着我国磷肥生产能力和产量的增长，大量进口各种磷复肥产品的时代已经一去不复返了，2006 年我国实现了进出口基本平衡；2007 年则实现了磷肥净出口（见表 3-14），净出口量达到 209 万吨 P_2O_5，主要产品出口量占世界贸易量的 22%；2008 年，由于对磷肥产品出口实行了严厉的关税＋特别关税的政策，出口量锐减，净出口量为 135 万吨；2009 年，出口政策比较平稳，出口量有所增加，同时，由于全球金融危机的影响，其他国家消费疲软，国际市场磷复肥价格低廉，进口量也有所增加，共实现净出口 131.6 万吨。

表 3-14　近年来我国磷肥出口情况（实物量）　　　　　　　　万吨

品种	2000	2001	2002	2003	2004	2005	2006	2007	2008	2009
DAP	20.4	45.3	47.8	80.0	85.7	71.8	78.6	197.1	81.7	207.3
MAP	9.2	9.5	12.6	12.6	15.1	21.7	47.5	193.4	101.6	49.6
TSP	27.3	21.9	48.4	51.3	85.5	84.1	64.8	110.6	98.2	107.4
NPK	13.2	11.5	10.4	11.3	14.8	12.8	19.5	59.9	36.4	2.7

相比于 2004 年，2009 年我国磷酸二铵出口增长了 141.9%，磷酸一铵出口增长了 228.5%，重钙出口增长了 25.6%，NPK 出口下降了 87.8%。

3. 表观消费量

在"十一五"期间，我国磷肥的消费情况也发生了较大的变化，国产磷复肥已经完全能够满足国内需要，表观消费量在 2006 年达到了历史最高后，进入了平台期，消费量趋于稳定（见表 3-15）。

表 3-15　"十五"以来我国磷肥表观消费量（100% P_2O_5）　　　　万吨

项目	2000	2001	2002	2003	2004	2005	2006	2007	2008	2009
表观消费量	831	889	1026	998	1079	1167	1213	1142	1151	1254

4. 取得的成就

(1) 产品结构大为改善，国内市场占有率不断提高　与 2004 年相比，2009 年我国高浓度磷复肥的产量增长了 59.0%。磷肥产量提前四年完成了"十一五"计划（1200 万吨），磷肥产品结构调整提前三年完成了"十一五"目标（高浓度磷复肥产量占磷肥总产量的 70%）。磷肥自给率达到了 110.5%，国产磷肥国内市场占有率为 96.7%。

(2) 产业布局更趋合理，产业集中度大为提高　云、贵、川、鄂四个磷资源产地，2004 年的磷肥产量占磷肥总量的 53.8%，2009 年上升到 62%。2009 年磷肥产量前五名的省份中，磷资源产地占其三（湖北、云南、贵州），第四名为硫资源大省——安徽，第五名为复混肥生产大省——山东，体现出我国磷肥产业基本实现了两个转移：基础肥料向资源产地转移，各种作物专用肥料向用肥市场转移，产业分布趋于合理。

2004 年，行业前十名企业产量之和占磷肥总量的 27.7%，2009 年上升到 47%，产生了云天化、瓮福、开磷、宜化、中化、洋丰、铜化等一批大型磷复肥企业集团。

主要品种 DAP 产业集中度大为提高，前五家企业的产量之和占到全国 DAP 总产量的 52%；前十家企业之和占总产量的 74%。

(3) 技术进步、资源综合利用取得新成果 目前，30 万吨/年磷酸、20 万吨/年磷酸一铵、60 万吨/年磷酸二铵、40 万吨/年硫铁矿制硫酸、80 万吨/年硫黄制硫酸装置的设计、制造、安装都基本实现了国产化，达到了世界先进水平，装置投资大幅度降低。一些以往需进口的关键设备如料浆泵、磷酸氟回收尾气风机、转台式过滤机等国产化进程进展顺利。

胶磷矿精选富集技术达到国际领先水平，中低品位磷矿选矿产业化程度大幅度提高，从磷矿中提取碘也已经实现规模化；我国自行开发的料浆法磷铵、氯化钾低温转化生产硫基复合肥、磷石膏制硫酸联产水泥、磷酸快速萃取、传统法 DAP 与料浆法 MAP 联产、湿法磷酸净化、回收副产氟生产无水氟化氢等技术都具有世界先进水平；缓释肥控释肥生产技术后来居上，多种缓释肥、控释肥逐步在大宗农作物上推广应用；磷石膏制各种建材产品的推进工作进展很快，到 2009 年年底，我国磷石膏的年综合处理量已达到 1000 万吨以上，占每年新增石膏量的 20%。

三、磷肥工业存在的主要问题

一是磷复肥已经产能过剩，部分地方还在盲目发展。截至 2009 年年底，我国已形成的磷肥生产能力约 2000 万吨/年（折 100% P_2O_5），其中 DAP 产能约 1400 万吨（实物量），而国内需求 550 万～650 万吨；MAP 产能 1400 万吨，国内需求 600 万～700 万吨。目前，一些地方还在盲目发展。据统计，2012 年年底，我国磷肥产量达 1955.9 万吨（折 100% P_2O_5），产能过剩约 600 万吨，市场竞争非常激烈。

二是硫、钾资源短缺，对外依存度高。2009 年，我国进口硫磺 1271 万吨，同比增长 44.6%，约占世界贸易量的 1/3，加上进口硫酸和有色金属冶炼行业进口原料伴生的硫，硫资源进口依存度约为 60%。虽然我国硫磺进口量居世界第一，但由于是多头进口，缺乏沟通和协调机制，进口价格一直高于美国、摩洛哥等其他主要硫磺消费国。

2009 年，由于国内复混肥生产开工率不高，加上一些企业由于钾肥单养分价格过高而改变了复混肥的配方，钾肥进口量锐减，全年共进口氯化钾 198 万吨，同比下降 61.4%；进口硫酸钾 9.1 万吨，国内钾肥总体对外依存度仍达到近 60%。

三是与国外产磷国相比，我国磷肥产业集中度还很分散。我国有磷酸装置的企业有一百三十多家，其中 DAP、MAP 企业近一百家，平均每家企业的磷酸能力不到 11 万吨，与美国、摩洛哥、突尼斯及前苏联等产磷国相比，中小企业多，规模偏小，产业集中度不高。

四是创新能力不强，拥有自主知识产权的专利技术少。由于企业规模偏小，研发力量不足，缺乏自我创新的经济实力。关键技术还在模仿国外，真正拥有自主知识产权的专利技术不多。

五是化肥市场环境有待进一步净化。化肥产品从生产、流通到使用，缺乏全局性的统一协调和沟通机制，有关部门往往从部门利益出发，政出多门，管理混乱，各行其是，各收其费，地方保护严重，假冒伪劣屡禁不止，亟待建立一个公平的竞争环境和有序高效的市场秩序。

四、磷肥产业发展的影响因素分析

1. 资源保障情况

中国的中低品位磷矿选矿技术世界领先，已建成选矿装置 1450 万吨，在建 650 万吨，拟建 1700 万吨，基本实现了产业化，磷资源具有了比较优势。硫与钾资源的自给率也将大为改善。

2009 年，我国硫磺回收能力为 310 万吨左右，随着西部高硫天然气的开发，进口高硫原油精炼扩建及相关行业的硫回收加强，硫资源自给率将逐步提高。此后，我国有色冶炼制酸还新增产能 1000 万吨以上，中国硫资源进口逐步减少。

截至 2009 年年底，我国钾肥（氯化钾、硫酸钾和硫酸钾镁三种资源性钾肥）产能为 390 万吨 K_2O。随着新疆罗布泊钾盐二期等工程的建成投产，到 2012 年，钾肥产能将达到 460 万吨 K_2O，折标准氯化钾 767 万吨，加上老挝等境外钾肥项目的建设，钾肥自给率将由 2007 年的 30% 提高到 60% 以上，为磷复肥产业的可持续发展提供了物质保证。

2. 市场需求前景

我国是世界上最大的磷肥市场，磷肥消费量约占全球的 30%。近年来，我国化肥施用量的增长已经进入平台期，但由于我国人口巨大，对粮食的刚性需求仍在，还有一些地区和作物施肥量不足，因此，在"十二五"期间，磷肥的需求仍将呈缓慢增长的态势。

一是保障粮食安全是一项长期的任务。2009 年我国粮食产量达到历史最高水平，为 5.3 亿吨，但人均粮食却与 1984 年相当，而且我国人口基数巨大，随着人口绝对数量的增长，对粮食的需求也将持续增长，在"十二五"期间，要保证国内粮食的产量，解决 13 亿人的吃饭问题，保证化肥的投入量仍是主要措施之一。

二是我国单位耕地面积施肥量为 22.7kg/亩（2005 年），看似远高于美国等发达国家的施肥水平，但如果将耕地的复种指数 119％考虑在内，单位耕地面积的施肥量仅为 19.0kg/亩，而且这个数据只计算了大田作物面积，没有包括油料、果蔬、茶叶、热带经济作物、糖类、药材、花卉、烟叶、麻类等的种植面积，这样的施肥水平大大低于日本和欧洲等一些国家，更远低于农业发达的以色列的施肥水平（103.3kg/亩）。

三是广大西部地区化肥投入水平仍然偏低，需要增加施用量。

四是我国农业正在进行产业结构调整，产业结构、种植结构都在改变，经济作物用肥量一般是粮食作物的 1.2～2.0 倍，随着农业产业结构的调整，化肥需求量将增加。此外，我国森林、草地、苗圃及养殖业等用肥范围的扩大，将成为化肥的新增长点。

五是随着国民经济的发展，人口增加，人民生活水平的提高，饮食结构也在发生变化，对农产品的需求也随之增加，化肥用量也会增加。

3. 世界磷肥主要贸易国的发展情况

2009 年世界 P_2O_5 生产能力约为 4660 万吨，产量 3320 万吨，中国的产量已占世界总产量的 41.7％。全球主要磷肥品种的贸易量为 420 万吨 P_2O_5，中国的进出口量占世界贸易量的 44％。

未来几年，世界磷肥发展的增量主要来自中东、北非和中国，其中将对我国国际市场份额造成影响的国家和地区如下。

沙特：沙特项目一期形成 150 万吨磷酸、300 万吨 DAP 的生产能力，于 2011 年建成投产；二期 150 万吨磷酸、300 万吨 DAP 项目，2011 年底完成了规划设计。

摩洛哥等北非国家：摩洛哥将建设 10 套 45 万吨磷酸及配套磷铵装置，最终将形成 3600 万吨采矿、950 万吨 DAP 生产能力；突尼斯也有 200 万吨 DAP 分两期建设完成。

美国：未见有新建项目报道，但为保住中亚市场，已与印度签订了连续三年、每年 200 万吨的 DAP 供应合同。

另外，墨西哥、越南、委内瑞拉、俄罗斯、印度、约旦、埃及等国都将有新增产能出现。

五、磷肥工业发展策略及规划的方向、思路和目标

磷肥工业发展仍然要坚持科学发展观，走可持续发展的道路，遵从市场经济发展规律，以市场为导向，以经济效益为中心。磷肥工业的发展还要与农业产业结构调整相适应，充分利用国内外两个市场、两种资源。

1. 发展方向

磷复肥工业的发展方向要朝着：一是更好地满足农业需求，磷肥工业的发展要与农业产业结构调整相适应，配合农业部开展的测土配方施肥工作，生产出适应农业需求变化的肥料，更好地为农业服务；二是促使我国向磷肥强国迈进，目前我国已成为磷肥生产大国，力争经过 3～5 年的努力，通过产业结构和企业结构调整，使整个行业跨上一个新台阶，从磷肥生产大国向世界磷肥强国迈进；三是控制总量，淘汰落后产能，加强政策引导，控制新上项目，防止盲目扩张，采取措施淘汰落后产能，对缺乏资源、管理落后、污染严重的中小企业实行关停并转；四是建设资源节约型、环境友好型行业，发展循环经济，实行清洁生产，在节能减排、"三废"治理、环境保护、资源综合利用等方面取得新成效；五是培育、发展品牌产品，提高行业整体质量水平，推进品牌建设，大力培育名牌产品，提高磷肥产品在国内外市场的竞争力；六是通过重组、兼并、联合等多种方式组建集团，提高行业集中度，提高企业实力和抗风险能力。

(1) 控制磷肥总量，防止盲目发展 随着磷肥工业的快速发展，我国磷肥产量已完全能够满足农业需要，产能过剩的情况已经显现，近两年来，磷肥的快速发展引发局部地区的硫磺（硫铁矿）、磷矿、合成氨等供应紧张以及硫钾资源过度依赖进口已使磷肥工业面临严峻的挑战，国内消费增长缓慢，出口受限的情况将长期存在。对近期磷肥发展出现的投资过热、盲目扩大规模的势头应给予足够的重视，加强宏观调控，控制磷肥总量。

(2) 五年内不应再新建和上改扩建项目 我国 2010 年之前已经形成的产能加上 2011～2014 年间投产的项目，已经完全能够满足国内市场的目前的农业需求，因此近期不需再新建或改扩建湿法磷酸及配套磷肥项目，应把工作重点放在发展循环经济、降低能耗、减少"三废"排放上，以提高行业整体竞争力。要引导基础性高浓度磷复肥继续向磷、硫资源产地集中；引导掺混肥、专用肥等二次加工肥料向消费地区转移；现有企业的技术改造应立足于调整产品结构、延伸产业链、节能降耗、保护环境等方面；鼓励中小型磷肥企业扬长避短，由生产基础肥料向肥料二次加工、生产专用肥转移，鼓励有条件的中小企业根据自己的优势向专、新、特、精的方向发展；对管理水平差、环境污染严重、缺乏竞争力的企业制定政策引导其转产、改产或关闭破产。

(3) 提高中低品位磷矿利用率，增加磷资源保障程度 继续推动中低品位磷矿特别是胶磷矿精选富集技术的研究，鼓励磷矿综合利用，加大矿山的勘探开发力度及胶磷矿选矿技术的开发和投入，加快中低品位磷矿选矿的产业化，制定政策鼓励磷矿贫富兼采，提高磷资源保障程度，保证磷肥产业的可持续发展。

推动硫铁矿选矿技术的研究，提高硫铁矿入炉品位，以保证矿渣的合理利用。

（4）通过优化资源配置、兼并、重组、联合等手段提高产业集中度　有资源优势的磷肥企业可以通过优化资源配置，按产业链整合生产要素，对其他现有企业实行兼并、重组、联合，实现优势互补和资源共享，争取再形成几个大的企业集团，提高行业集中度和整体竞争力。

（5）加快技术进步步伐，开发磷肥新品种，提高技术创新能力，延伸产业链，改善经济效益　我国现有的磷肥能力已完全能够满足国内农业需要，今后磷肥的发展应落实到加快技术进步、提高创新能力上来，充分利用农业部开展的测土配方施肥成果，生产真正满足作物需要的专用肥；要积极开发、研制利用品位较低、杂质含量较高的磷矿生产高浓度磷复肥的工艺技术，加快节能降耗新工艺研究和产业化工作；提升现有复混肥生产工艺，积极开发低能耗、低污染的磷肥新品种，提高磷肥利用率，实现产品、技术的升级换代，提升产品竞争力。

继续做好引进技术、设备的消化、吸收、创新及国产化工作，充分发挥已建成装置的生产能力。继续加强对磷铵料浆泵、磷铵生产尾气风机、硫酸催化剂、SO_2 风机及关键岗位仪表等设备材质及制造技术的国产化研究，以及硫酸生产低温位热能回收、高标准尾气回收、磷酸副产氟回收技术的研究工作。

在大型湿法磷酸生产企业中推广湿法磷酸净化技术，替代用黄磷生产的食品级和工业级磷酸及磷酸盐等精细化工产品，提高经济效益。搞好氟、硅、碘等磷矿伴生资源的回收，生产高附加值系列产品。

鼓励发展缓释肥、控释肥等系列产品和适用于节水农业的滴灌肥原料（水溶性磷酸一铵、磷酸二氢钾等品种）、肥水一体化技术的液体肥；研发利用中低品位磷矿生产磷肥新产品，或采用新技术使磷矿或钾矿中难溶性的磷和钾变为植物易于吸收的养分。

（6）加快标准体系建设，提升行业形象　建立从原料、产品到排放的完整标准体系，严格产品中杂质及有害元素的标准，提高产品竞争力。

提高复混肥料行业准入门槛，进一步规范企业生产经营行为；进一步提高企业和质检人员的质量意识和品牌意识，鼓励企业通过优势品牌整合市场和资源，提高行业集中度。

（7）坚持发展与环保并重，积极开展资源的综合利用，走资源节约、环境协调的可持续发展道路　从规划、设计、施工、生产等各个环节全面强化磷肥行业的环保意识，实行清洁生产，转变资源的传统观念，加快对"三废"的综合利用程度。

"十二五"期间特别要加大综合利用磷石膏的力度。一是积极推进使用各种技术利用磷石膏制各种新型建材（石膏粉、石膏板、石膏砌块、水泥缓凝剂、土壤改良剂等）；二是进一步推进产、学、研的结合，开发新技术，研制高附加值的磷石膏制品，提高企业效益；三是进一步推进化学法处理磷石膏技术的研究，除原鲁北的磷石膏制硫酸联产水泥技术外，再开发新的处理方法（如以硫代碳还原），较彻底地解决磷石膏堆存的问题。

2. 发展思路

① 磷肥重点发展的磷复肥品种是：缓释肥料、控释肥料及各种专用肥料，适用于节水农业的滴灌肥原料，适用于肥水—体化技术的液体肥等新型肥料及各种专用肥。

② DAP、MAP、TSP、NP、磷酸基 NPK 复合肥暂不发展。目前我国已形成的 DAP、MAP、TSP、NP、磷酸基 NPK 复合肥的产能已经完全能够满足"十二五"期间国内农业需要，"十二五"期间不鼓励发展。

③ SSP、FCMP 中的磷含量虽然较低，但含有硫、钙、镁、硅等作物需要的中量元素，同时可以利用品位较低的磷矿，能满足不同消费层次的需要，可保持现有的生产能力，但不宜再扩大规模。通过市场竞争可以淘汰一批规模小、技术管理水平落后、效益差、污染严重的企业。

④ 加强利用中、低品位磷矿，将难溶性的磷变为植物易于吸收的养分等新型肥料的研究。

⑤ 建立淘汰机制，现有硫铁矿制酸装置采用水洗净化流程的以及 10 万吨（含）以下的硫铁矿制酸装置、20 万吨（含）以下的硫磺制酸装置逐步退出市场。

磷石膏综合利用率达不到 10% 的企业逐步退出市场。

⑥ 提高复混肥企业生产许可证的发放门槛，充分发挥复混肥企业现有产能。

六、政策建议

1. 取消优惠政策，加快市场化进程

在保障国内化肥需求的前提下，应适当放开对化肥的管理，逐步取消现行的优惠政策，增加给农民的直补，走市场化道路。

2. 鼓励国内回收硫资源，鼓励企业勘探、开发国内外磷、硫、钾资源

支持鼓励大型国有矿山企业找矿探矿，特别是对磷矿成矿条件较好的重点资源矿区周边和深部开展矿产资源勘查，发掘新的磷矿资源。同时，鼓励大型企业在海外兴办磷、硫、钾资源产业，以促进我国磷复肥工业的可持续发展。

3. 进一步完善化肥市场调控体系

针对化肥全年生产、季节性消费的特点，在保障国内供应的前提下，取消化肥出口关税限制，鼓励企业参与国际竞争，实现淡旺季均衡生产。

在巩固化肥淡季商业储备制度的基础上，逐步建立国家化肥储备体系，实现

化肥宏观调控方式的根本转变。

磷肥不合理使用产生的问题与对策

一、磷肥对土壤的污染

1. 土壤积累态磷素的研究

所谓积累态磷就是指肥料磷未被植物利用而积累于土壤中的那一部分磷素，积累的磷不仅造成土壤质量恶化，还可通过径流、渗漏等多种途径进入河流、湖泊等地表水体和地下水，对生态环境造成潜在威胁，且由于其溶解性差，无法满足一般作物的生长需要，造成土壤磷素的"遗传性"缺乏，成为提高农业生产力的主要限制因子之一。

随着我国农业种植结构的调整，近年来设施蔬菜种植面积不断扩大，截至2005年年底，全国蔬菜种植面积为1970.8万公顷，总产量约6.2亿吨，产值约5600亿元，其中设施蔬菜栽培面积达253.7万公顷，占世界设施蔬菜总面积的80％以上。从2014年3月31日至4月2日举行的第二届中国（北京）国际设施农业及园艺资材展览会上获悉，2014年我国设施蔬菜面积达386.2万公顷。设施菜地土壤是一种处在半封闭条件下、受人为影响强烈的特殊土壤，为追求高产高效，大量投入的肥料导致设施菜地土壤中氮、磷的大量累积。

（1）菜园土壤磷素的积累状况　蔬菜地产量高，效益好，经济效益将驱使菜农大量投肥。据统计，我国化肥施用量从1990年的2590.3万吨（纯量）增加到2003年的4411.8万吨，其中磷肥施用量由1990年的462.4万吨增加到2003年的714.4万吨，复合肥施用量由1990年的341.6万吨增加至2003年的1109.9万吨。中国平均化肥施用水平（折纯量）达375kg/hm²，单位耕地面积化肥施用量是美国的4倍，大大超过了发达国家设置的225kg/hm²的安全上限，一些蔬菜基地化肥施用量高达1000kg/hm²。

肥料的大量施用导致蔬菜地土壤磷素富集严重。周艺敏对天津市郊菜园的土壤磷素研究结果表明，菜园土壤养分富集明显，菜地土壤速效磷平均值为83.9mg/kg，而大田土壤耕层速效磷含量仅为12.17mg/kg，菜园土壤耕层速效磷含量比大田土壤高近6倍，菜园土壤全磷含量比粮田增高了48％；肖千明采集辽宁省4个蔬菜产区不同种植年限的土壤样本80个进行分析，结果发现保护地耕层（0～20cm）土壤养分与相邻粮田相比，其中速效磷的增幅最大，增加幅度为0倍，3倍，73倍，6倍，速效磷最高可达245mg/kg，全磷最高可达2.60g/kg；王朝辉等对一般农田和不同类型菜地土壤0～200cm土壤剖面的速效磷含量和分布进行比较，结果表明，菜地土壤中速效磷大量累积，从 200cm 土层速效磷的累积总量来看，大棚和露天菜地分别达到 978.1kg/hm² 和 503.3kg/hm²，比农田高出 6.2 倍和 2.7 倍。李家康、金继运在"提高我国化肥利用率的研究报告专题论著"及许仙菊在"菜地土壤磷的农学和环境效应研究进展"中指出，对吉林、山东、陕西、四川、湖北、广西、江苏等省区，我国菜地土壤磷素已大量积累，土壤有效磷含量一般高达 200～300mg/kg，是周边农田的几倍甚至几十倍。

（2）土壤磷素积累的环境效应　磷积累超过一定限度就会对水体环境产生危害。水体富营养化是全球面临的主要环境问题之一，水体富营养化常常导致某些特征性藻类（主要为蓝绿藻类）的异常繁殖，水体透明度下降，溶解氧消耗，pH 值变化，水生动物死亡和水质急剧下降等。大量研究结果表明，水体富营养化现象的产生与农田土壤中氮、磷等养分的流失关系密切。

我国水体环境日益恶化，几乎所有的大湖都存在富营养化问题，其原因主要是 N、P 过量输入。随着我国土壤磷素的不断积累，来自农田磷素对水体环境的潜在威胁也随之日益增大。联合国粮农组织估计我国农田磷进入水体的量为 19.5kg/hm²。因此，目前农业"面源"污染逐步或者已经成为造成地下水体和地表水体富营养化的重要来源。我国已有报告表明：在一些湖泊中，来自农田的磷素份额占 14%～68%。目前我国过量施肥的现象很普遍，磷素过量的问题较为突出。大量研究表明，农田磷富集对水环境的恶化有着十分显著的贡献，富营养化的发生与农田土壤的磷素流失有着密切的关系。1997 年，我国五大淡水湖之一——巢湖，西半湖水体总磷为 0.310mg/L，超过 Ⅲ 类水标准 5.2 倍，劣于 Ⅴ 类水标准。造成巢湖严重污染的原因，除了沿湖城市排放的大量工业废水和生活污水，与农业非点源污染量越来越大有很大的关系。巢湖沿湖四周均是农田，是安徽省的重要产粮区。近年来，农民施用化肥量平均为 1200kg/hm²，比 10 年前增加 8 倍，因肥料结构和施肥方法不当造成的化肥大量流失，成为巢湖水质总磷超标的重要元凶。富营养化使太湖近几年大面积暴发蓝藻，数次大规模地影响到自来水厂取水。苏南太湖流域是我国农业最发达的地区之一，农业集约化程度较高，是高投入、高产出区，全区面积仅占全国的 0.4%，而化肥消费量占全国的 1.3%。

在欧美等发达国家，由于基本实现了对工业和城镇生活污水等点源污染的有效治理，面源的营养物质已成为水环境的最大污染源，而来自农田的氮、磷在面源污染中占有最大份额，水体中的总磷与流域内农田的比例呈正相关关系。丹麦内陆湖泊的总磷含量在 20 世纪 80 年代有所降低，但这并没有使水质明显改善，因为其他来源的磷（主要是农田排磷）仍足以使许多湖泊中磷浓度超过 0.1mg/L 这一危险浓度。其中农田面源磷占河流中磷来源的一半以上，农田为主的流域内面源磷年发生量（0.29kg/hm²）相当于自然流域（0.07kg/hm²）的 4 倍。据估计，在欧洲一些国家的地表水体中，农田排磷所占的污染负荷比约为 24.71%。美国环保署在提交给国会的报告中指出，大量的农田养分流失是造成内陆湖泊富营养化的主要原因。磷素的迁移转化过程是一个十分复杂的过程。流域非点源，尤其是营养盐，不仅造成资源的流失，而且对水体环境构成严重威胁，已引起各层管理人士和土地使用者的关注。流域非点源的有效控制，涉及人力、技术、经济、政策等方面，从近期看，应尽快平衡农业流域内营养盐的输入输出，减少土壤磷的累积，通过迁移廊道对磷素进行截留，并降低流失磷的生物有效性。但从长远来看，还应加强非点源在流域尺度的迁移转化过程的研究，真正理解其在时空上的分布，以及各个过程之间的相互关系，为制定最佳管理措施、建立环境管理决策支持系统等提供理论依据。

磷肥的大量施用不仅会增加表层土壤中磷素的含量，也会造成底层土壤磷素的积累。底层土壤磷含量和地下水环境密切相关，底层土壤磷素含量的积累是造成地下水磷污染的直接原因，地表水中磷浓度主要与表层土壤磷饱和度有关，而地下水中磷浓度主要受深层土壤磷饱和度的影响。近年来，关于磷素在土壤剖面下层中的高量积累现象有很多的报道。连续多年的磷肥投入，土壤磷素淋溶深度可以达 50cm 至 1.0m 以上。周建斌等报道，不管是单施磷肥或磷肥与有机肥配施都会不同程度地提高 30~100cm 土层中的有效磷含量，且有机肥中磷在剖面中的运动性大大高于化学肥料。蔬菜生产中肥料施用量大，灌水数量和频率高，致使蔬菜地的磷素在亚表层累积非常严重。甄兰等在研究中发现，长期大量施用磷肥造成菜园土壤 60~80cm 土层中，磷素有明显的积累现象，磷素的淋洗渗漏作用相当明显。

2. 土壤磷素积累研究展望

目前，磷素流失导致的水体污染、湖泊富营养化等环境问题相当严重。如何控制磷素流失，减轻水体污染已成为研究热点。蔬菜地产量高，效益好，经济效益驱使菜农大量施肥，但由于磷素容易被土壤固定，长期、大量施用磷肥必然造成土壤中的磷素大量富集。我国集约化种植的蔬菜地多位于沿江河高地下水位、水网密布的城郊，因此，土壤磷素大量富集会影响地下水和饮用水的质量安全。蔬菜地磷富集导致的地下水污染已成为环境保护上亟待解决和制约蔬菜生产可持续发展的瓶颈问题，开展这方面的研究对指导蔬菜生产、合理使用磷肥、防止磷素流失对水体的污染具有重要的意义。

二、水体富营养化

水体富营养化是指在人类活动的参与下，生物所需的氮、磷等营养元素大量进入湖泊、河口、海湾等缓流水体，引起藻类及其他浮游生物迅速繁殖，水体溶解氧量下降，水质恶化，鱼类及其他生物大量死亡的现象。在自然条件下，湖泊也会从贫营养状态过渡到富营养状态，不过这种自然过程非常缓慢。而人为排放含营养物质的工业废水和生活污水所引起的水体富营养化则可以在短时间内出现。

根据美国环保局的评价标准，水体总磷 $20\sim25g/L$，叶绿素 $a<10g/L$，透明度$>210m$，深水溶解氧小于饱和溶氧量 10% 的湖泊可判断为富营养化水体。

水体富营养化是由于营养物质的疯狂积累而导致的恶性环境问题。经过一系列的科学研究发现，最后确定氮、磷等营养物质的输入和富集是水体发生富营养化的最主要原因，大约 80% 的湖泊富营养化受到磷元素的制约，大约 10% 的湖泊富营养化与氮元素有关，余下 10% 的湖泊富营养化与其他因素有关。而大量营养物质的排放是由于人类生产和生活过程中缺乏环境保护意识而造成的。

1. 磷循环与水体富营养化

磷是对水体中生物最有生存价值的营养物质之一，由它构成的多种物质都是在生物各种生理生化过程中必不可少的。而且，由于含量较少，往往是水中生产者发展的制约因素。因此，面对现在全球越来越严重的水体富营养化现象，研究入手的第一步应该是磷元素。其中，磷元素的生物地球化学循环对于整个水体生态系统具有至关重要的作用。磷是水体中浮游植物生长生殖的限制因子，当磷元素的含量不足，浮游植物所需的营养物质不足，会导致生长减慢，甚至大量减少，反之，过高的磷含量会使得水体出现富营养化现象，譬如太湖蓝藻暴发等。所以研究磷元素的生物地球化学循环是评价一个水体的环境质量，保持可持续发展的基础，也是解决水体富营养化现象所必须面临的第一大问题。

2. 磷元素与水体富营养化

(1) 水体中的磷循环　在生物圈内，水体中的磷元素主要有溶解性无机磷、溶解性有机磷和悬浮性颗粒磷三种存在形式，而且，相互之间可以互相转化。溶解性无机磷的主要形式为磷酸盐，同时还包括多磷酸盐和胶体无机磷；大部分胶态有机磷都属于溶解性有机磷；悬浮性颗粒磷主要有两种存在体，悬浮性颗粒状有机磷和泥沙黏土颗粒胶体吸附的磷。上述三种存在形式主要通过有机磷矿化、无机磷同化和不溶性无机磷有效化三个途径进行循环。

① 有机磷的矿化作用。主要是指有机磷通过生物降解这一过程，生成无机磷和磷化物。研究发现，参与该矿化过程的主要是大部分的细菌和真菌。

② 水体中的浮游植物。可以直接利用无机磷，然后通过一系列的生理生化反应进行生物合成，除了一少部分用于自身消耗外，绝大部分储藏于细胞液当中。这个比例，大概能够达到 90% 以上。

③ 不溶性磷转化为可溶性磷。水中的浮游植物没有办法利用沉积物中的不

溶性磷，只有当水体的 pH 值呈酸性时，不溶性磷才会转化成可溶性的磷，从而被水中的生产者利用。

④ 细菌从水中吸收有机磷。水体中大型的光合植物主要是吸收无机磷通过同化作用转成有机磷，而细菌是有机磷的主要吸收者。水体中磷素的主要来源途径可以分为内源性和外源性两条。外源性来源主要是指地表径流或地下径流，雨水，人类活动影响等方式使得水体中的磷素增加；内源性来源是指发生在水体内部的各种物化反应，以及外源性来源的磷素积累所造成的磷素增加。具体来说，分为以下几条途径：a. 地表径流或者地下径流，包括河流等渠道；b. 雨水，雨水中的磷素含量一般是处于正常水平的，所以它与水体富营养化没有很大的关系；c. 人类活动影响，这个部分的范围比较广，大致可以再细分为生活污水和工农业生产污水的排放，因为在农业生产中磷肥的大量使用，其中的大部分磷素都进入水体中，导致水体中的磷含量增加，此外，人类生活中含磷洗涤剂的大量使用，排放的污水中磷素也有很大的增多，它们都在很大程度上造成磷的污染，即水体富营养化现象。

(2) 磷循环特征与水体富营养化的关系 通过前面几个部分的叙述可以知道氮磷等营养物质是造成水体富营养化的主要原因。接下来查阅邢台市朱庄水库的监测数据得到 2006 年到 2008 年各个季度总氮和总磷的平均浓度，可以通过总氮和总磷相对比值的分析，来确定是哪一种营养元素造成该水库的富营养化现象。从表 3-16 中可以看出，该水库中总氮与总磷的浓度比值较大，在所得数据中，最小值为 2006 年第三季度，二者的比值为 306：1，最大值为 2007 年第二季度，为 837：1。日本湖泊科学家研究指出，当湖水的总氮和总磷浓度的比值在（10：1）～（15：1）的范围时，藻类生长与氮、磷浓度存在直线相关关系。随

表 3-16　朱庄水库总氮和总磷以及 pH 值监测数据

监测时段	总氮/（mg/L）	总磷/（mg/L）	总氮：总磷	pH 值
2006 年第二季度	4.210	0.012	351：1	8.1
2006 年第三季度	4.283	0.014	306：1	8.0
2006 年第四季度	4.763	0.013	366：1	8.2
2007 年第一节度	5.080	0.010	508：1	8.1
2007 年第二季度	5.860	0.007	837：1	8.1
2007 年第三季度	5.587	0.009	621：1	8.0
2007 年第四季度	5.227	0.009	581：1	8.2
2008 年第一季度	4.380	0.010	438：1	8.2
2008 年第二季度	4.140	0.011	376：1	8.1
2008 年第三季度	4.060	0.009	451：1	8.1
2008 年第四季度	3.710	0.009	412：1	8.2

着研究的深入，确定出湖水的总氮和总磷浓度的比值在（12:1）～（13:1）时最适宜于藻类增殖。若总氮和总磷浓度之比大于或小于此值时，则藻类增殖可能受到影响。而该水库的总氮浓度远远高于总磷浓度。造成这一现象的主要原因有两个，第一是每年排放到该水库中的氮高于磷，长久下来，水库中的氮含量就会比磷高得多；第二，该水库磷循环的特点，由于水体 pH 值呈弱碱性，这样的水环境会限制磷循环过程中不溶性磷的转化，使得大量的不溶性磷积累，除了小部分被生产者吸收利用外，绝大部分沉积在水库底部，导致水体中的磷含量较低。在氮元素充足的情况下，磷元素就成了限制形成富营养化物质这个过程的决定因素。因此，朱庄水库是一个磷限制水库，要控制它的富营养化现象，就必须控制磷元素的输入。

三、解决磷肥污染的方法与对策

1. 防治土壤磷肥污染的措施

农业系统磷素流失造成的面源污染日益严重，在控制磷污染源方面要注意提高磷肥的有效性，减少磷素在土壤中的积累。治理磷素污染的关键是切断磷源流失途径，实现磷肥施用的生产和环境双重效益。为应对磷素流失造成的生态环境问题，必须有效提高施入土壤中磷素的利用率，使作物对施入土壤的磷素吸收最大化，从而在最大程度上减少土壤中磷素损失的风险。除了上面提到的增加有机肥、秸秆还田的措施外，还可以采用以下方法，增加施入土壤中的磷素的有效性。

（1）条施或穴施磷肥　条施或穴施可以有效降低磷肥与土壤的接触面积，从而降低磷素与黏土矿物的接触机会，减少施入土壤磷素无效化的机会，增加磷素的有效性，通过提高磷素利用率，间接减轻磷流失对生态环境的影响。

（2）施用高浓度磷肥　高浓度磷肥或磷基高浓度复合肥有效地使肥料养分浓缩，从而减少磷素养分与土壤矿物的接触机会，增加磷素的潜在有效性。

（3）提高对土壤中蓄积磷素的利用效率　提高作物对土壤中已有磷素的利用效率，从而降低土壤中磷素的累积量，减轻磷素随水土流失造成的面源污染问题。土壤对磷有较强的固定能力，酸性泥炭土和有机土由于对磷的亲和力较差，是个例外。但是目前很多地域农田面源氮磷负荷较大，随着磷肥的不断投入，土壤磷素持续积累，若不加以管理，土壤磷就会达到吸附饱和而达到发生强淋溶的程度。只有有效地活化土壤中的蓄积态磷，提高作物对土壤中已有磷素的利用率，减少磷素在土壤中的蓄积，才能最终解决磷素流失造成的面源污染问题。

（4）对含磷肥料进行包膜，开发磷肥高效利用技术　包膜肥是肥料颗粒表面包有一层半透性或不透性（难溶性）膜状物以减缓养分释放速度，实现肥料长效化的一项技术，它是目前肥料研究领域的一个热点。肥料颗粒表面包被的物理膜层可以有效地抑制肥料养分向土壤中的扩散速率，也可以有效地减少因肥料磷素与土壤矿物接触造成的磷素无效化（磷酸根离子易和土壤中的碱性离子反应形成沉淀而无效化），从而提高磷素的有效性。

在磷肥施入的前期，作物根系不发达，需磷量小，土壤中原有的磷素含量就能满足作物需要。如果施用未包膜的磷肥，有效态磷素被作物吸收前在土壤中存在时期较长，磷素有更多的与土壤矿物接触而无效化的机会，从而增加磷素无效化风险。而施用包膜的磷肥则能有效地降低这一风险：前期作物需肥量较小时，磷素释放缓慢或几乎没有释放，而后期磷素释放较快时恰逢作物对磷素的较大需求时期，且作物具有了发达的根系，对从肥料中扩散出来的磷素有了较强的吸收能力和较快的吸收速率，使有效态磷素在土壤中的迁移距离和停留时间变短，有利于提高磷素的有效性和利用率，减少磷素的损失。这样就可以施用较少的磷肥而达到相近的产量，减少农业生产对磷肥的需求量，减轻施肥对磷资源造成的压力。即使发生因漫灌或暴雨造成的地表径流，施入表土层中的包膜肥进入河流或湖泊，由于包膜肥中的磷释放缓慢，不会引起水体因养分含量短时期内大量增加而造成水藻的大面积爆发，对生态环境的压力较小。

2. 富营养化水体中除磷的技术

（1）传统除磷技术

① 化学法除磷。化学法除磷实质是一个化学沉析过程。其基本原理就是投递化学沉淀剂与废水中的磷酸盐形成不溶性物质，然后通过固液分离的方法把沉淀物分离出来，从而达到净化水质的目的。这个过程的反应化学方程式如下：$FeCl_3 + K_3PO_4 \longrightarrow FePO_4 \downarrow + 3KCl$。在添加了化学沉淀剂之后，水体中发生了两个反应：沉析和絮凝。污水沉析反应可以简单地理解为：水中溶解状的物质，大部分是离子状物质转换为非溶解、颗粒状形式的过程，絮凝则是细小的非溶解状的固体物互相黏结成较大形状的过程，所以絮凝不是相转移过程。污水净化过程中，絮凝和沉析的重要性都是相当的。但它们的作用有所区别，絮凝主要是用于增强沉淀池的沉淀效果，而沉析则是用于污水中的除磷。能够与磷酸根离子形成不溶物的阳离子有很多，其中比较常用的是 Al^{3+}、Fe^{3+}，至于具体的选择应该是因地制宜的。化学法除磷的主要影响因子是 pH 值，当水体呈酸性并呈增加时，除磷效果就会降低。

总体来说，化学法除磷的主要优点是操作简便，效果很好，据统计，效率能达到 $80\% \sim 90\%$，十分稳定，不会因为重新放磷而出现二次污染的情况。即使进水浓度发生了较大的变化，它仍然有着较好的处理结果。但相应的也有一些缺点，比如需要耗费较多的化学试剂，较大的财力和物力，而且长期作用会产生化学污泥，从而引起另外的环境问题。

② 生物法除磷。生物法除磷具有一些先天性的优势，比如整个方案比较经济，而且可以有效地去除水体中的磷，并且不会影响总氮的去除，同时还可以避免产生化学污泥，所以相比较化学沉淀法来说，有更大的研究吸引力，在现阶段，是一个热门研究领域，特别是其中的反硝化除磷工艺。在1970年左右，美国的研究人员发现，在好氧状态下，微生物能够吸收磷，而假如有有机物存在，又是厌氧环境时，则会放出磷。现代的生物除磷工艺基本上都是在该原理的基础上逐步形成和完善起来的。具体的原理是：聚磷菌有厌氧放磷的功能，就是当其处在厌氧环境时，细胞中的聚磷酸盐就会被分解，在这一过程当中，无机磷被释放到环境中去，同时伴有大量的能量释放。这部分能量有两个用途，一部分是供给聚磷菌生存利用来度过恶劣的环境，另一部分是供给它进行主动吸收，对象包括环境中的负电子、氢离子、乙酸，它们就会以PHB的形式储存在菌体中等待好氧环境的来临。这个时候，由于环境是呈有利状态的，聚磷菌的生长生殖受到鼓舞，而菌体内部的PHB好氧分解又为之提供了足够的能量，这其中的一部分能量是被聚磷菌用于主动吸收外部的磷酸盐，并且在体内进行一定的合成反应，最终以聚磷酸盐的形式储存着，这个现象称为好氧吸磷。如果人为地及时排除污泥，就可以有效地降低水体中的磷含量。有科学家的研究结果表明，在厌氧区投加丙酸、乙酸、葡萄糖，能诱发微生物放磷，从而导致好氧阶段磷更强烈的吸收，除磷效果进一步提高。

由于生物法除磷是利用微生物的生化过程来进行的，因此，它对于水体的水质、量、浓度有着较高的要求，比较适合于处理浓度比较低的城市生活污水。而且由于它产生的底泥比较少，这就更加有利于用地紧张的地方进行污水处理。但是由于整个操作过程要求十分严格，管理程序比较复杂，因此需要专门的人员负责整个系统。

③ 吸附法。从20世纪80年代起，已经有研究者利用多孔隙物质作为离子交换剂和吸附剂来进行水体的净化，曾经有人以磷含量在$50\sim120\mathrm{mg/L}$的废水作为实验对象，利用富含活性氧化铝和氧化硅的煤灰粉作为吸附剂，对除磷规律进行了研究，发现效果十分不错。值得一提的是，煤灰粉在这里面的作用并不是单纯吸附，其中的氧化钙、氧化铁等成分通过与磷酸根离子发生反应，生成不溶性沉淀或直溶性沉淀。根据此原理，现代工业专门用此项技术来进行废水处理，而且，有广阔的应用和发展前景。吸附法很适用于废水中去除有害物质，主要是因为它是把低浓度溶液中的特定溶质通过特定反应给去除的一种高效低耗的办法。此过程所用到的吸附剂包括天然吸附剂和人造吸附剂两种。天然吸附剂往往是发生物理吸附反应，这是由它的特性所致的，因为其表面经常老化，没有办法显示强吸附性，所以只能依靠其巨大的比表面积。而人工吸附剂则主要是发生化学吸附反应，因为人为地制造了其固体表面的特性吸附和离子交换层。现在的工业应用中，常用的天然吸附剂有煤灰粉、钢渣、海绵铁、沸石等，常用

的人工吸附剂则包括了 Al、Mg、Fe、Ca、Ti、Zr 和 La 等多种金属的氧化物及其盐类。

④ 结晶法。结晶法除磷就是利用形成难溶的磷酸铵镁（MAP）晶体或同时伴随羟基磷酸钙（HAP）结晶达到除磷与回收磷的目的，回收的磷盐纯度高，可以作为磷资源加以利用。城市污水简单处理之后，往往还含有较高浓度的钙离子、镁离子等，在这个时候，可以人为地改变条件，具体包括提高水体 pH 值，或加入化学试剂增加相应金属离子的浓度，这样就可以创造出一个比较理想化的环境，形成不溶性的晶体物质，主要是磷酸铵镁晶体与羟基磷酸钙 $[Ca_5(PO_4)_3OH]$。

具体的反应式如下：

$$PO_4^{3-} + Mg^{2+} + NH_4^+ + 6H_2O \longrightarrow MgNH_4PO_4 \cdot 6H_2O$$

$$5Ca^{2+} + 3PO_4^{3-} + OH^- \longrightarrow Ca_5(PO_4)_3OH$$

该方法需要比较高的条件，具体包括合适的 pH 值，各组分离子的浓度及其比值，要想达到较好的除磷效果，就必须造成其他离子过剩的环境。为了达到结晶所需的 pH 值，并且有效地控制费用开支，可以通过曝气来提高水体的 pH 值。结晶法除磷有一些独到的优点，比如在具有不错的处理效果的同时，还可以回收较高纯度的磷。

在现在的工业应用发展方向，物化和生物法除磷都有各自的优点和弊端，为了达到利益和效益的最大化，往往采用两者相结合的办法。其最显著的特点是流程中投加化学混凝剂，其余则与普通活性污泥法类似。生物除磷的工艺稳定性可通过附加化学沉淀来改善。

(2) 强化除磷的生态修复技术 上面所叙述的传统除磷技术，大都会有一定的副作用，因为它是属于强制性的外来干扰进行物化反应的。而生态修复则是在一定程度上克服了这个弊端，它的基本原理就是先通过培育特定的植物种或者微生物，然后利用它们的生命活动来对水体中的污染物进行转移、转化及降解作用，从而净化水体。具体来说，包括以下几种措施：生态浮岛，生物膜净化，人工湿地，稳定塘净化，以及组合生物净化与修复等。进行一定程度的人为加工，使得遭到破坏的生态系统逐步恢复，并为人们所用，来影响彼此相邻的系统，使之朝着有序的方向进化，生态自我调节能力和自我恢复能力达到一个正常的水平。在除磷方面，植物和藻类有较强的优势，能够通过人工收获来除磷。不过对于不同的植物，对磷的吸收能力也不尽相同。

① 生态浮岛。生态浮岛技术即无土栽培技术，它用特别的高等水生植物或者陆生植物，以高分了材料作为载体和基质，种植到受污染的水域中。这个过程中，它应用到了物种之间的共生关系，利用水体空间生态位和营养生态位的原则，从而建立一个高效的人工生态系统，来治理相应的水体富营养化现象。具体来说，这个过程包括以下几个途径。a. 植物的根系可以吸收水体中的氮、磷等营

养元素，利用自身的同化作用，一部分转为自身结构的组成物质，另一部分可以储存在细胞液中；此外，植物的根系一般会释放大量的分泌物，这些分泌物可以催化有机磷的溶解。b. 根区的环境适合好氧、厌氧、兼性厌氧的生物同时生存，这主要得益于有氧气传送到根部；而微生物也有着一个良好的生存地，即浸没在水中的茎叶。这样，微生物-植物就共同维护了一个很好的协同效应，提高了降解水中污染物的效率。c. 部分浮岛植物在生长过程中会分泌一些特殊的物质，以及浮岛本身就可以有效阻止阳光的直接照射，因此，在一定程度上降低了光合作用效率，也就可以防止植物的过度繁殖，从而抑制水体富营养化现象的发生。d. 生态浮岛为周围的鸟类等生物提供了一个良好的生存环境，有利于该地区生态系统的自我恢复能力的提高，从而完成自我净化的过程。这属于间接促进治理水体富营养化。通过研究发现，植物对磷的吸收能力不如氮，主要是因为根部较多微生物都参与氮循环，可以通过添加某些特殊的试剂来增强根部对磷的吸收，但是目前还处于研究阶段。

　　生态浮岛的特点是施工简单，整个过程不需要太复杂的控制，而且对周围环境的不利影响很小，特别适用于城市河道的改良，以及富营养化湖泊的治理。而且，浮岛上所种植的作物，也可以有一定的经济利用价值。但是浮岛技术的主要难点就在填料，填料必须是密度小于水，而且长期与水作用仍然可以保持活性，同时成本要求比较低。这些苛刻的条件都限制着这项技术的广泛应用。

　　② 人工湿地。人工湿地法除磷技术由于具有运行成本低、效率高的特点，被广泛应用，而且还具有一个广阔的发展前景。人工湿地对磷的去除主要体现在植物吸收、基质吸附、微生物固定这三个方面。也就是说，人工湿地是一个由微生物-基质-植物组成的复合生态系统，它对控制水体中氮、磷的污染有十分明显的效果，可以有效地防止城市生活污水等不经处理直接排放而导致的湖泊富营养化现象。

　　该技术具体的原理如下：富营养化水体中的氮、磷等营养元素可以被人工湿地所种植的植物所吸收，然后可以通过植物的收割来完成磷素的去除。微生物有几个特殊的生理过程帮助完成水体中氮素的去除，包括氨化作用，复合的硝化/反硝化作用。而对于磷素来讲，最主要的吸收部分是在基质中完成的，这个过程包括物理吸附和化学沉淀过程。物理吸附就是固体磷被土壤层所阻挡而沉积，化学沉淀则是指发生在土壤层中与磷酸盐有关的多个化学反应。

　　③ 生物膜法。现在工业应用中比较常见的生物膜法有曝气生物滤池（BAF）、流化床生物膜反应器（FBBR）、移动床生物膜反应器（MBBR）等。这几种工艺的基本原理都是先构建一个表面积比较大的生物膜，可以供某些优势菌属生长，比如不动杆菌属、气单胞菌属，假单胞菌属等。该膜的作用是为微生物提供附着基质，而这些微生物具有多种生物功能，比如降解有机物，还原硝酸盐

进行反硝化脱氨以及累积磷酸盐的能力，还有社区废水中的有机物合成 PHB 储存在细胞内部。传统工艺在除磷上有一些弊端，没有办法实现 EBPR，同时实现高效硝化反硝化。而加入将活性污泥与生物膜进行一定程度的复合，重新发展出一门工艺，则可解决此矛盾。因此，该复合工艺对于污水处理方面，有着难以比拟的优势，但是由于科学研究还没有达到相应的水平，要想应用到实际生产中还需要进一步的努力和探索。

第四章

腐植酸磷肥的环保特色与作用机理

随着环境污染、食品安全等问题的凸显，消费者需求（产品质量、品位）的提高，腐植酸类肥料被纳入了生态可持续发展的战略组成部分。腐植酸磷肥以腐植酸有机物与无机磷结合为核心，以调节磷在土壤中的作用过程为基础，达到了提高磷肥的利用率，从而减少土壤污染和降低磷及其伴生重金属进入食品链，保障食品安全的目标。

第一节　磷肥在土壤中的转化

磷肥在土壤中的转化过程，极大地影响着磷肥对作物的有效性。水溶性磷肥进入土壤后，经过一系列的化学、物理化学和生物化学反应，形成难溶性的无机磷酸盐，被土壤固体吸附固定或被土壤微生物固定，从而使其有效性大大降低。土壤中磷的有效性受诸如 pH、有机质含量、水分状况、微生物活动和植物根系分泌的质子和有机酸等因素的影响。一个多世纪以来，众多的研究者在磷的吸附和固定机理、反应产物、形态转化及其有效性等方面都取得了丰富的宝贵资料，揭示了许多现象的本质，在理论和实践上都做出了不可磨灭的贡献。

土壤中磷的化学行为包括吸附-解吸、溶解-沉淀和形态转化等过程。水溶性磷肥施入土壤以后，很快地与土壤固、液相发生物理和化学反应，发生固定或转化为另一些形态的磷酸盐，因此可以说，磷肥的有效性不一定取决于磷肥本身的形态，而往往看其与土壤反应产物的有效性。

一、土壤磷的吸附与解吸过程

土壤中磷的吸附量与解吸量取决于施用量，施磷较高时，土壤以吸附为主，当土壤溶液的浓度较低时，土壤吸附的磷即发生解吸。磷的吸附包括交换吸附和配位吸附两种机制。其中，磷酸根离子的交换吸附是以静电引力为基础的，吸附发生在双电层的外层，吸附的磷易被其他阴离子解吸，有效性高，这种反应没有专一性。磷酸根的配位吸附（又称专性吸附或强选择性吸附）是指磷酸根离子作为配位体与土壤胶体表面的 $-OH$ 基或 $-H_2O$ 基发生配位体交换，保持在胶体表面上的过程，具有一定程度的专一性，发生在双电层的内层，难以被其他阴离子所代换，有效性很低。

磷的吸附主要发生在土壤各种氧化物、黏土矿物和有机固相的表面。磷酸根离子与胶体表面金属阳离子配位结合的形式既有单齿配位，又有双齿配位。土壤中磷的吸附与矿物的种类、结晶程度以及含量密切相关，其中铁、铝氧化物和水化氧化物的吸附能力最强。土壤 pH、有机质含量、氧化还原状况对磷的吸附也有一定的影响。

自 1850 年 Way 发现石灰性土壤对水溶性磷酸盐具有强烈的吸持作用至今已有一百多年。石灰性土壤是一种风化淋溶度较弱的具有石灰反应的土壤类型，土壤溶液中的磷酸根离子主要为 HPO_4^{2-}，由于 Ca^{2+} 活度大，其化学固磷作用的产物以 Ca-P 为主。李祖荫（1991）和吕家珑等（1995）认为，石灰性土壤中物理性黏粒（<0.01mm）处于主导地位。然而，许多学者也认为 $CaCO_3$ 在石灰性土壤磷的固定中起着非常重要的作用。石灰性土壤中含有游离的 $CaCO_3$，而 $CaCO_3$ 的存在能降低磷酸盐的溶解度以及对作物有效的数量。因此，$CaCO_3$ 对磷的吸持在石灰性土壤中起着重要的作用。石灰性土壤中也含有少量的铁、铝氧化物和水化氧化物，它们在磷的固定中也有一定的作用。

土壤磷的解吸是磷吸附的逆过程，解吸的快慢和多少直接关系到磷从固相补给液相的快慢和缓冲能力的大小，从而影响磷的植物有效性。

二、土壤磷的溶解与沉淀过程

当水溶性磷肥以粒肥施入土中，或者集中条施或穴施时，可在肥料附近造成极高的磷的浓度。这时，就有可能超过一种或多种磷化合物的溶度积，于是就产生沉淀作用，形成磷的化合物沉淀。比如，在施用大量水溶性磷肥时，可在肥料附近形成 $1.5\sim6mol/L$ 磷（P）的高浓度，以及 $10\sim12mol/L$ 的阳离子浓度，这时生成的反应产物是各种各样的，一般来说，在酸性土壤中以 Fe-P、Al-P 为主，在石灰性土壤中以 Ca-P 为主。另外，已经存在于土壤中的磷化合物，以及因施肥新形成的磷的化合物，在条件改变时也进行溶解作用。比如，在酸性条件下，Ca-P 要进行溶解，在 pH 较高时，Fe-P、Al-P 要溶解。最著名的例子是土壤中原生的磷灰石在土壤风化和形成过程中随土壤 pH 的不断下降而不断溶解。当然，这一溶解过程是很慢的，有报告说土壤表层 60cm 内磷灰石全部消失需要 2.2×10^4 年。

在石灰性土壤或者施过石灰的酸性土壤中，当 pH ＞ 6.5 时，在条件适宜时，磷酸钙盐即开始产生沉淀。

在石灰性土壤中，加入 KH_2PO_4 可同时生成二水磷酸二钙、磷酸八钙和 β-磷酸三钙，而后者占主要成分。如果施入磷酸镁盐，则可能有白磷镁石生成。有人认为在施磷的土壤中，磷盐的溶解度极类似 β-磷酸三钙，其溶解度介于磷酸二钙和磷酸八钙之间。

Havlin（1984）认为，在田间条件下，形成的磷酸八钙（或类似溶解度的化合物）是不稳定的，它积累在施磷土壤的表层。而当土壤有效磷（P）＜32mg/kg 时，β-磷酸三钙可能是控制土壤磷水平的主要化合物。可见，土壤磷素水平也是影响反应产物类型的重要因素之一。

羟基磷灰石一般不易在石灰性土壤中直接生成，其原因可能是土壤中腐植酸富啡酸和单宁酸能阻止羟基磷灰石的沉淀。

在石灰性土壤中，可能是土壤中的方解石首先在其表面对磷进行吸附，随后很快形成磷酸二钙，最后逐渐地转化为磷酸八钙。也有人认为，磷首先在方解石表面被吸附，然后形成无定形钙磷化合物，最后再形成结晶的磷化合物，所以，吸附作用和沉淀作用有时难于截然区分。

在酸性土壤中，可溶性磷肥主要在肥粒附近形成 Fe-P、Al-P 的沉淀。例如，在砖红壤中加入磷酸一铵时，形成了铵磷钾铝石及磷酸铁沉淀。在酸性土壤和石灰性土壤中，新形成的反应产物有两个特点。一是最初形成的产物大都是无定形的，它们有较高的溶解度，然后其中部分可逐渐向结晶态转化。这对发挥磷肥肥效很重要。二是尽管磷和土壤反应生成各种沉淀，但一般均难以用溶度积来判断土壤溶液中磷的浓度，这说明在土壤这个复杂体系中，沉淀生成的产物，大部分不是像化学上的化合物那样组成简单。另外，由于不同的结晶程度，不同的表面面积，同一类型化合物在不同时间的溶解度也会是不同的。

三、磷肥在石灰性土壤中的转化特点

对于石灰性土壤，许多资料认为：水溶性磷酸一钙施入土壤后，首先被方解石吸附（此吸附的磷几乎全部可进行同位素代换），随后被吸附的磷可进一步生成二水磷酸二钙和无水磷酸二钙（溶解度大于 Fe-P 和 Al-P），然后是磷酸八钙、羟基磷灰石和氟磷灰石[溶解度大小为：$Ca(H_2PO_4)_2 \cdot H_2O > CaHPO_4 \cdot 2H_2O > CaHPO_4 > Ca_8H_2(PO_4)_6 \cdot 5H_2O > Ca_3(PO_4)_2 > Ca_5(PO_4)_3OH$]。不同 pH 下这些磷酸钙盐的溶解度不同，随着 pH 的降低，其溶解度迅速增大，如 pH＜6.3 时，磷酸八钙溶解消失，pH＜6 时，$Ca_3(PO_4)_2$ 消失，pH＝4 左右时，$Ca_5(PO_4)_3OH$ 消失。土壤 pH＜6 时，磷酸钙溶解性增加，土壤 pH 控制着土壤磷的有效性。

化学磷肥在土壤中的转化速率很快，即土壤对磷肥的固定是瞬时过程，输入土壤的磷肥很快转化为其他形态的磷酸钙盐。如磷肥施入石灰性土壤后 1d 测定，$NaHCO_3$ 浸出的磷只相当于施入磷的 40%～65%，施肥 30d，施入磷的浸出率为 27%；施入石灰性土壤的磷肥主要转化为土壤 Ca_2-P、Ca_8-P、Fe-P 和 Al-P，短时期磷肥不易形成 O-P、Ca_{10}-P。

四、磷肥在水稻土中的转化特点

水稻土是世界和我国主要的土壤类型。我国水田面积 1994 年占全国耕地面积的 26.1%，但水稻产量却占我国当年粮食总产量的 39.5%。如果加上水田中冬作（小麦等）的产量，则水田所提供的产量比重将更高。

水稻土是一种不同于旱作各种土壤的特殊土壤类型。它是在人为耕作施肥条件下形成的，人为因素占主导地位。它常年或季节性淹水，导致了特有的物理和化学性质。因此，磷素及磷肥在水稻土中的转化也完全不同于旱作。

1. 在水田中施用磷肥，和旱作比起来，有两点不利条件影响磷肥对水稻的肥效

(1) 水稻土的酸度　酸性水稻土淹水之后，氮、锰、铁、硫的还原均需消耗 H^+，同时，在淹水条件下，有机物分解将产生各种有机酸。但是，前一作用是主要的，所以酸性矿质土壤淹水后，土壤 pH 可以增加到微酸至中性，这就大大降低了对磷矿粉可能的溶解作用。

(2) 土壤有效磷增加　磷在一般土壤条件下，并不直接参加氧化还原反应。但是，土壤淹水后，有效磷可能增加，其原因大体有以下几点。

一是土壤淹水之后，土壤氧化还原电位迅速下降，使三价高铁被还原为二价铁，从而使与之结合的磷释放出来。我国已有大田实验证明，在淹水条件下，最难利用的闭蓄态磷，也可以供给作物部分磷源。

二是在淹水土壤中可形成一些有机阴离子，它可能代换了部分被吸附的磷，即有机阴离子对磷的竞争吸附。

三是在酸性土壤中 pH 的升高还增加了 Fe-P、Al-P 的水解。在石灰性土壤中，淹水使 CO_2 积累，土壤 pH 下降，增加 Ca-P 的溶解。

2. 磷肥为磷矿粉时，水稻利用磷矿粉的能力很低

通过一些试验分析水稻增产显著的原因，起重要作用的是磷矿粉的可给性（活性）。"活性"只是一个笼统的概念，各国有不同的表达"活性"的指标，其中一个指标就是：根据 AOAC 法测定磷矿的柠檬酸铵溶性磷占全磷的百分比。研究表明，在水稻土上这个指标和磷矿粉的相对肥效（以施重钙时的产量为 100）有很好相关性（大田试验）。它们的回归方程为：

$$RAE（相对肥效）=19.66+3.03X$$

$$r^2 = 0.88$$

式中 X——枸溶磷占全磷的百分比。

从上式可以知道，如果 RAE＝100 时，X 必须等于 26.5％，也就是说，一个磷矿如果其中枸溶性磷占全磷量的 1/4，其肥效在水稻上即可相当于重过磷酸钙。相对肥效达到 70％时，要求磷矿的 X 值为 16.6％。

但是，必须指出，在强酸性水稻土上，即使磷矿活性低些，也能得到显著增产。室内研究也证明，磷矿粉在酸性土壤中（pH 4.8），在淹水培育时，也可有不同程度的溶解，但是这取决于淹水前的土壤 pH 和淹水后 pH 的变化情况。

3. 磷肥在水稻土中的形态转化情况

（1）水溶性磷肥和枸溶性磷肥在水稻土中的转化　我国常用的水溶性磷肥是过磷酸钙，其主要磷的形态是磷酸一钙 $[Ca(H_2PO_4)_2]$。我国最主要的枸溶性磷肥是钙镁磷肥，它是一种玻璃体。

过磷酸钙在土壤中以很快的速度转化为各种形态。水田和旱地的明显区别是在水稻土中转化为 Fe-P 的部分远远大于旱地。这是由于在淹水条件下铁的活性大大增加，造成过磷酸钙施入水稻土后大量转化为 Fe-P，这对提高磷肥的有效性是有好处的。还有一个明显的特点，即在水稻土中 Al-P 迅速向 Fe-P 转化。Al-P 随着时间的延续不断减少，而 Fe-P 不断增加。这是因为 Al-P（磷铝石等）在土壤淹水还原条件下向蓝铁矿 $[Fe_3(PO_4)_2 \cdot 8H_2O]$ 转化。显然，在红壤旱地中并不存在这种还原条件。钙镁磷肥在红壤性水稻土中的转化和过磷酸钙有类似之处。但是，这两种不同性质的磷肥，施入水稻土后的有效磷变化却是完全不同的。

过磷酸钙施入水稻土后，有效磷迅速下降，半年以后，大体上保持在一个稳定的水平上（在不种作物的条件下），而钙镁磷肥施入土壤后，有效磷水平（半年内）开始有一个提高过程，随后有所下降，一年后有一定的上升。但在半年以后，钙镁磷肥保持的有效磷水平均高于过磷酸钙。这一现象在红壤旱地上也有表现，这可能是钙镁磷肥肥效在酸性土壤上略优于过磷酸钙的原因之一。在酸性水稻土上，钙镁磷肥肥效也略优于过磷酸钙。

（2）难溶性磷肥　通常所说的难溶性磷肥是指直接施用的磷矿粉。在今天强调施肥必须不破坏环境的新概念的情况下，磷矿粉被看作是一种"缓释"肥料。它不易造成环境问题。所以提倡施用磷矿粉的呼声近年又从各地响起。但是磷矿粉用于水稻土有其不利的方面。因为磷矿粉常常需要依靠土壤酸性来活化其磷素，但在水稻土的情况下，即使原来是酸性的土壤，淹水之后也转变为中性的了。水稻土的这一特性不利于磷矿粉磷的活化。在红壤旱地，磷矿粉施入土壤后，半年时间内，即有 50％左右转化为 Fe-P、Al-P 等，但在红壤性水稻土中，2 年时间内，基本没有形态的变化。在酸性红壤旱地上（pH＝5.0），施入磷矿粉后，即出现有效磷的显著提高，虽然速度变慢，但一直维持到 2 年仍有上升。而将磷矿粉施入水田后，有效磷在 2 年时间内均无提高迹象。这说明了施磷矿粉于水稻土的不利方面。当然，这并不说明磷矿粉不能有效地用于水田，因为决定磷矿粉肥效的还有其他因素，如磷矿活性、作物类型等等。这实际上已经提出了一些在水稻土上施用磷矿粉的有效途径。

(3) 结晶态粉红磷铁矿在水稻土中的转化　国内外的研究都证明，在中性水稻土和酸性水稻土中，磷主要以 Fe-P 形态存在。有结果表明，我国水稻土中 Fe-P 含量远高于 Al-P 和 Ca-P，占非闭蓄态磷的 58%～76%。国外的研究表明，在马来西亚水稻土中，Fe-P 平均占无机磷总量的 79%，印度水稻土中不同形态磷的分布也是 Fe-P＞Ca-P＞Al-P。因此，Fe-P 在水稻磷素营养中的作用，历来受到很大的重视。现以粉红磷铁矿（$FePO_4 \cdot 2H_2O$）为例，说明淹水后磷酸铁的转化机理及其有效性的变化。

酸性土壤中存在着结晶的和无定形的磷酸铁（$FePO_4 \cdot 2H_2O$ 和 $FePO_4 \cdot xH_2O$），它们在性质上和有效性方面都是很不相同的。两种磷酸铁在不同 pH 时溶解度有巨大的差异，在 pH＝5 以下和在 pH＝6 以上时，无定形磷酸铁的溶解度大大高于结晶态磷酸铁。将这两种磷酸铁与土壤混合并在湿润（模拟旱作）条件培育一个月后，无定形磷酸铁的溶解曲线向结晶态靠近，这可能意味着无定形磷酸铁的结晶化趋向，但是，把两种磷酸铁盐加入土壤中并淹水培育一个月后，两者的溶解曲线即大体重合，重合后的溶解曲线和无定形磷酸铁更为接近。

从上述结果可以大体得出结晶态磷酸铁在淹水条件下的转化机理如下。土壤淹水后，土壤氧化还原电位随之下降，土壤中的 Fe^{3+} 还原为 Fe^{2+}，在这一还原过程中破坏了粉红磷铁矿的结晶构造，同时释放出了磷（水溶态）。在土壤的还原条件下，不仅有 Fe^{2+} 在，同时仍有大量的 Fe^{3+} 在。在这种情况下，一部分磷将和 Fe^{2+} 结合形成蓝铁矿，还有一部分磷与土壤中存在的 Fe^{3+} 新结合为磷酸铁。但这类新形成的磷酸铁不是结晶态，而是无定形的。这就是在淹水培育一个月之后，结晶形磷酸铁向无定形磷酸铁转化的机理，这一转化伴随着磷素有效性的增加。结晶态的磷酸铁在旱地条件下，对作物基本无效，而无定形磷酸铁则有较高的肥效，所以，可以想象，基本无效的结晶态磷酸铁，由于淹水转化成为水稻的有效磷源无定形磷酸铁。

4. 提高磷矿粉在水稻上肥效的方法

(1) 充分利用对磷吸收能力强的旱前作　在水旱轮作中，充分利用水稻前作，特别是利用能力强的作物，以便把磷矿粉吸收转化为有效态，然后供给水稻。通过试验进行说明。

试验所用的水稻土，是发育于第四纪红色黏土上的地力贫瘠、常年产量只有每亩稻谷 50～90kg 的低产水稻土。试验目的是先将磷矿粉施在冬季绿肥上（利用能力强的萝卜菜），以供后季水稻吸收利用。试验有过磷酸钙、骨粉、磷矿粉和不施磷肥四个处理，以比较各种磷肥的肥效（见表 4-1）。

表 4-1 磷矿粉通过冬季绿肥萝卜菜对后作水稻的肥效

磷肥种类	磷肥用量 /(kg/亩)	冬季绿肥萝卜菜		后作水稻	
		每亩鲜重 /kg	以骨粉产量 为 100%/%	每亩稻谷 产量/kg	以骨粉产量 为 100%/%
骨粉(P_2O_5 22%～24%)	20	487.5	100	170	100
过磷酸钙(P_2O_5 18%～20%)	20	415	85	174.5	102
磷矿粉(P_2O_5 36%)	75	480	98.5	138.5	81
不施磷肥	—	85	18	95	56

由表 4-1 中的结果可知，磷矿粉对萝卜菜的肥效是很显著的，它的肥效等于骨粉的 98.5%，差不多与骨粉相等，并超过了过磷酸钙的肥效，不施磷肥的产量很低。将萝卜菜绿色体全部翻入原区作绿肥，结果稻谷的产量由每亩 95kg（未施磷肥区）增产到 138.5kg（施磷矿粉区），肥效得到显著增加。所以选择吸收强的植物作水稻的绿肥，为发挥磷矿粉的肥效作用创造了良好的条件。

(2) 充分利用酸性水稻土落干时的酸性分解磷矿粉 酸性水稻土虽然在淹水时土壤 pH 增高，但在落干时，将仍然回复到原来的酸性状态，因此，在水田落干时施用磷矿粉，可避免水田淹水 pH 上升所带来的不利影响。国外也有人建议，在水稻土上施用磷矿粉时，应在氧化条件下进行，具体建议在灌水前 2 周加入。笔者认为在 2 周中即可有一部分磷矿粉转化为磷酸铁铝，但如果等到淹水后再施，就没有发现施入的磷矿有溶解现象。

有研究表明，在氧化条件下施磷矿粉，是否能被土壤分解，仍然与落干时的土壤 pH 有关。在土壤 pH 大于 6 时，不管在淹水前或淹水后施，都未见到磷矿被分解，而当土壤 pH 在 5 左右时，在半年时间内，施入量的 50% 转化为磷酸铁和磷酸铝盐，而土壤 pH 为 6.1 时，在两年时间中，磷矿粉基本保持原有状态未变。

从图 4-1 中可以看到，在被分解的磷中，大部分转化为磷酸铁盐，一部分为磷酸铝盐。大家知道，磷酸铁淹水后可以显著提高其有效性。所以，磷矿粉在土壤好气状况时的转化，使得随后的淹水，不但不会造成不利作用，反而有利于已被转化成磷酸铁这部分磷的有效性提高。因此，其后效对水稻将显著大于旱作，表 4-2 的试验结果，非常清楚地说明了这一点。

从表 4-2 的结果中可以看到，第二季对于小麦的后效，和第一季比较起来都有显著的下降（广西矿除外），但对于第三季水稻，其相对肥效不仅大大超过第二季，也超过第一季。

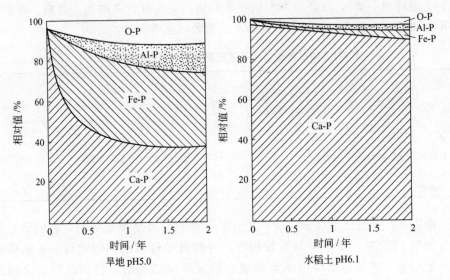

图 4-1　磷矿粉在不同土壤 pH 的变化

表 4-2　磷矿粉转化和后效的关系（以钙镁磷肥产量为 100 时的相对百分比）　％

磷源	第一季（荞麦）	第二季（小麦）	第三季（水稻）	第六季（小麦）	第七季（水稻）
钙镁磷肥	100	100	100	100	100
云南晋宁磷矿	74	35	96	96	107
湖北钟祥磷矿	74	34	66	52.5	71.4
江苏锦屏磷矿	33	8.6	47	37.2	65.8
广西玉林磷矿	78	82	109	122	130

　　表中结果还说明，第七季种水稻时，各种磷矿粉的后效仍然很显著，而且都在 60％以上。因此，提高磷矿粉在酸性水稻土上肥效的施用方法之一，就是在旱作阶段提前施入，不论其对当季作物的效果如何，都将对水稻产生显著的增产效果。从表中可以看到，甚至对于江苏锦屏矿（变质、结晶良好），其后效也是显著的。

第二节　土壤有机酸与磷素关系的研究

　　有机酸主要包括低分子量有机酸和腐植酸两部分。低分子量有机酸结构简单，有确定的结构式和分子量，主要包括：①脂肪族挥发性有机酸（如乙酸）和非挥发性有机酸（如草酸）；②含芳香环的有机酸；③氨基酸和其他含有 N、P、

S的有机酸类。土壤低分子量有机酸的来源主要是有机质分解、微生物代谢、根系分泌以及叶片分泌物脱落，现研究较多的是缺磷和其他养分胁迫下植物根系分泌有机酸的特点。腐植酸是由碳、氢、氧、氮、硫等元素组成的高分子有机化合物，结构复杂，分子量高，具有高分子所共有的多分散性，同时由于形成条件和腐殖物质的多样性，它还具有高度非均质性。腐植酸是有机质的重要组成部分，在土壤中含量较高，性质相对较稳定，由于自身独特的化学组成和理化性质，对于提高土壤肥力有着重要的作用。

一、有机酸对土壤吸附磷的影响

土壤磷素状况影响植物根系分泌有机酸的同时，有机酸的存在反过来又影响到磷在土壤中的反应和转化。这里就土壤对磷的吸持以及磷的解吸两方面加以概述。有机酸影响土壤吸附磷的作用首先取决于有机酸的类型，即羧基和酚羟基的数量、位置，以及与铁、铝形成络合物的稳定性。在测试的有机酸中，柠檬酸的作用最强，草酸次之，中度有效的是苹果酸和酒石酸，效果最差的是乙酸、琥珀酸和乳酸。

胡敏酸（HA）、富里酸（FA）在土壤矿物上的吸附可导致竞争固磷点位，效果因土壤类型而异。Sibanba 和 Young（1986）研究了针铁矿、三水铝石和热带土壤上磷与腐植酸的竞争吸附，发现胡敏酸和富里酸在低 pH 时强烈竞争磷酸盐吸附点位，减少这些土壤对磷的吸附。当增加磷浓度而提高磷吸附量时，无胡敏酸或富里酸释放到溶液中，显然其效果除了羧基对吸附点位的占据外，还有吸附的胡敏酸分子周围产生的不利于阴离子吸附的静电场效应。Borggaard 等（1990）报道，去除有机质对磷的吸附没有直接影响，即有机质与磷不存在竞争吸附点位效应。除了有机酸类型外，其浓度也具有重要的作用。Dye（1995）研究发现，酒石酸浓度为 0.1mol/L 时对氢氧化铁吸附磷量无影响，但磷的吸附方式发生变化。根系分泌较多柠檬酸的植物比分泌少的能利用更多的固定态磷。柠檬酸的作用机理是减少大量吸附点位，酒石酸则通过溶解与竞争吸附点位，乙酸在 0.1mol/L 时对磷的吸附影响不大，但它自身被大量吸附，表明它与磷存在不同的吸附点位。

二、有机酸对磷的解吸和释放

当有机酸进入体系迟于磷被吸附时，其作用为对磷的解吸和释放。这方面的研究也很多，主要是比较不同有机酸释放磷的能力、条件和机理等。Jones 和 Darrah（1994）的研究表明，柠檬酸能从很高 Ca-P 含量的土壤中移动磷素，其中主要是柠檬酸根的螯合作用，也有释放出 H^+ 的。柠檬酸与阳离子的反应是瞬时的，在有机土壤中快速降解，而在亚表层土壤中有较强的抗分解能力。在酸性土壤中，有机酸不仅有利于养分吸收，而且也是降低土壤铝毒的一个潜在机理。

Otani 等（1996）及 Ae 等（1990）的研究表明，在猪屎豆根分泌物中，Malonic 酸、草酸和 Piscidic 酸能释放磷酸铁和磷酸铝中的磷。它们对磷的溶解一般与铝溶解相伴生。某些有机阴离子的存在能极大地减少磷酸盐沉淀。某些有机阴离子，特别是羟基有机酸，在阻止磷与铁结合或者代换化学结合的磷酸盐方面效果显著。沉淀磷酸盐被有机酸溶解可能是另一种使磷有效化的机理，这包括有机酸上的羧基和羟基同 Fe、Ca 的阳离子形成络合物的反应。有机酸对磷有效化的影响起始于土壤形成早期，能溶解磷矿物并导致磷释放，这被用于测定土壤中植物有效态磷含量。从吸附点位上代换磷的过程不太重要，主要机理包括络合金属离子或形成柠檬酸-金属-磷复合物，或二者皆有。Kirk（1999）综述了阴离子与土壤反应导致磷素溶解至少有以下三种机理：①有机阴离子分泌中伴有质子泌出，根际 pH 降低，在某些土壤上可引起磷溶解，但这只在分泌量足以影响 pH 变化时才较为重要，而且在 pH 变化较大的地方，有机阴离子本身的溶解也相应变化；②有机阴离子可以从土壤吸附点位上取代磷，这时吸附的有机阴离子量与解吸磷量有相关性，除非分泌的有机阴离子量很大，否则它将被强烈地吸附到土壤上，扩散速率降低，对磷的溶解也只局限在距根接近的柱体周围，作用较为有限；③有机阴离子可络合固定磷素的金属离子。

Luo 等（1999）发现，柠檬酸和苹果酸的加入增加沉淀态磷酸铝中磷的释放量，油菜比番茄更耐铝毒和具有更大吸磷量的机理之一是油菜根分泌更高浓度的柠檬酸。Shen 等（2001）收集象牙草的根分泌物以调查它们对磷酸铁、磷酸铝的移动能力。结果显示，缺磷植株可分泌更多的戊二酸，比富磷的根分泌物有更强的移磷能力。为证实有机酸存在时增加磷的生物有效性，进行了一些生物试验。

第三节　腐植酸对磷的影响研究

所有的化学肥料中，磷肥的当季利用率最低，一般只有 $10\%\sim20\%$，施入土壤中的有效磷 $80\%\sim90\%$ 被土固定而失去活性。磷肥利用率低的原因是酸性土壤中含有大量活性铁、铝，石灰性土壤中含有大量钙的关系。铁、铝、钙等能使有效磷固定、失效。在南方酸性土壤中，磷的活性受土壤中的活性铁、铝的控制，在北方石灰性土壤中，磷主要受钙与镁的控制。由于磷能与多种金属离子化合生成稳定的化合物，所以它在土壤中的移动速度很慢，以施肥点向外扩散移动的距离很短，一般仅 $1\sim3cm$，而与根系直接接触的土壤一般只占耕层土壤体积的 $4\%\sim10\%$，使得根系很难截获吸收磷素。这也是造成磷肥利用率低的重要原因之一。

一、腐植酸与磷结合对磷素有效性的影响

腐植酸因其具有复杂的成分及分子结构，在其与肥料施入土壤后，能与土壤中的铁、铝、钙、镁等金属离子络合，形成较稳定的络合物，从而抑制与有效磷的结合，使磷的固定减少。腐植酸也能与磷酸根离子络合，形成腐植酸磷的络合体，这种络合体比无机磷在土壤中有较好的化学活性，增加了磷在土壤中的移动速度与距离，有利于作物根系的吸收。

国内外一些研究指出，由于腐植酸对铁、铝、钙等离子的亲和力强，因此，在速效磷肥中添加腐植酸后，可以明显地抑制土壤对磷的固定。北京农业大学等利用^{32}P标记速效磷肥，研究几种腐植酸铵对速效磷肥在石灰性土壤中移动的距离以及有效性的影响，结果证实均能抑制土壤对磷的固定，增加其移动性和有效性。其中过磷酸钙分别混以腐植酸铵、氯化腐植酸铵和硝基腐植酸铵后施用的土壤中有效磷的含量分别比单纯施过磷酸钙的对照组增加59.6%、51.4%和53%。磷酸铵混合腐植酸铵、氯化腐植酸铵和硝基腐植酸铵施用的有效磷分别比对照组增加29.3%、37.8%和31.3%。不同磷肥添加各种腐植酸铵后，移动深度一般增加1～3cm。东北师范大学在酸性红壤土中也进行了试验，当加入腐植酸钠后，磷肥的固定率可以减少29%。

日本的试验也说明了腐植酸的这种良好作用，当对照磷肥在土壤中的固定率为99.15%时，用腐植酸处理的磷肥固定率为43.9%。

中国农业大学的研究结果表明，在磷铵中添加硝基腐植酸铵，可使土壤对速效磷的固定量减少8.6%～44.1%；河北农业大学的研究结果表明，棉花用腐植酸-NFK复合肥比磷铵加氯化钾和无机棉花专用肥有更高的磷肥利用率，腐肥区棉株体内含磷量为0.53%，磷铵区为0.22%，专用肥区为0.20%，而有效P$_2$O$_5$的投入量，腐肥区为5kg/亩，磷铵量为11.5kg/亩，专用肥为5kg/亩。由此可见，腐植酸在促进棉花吸磷数量与能力，提高磷素利用效率方面具有重要的作用。沈阳农业大学的研究结果表明，普钙中添加腐植酸铵不仅提高了大豆籽粒中的含磷量，而且使吸磷总量增加30.3%，普钙中添加硝基腐植酸后，使磷的利用率从14.7%提高到20.4%。

腐植酸促进植物吸收磷的能力也很显著，可以使磷肥利用率大大提高。据湖南省农业科学院测定，水稻在分蘖期施用腐植酸铵的，较施等氮量硫酸铵的多吸收磷38.5%，抽穗期多吸收磷27.4%。北京农业大学用放射性示踪法测定，在等氮条件下，过磷酸钙利用率为23.3%，添加腐植酸铵后利用率为28.8%；添加硝基腐植酸铵后，利用率为32%，增加了1/3。

还有研究表明，腐植酸解磷机理是一个综合效应，而代换吸附解磷及其对磷的抑制固定作用是主要的。即在土壤的条件下，腐植酸、黏土、钙三者在形成团聚体的过程中吸附了肥料中的钙，代换了团聚体上的氢，从而释放了团聚体上的

磷。同时，由于代换吸附过程中负吸附大于正吸附（对磷酸根离子而言），从而抑制了磷的固定。

腐植酸对磷肥的增效作用一方面体现在它对磷的保护、活化与加快磷扩散迁移的直接效应，另一方面还在于它对根系发育的促进作用。这种促根效应可增加根系与磷肥的接触面积，增加根系分泌物（有机酸）的数量，还可促进磷的活化与有效吸收。另外，腐植酸对土壤酸碱度的影响及其对土壤微生物活性的促进作用，亦有利于磷肥的有效性及利用率。

二、腐植酸对土壤中磷酸盐形态的影响

腐植酸与速效磷肥作用，目的是对其有效磷进行保护，减少磷的固定退化。

20 世纪 50 年代，日本的奥田束已发现腐植酸有抑制磷肥被固定的作用。此后，桥本雄司进行了连续 10 年的研究，证明腐植酸和硝基腐植酸（NHA）及其盐类都不同程度地抑制土壤对磷的固定。不少研究者认为，抑制固磷能力与腐植酸的分子量和组成结构以及土壤类型有关。分子量小的腐植酸抑制能力较强，在石灰性土壤中比在酸性土壤中的抑制能力强。腐植酸的添加量也有很大的影响。北京农业大学在这方面做了大量的试验研究。他们在石灰性土壤中加入 0.4365g 磷铵和各种胡敏酸盐（腐植酸占土重的 1%），在室温下堆放 8 个月，连续监测土壤磷的变化情况，结果显示，各种腐植酸盐均减少了土壤对磷的固定。

20 世纪 60 年代初，苏联的乌兹别克用氨中和后的腐植酸与过磷酸钙混合，发现当煤与过磷酸钙比为 1：4（质量比）、pH 为 5～5.3 时，有效磷基本保持不变。

从以上文献可以看出，pH、物料比例，甚至土壤组成、性质都对磷的有效性有一定的影响。腐植酸的用量并不是越大越好，当超过一定限度时，反而使有效磷退化，但在土壤中直接施用时，腐植酸的用量又不能太小。

第四节　绿色环保型腐植酸磷肥的构建

随着人们环保意识的日益增强，过量地、不合理地施用磷肥造成的危害越来越受到关注。腐植酸与磷肥结合开发新型的绿色环保腐植酸磷肥工业，能促进磷的有效利用，保护土壤生态环境，促进农业生产的可持续发展，保护人类的健康。

一、绿色环保型腐植酸磷肥的含义

前人对腐植酸磷肥的定义并不统一。曾有人定义：泥炭和磷矿粉混合经堆沤

后制得的肥料叫腐植酸磷，若加入适量碳铵叫腐铵磷，如果再加入草木灰叫腐铵钾磷，这类肥料通称为腐植酸磷肥。因为这类肥料施入土壤，一方面能提高肥效，另一方面不会造成土壤养分的积累、土壤生态的破坏，同时对土壤结构、土壤养分的释放有一定的调节作用，所以称为绿色环保腐植酸磷肥。

本书对绿色环保型腐植酸磷肥的定义：不同类型的腐植酸与不同品种的磷肥相结合，通过腐植酸与磷酸盐的化学反应，达到增加含磷化合物的溶解度，减少磷在土壤中的固定，提高磷肥的有效性和利用率，通过合理的配方与加工工艺以及合理的使用，实现磷肥的无害化和对环境友好。

腐植酸对磷肥的增效作用主要有：①抑制水溶性磷的固定，增加磷的有效性。酸性土壤中含有大量的活性铁、铝，石灰性土壤中含有大量的钙。铁、铝、钙等可使有效磷固定、失效。由于腐植酸对铁、铝、钙等离子的亲和力强，因此，在速效磷肥中添加腐植酸后，可以明显地抑制土壤对磷的固定。②对吸磷量的影响。国内 HA 农业协作网的试验证明，磷肥中添加 10%～20%的 HA 可使磷肥肥效提高 10%～20%，磷吸收量增加 28%～39%。③对磷肥利用率的影响。有关实验表明，风化煤、褐煤、泥炭上提取的腐植酸生产的硝基腐铵、氯化腐铵施用在小麦上磷的利用率增加幅度为 18%～19.3%。④对土壤磷有效性的影响。腐植酸可以改变土壤的理化性质，增加微生物的活动，有利于矿物态磷向有效性磷的转变。

二、腐植酸类磷肥作用的化学基础

腐植酸对磷酸盐作用的类型包括 4 个方面：①促进天然磷矿石分解，使不溶磷部分转化为可溶磷；②活化土壤中的难溶磷；③腐植酸与速效磷肥混施，可抑制磷在土壤中被固定；④腐植酸与磷肥直接反应，形成某种"复合体"或"络合物"。在以上 4 种作用中，③和④是研制 HA-P 的理论基础，更有实际意义和应用价值。腐植酸与磷相互作用的机理可分为以下 3 种。

分解与复分解学说：腐植酸或其盐与磷酸盐相互作用发生复分解反应，即

$$2R—COOH + Ca(H_2PO_4)_2 \longrightarrow (R—COO)_2Ca + 2H_3PO_4$$

$$2COONH_4 + CaHPO_4 + 2HA \longrightarrow (HACOO)_2Ca + (NH_4)_2HPO_4$$

代换吸附学说：有的研究者将腐植酸与磷矿混合，发现解磷甚少，但在土壤中却解磷显著，认为是在土壤条件下，腐植酸、黏土、钙形成团聚体的过程中，吸附了钙，代换了氢。

络合学说：由于腐植酸中存在羧基、酚羟基等活性官能团，因此，它有可能与其他物质作用形成络合物（或螯合物）。此方面主要存在以下两种观点。

① 腐植酸 HA-金属（M）-磷酸盐（P）络合物。20 世纪 60 年代初，国外发现 HA、M、P 三者间存在密切的关系。据报道，腐殖质对磷酸盐的溶解作用是由于形成了 HA-M-P 络合物。Sinha 认为，只有在 Fe、Al 等金属的存在下，腐

植酸才能与磷形成稳定的络合物。Levesque 在试验室中也合成出了此类模型化合物。但是关于此类络合物对作物的有效性，却存在不同的看法。Sinha 认为，HA-Fe(Al)-PO$_4$ 络合物中的磷能被豆类、向日葵吸收。Levesque 的玉米、雀麦试验却证明 HA-Fe-PO$_4$ 中的磷不易被吸收，而 HA-Mn-PO$_4$ 络合物却能为作物提供磷营养。Gaura 在土壤试验中发现，加入 0.2%、0.5% 的 HA 增加了磷的固定，认为是由于形成了 HA-Fe(Al)-PO$_4$ 络合物。有研究者同意此看法，认为与 Fe、Al 结合的腐植酸 HA 与磷作用生成 HA-Fe(Al)-PO$_4$ 络合物而使其沉淀，增加了磷的固定，但对其是否被作物吸收未作研究。因此，腐植酸与磷酸盐作用后形成的 HA-M-PO$_4$ 络合物对作物是否有效，对何种作物有效，与金属离子种类有何关系，尚需进一步研究。

② 腐植酸 HA-磷酸盐（P）络合物。Martinez 和 Lobartini 等人的研究发现，有腐植酸类物质存在时，磷灰石的溶解性增大，认为此过程中有 P-HA 络合物生成，并通过 P-NMR、IR 等手段证实了此种络合物的存在，并且对作物有一定的效果，但与 pH 有关。在 pH＝7 时，对作物无显著影响，而在 pH＝5 时，可看到植株的明显变化，且比单施 KH$_2$PO$_4$ 更有效。

三、腐植酸磷肥的发展历史

腐植酸磷肥最早生产和应用的是日本。20 世纪 70 年代，日本就开展了硝基腐植酸磷肥的应用研究，前苏联也很早就有腐植酸与过磷酸钙或重钙混合造粒的生产和应用。我国腐植酸磷肥的研究、试验自 20 世纪 70～80 年代起步以来已积累了不少成果和经验，进入 21 世纪以后，腐植酸磷肥的产业化条件已日趋成熟，对煤炭腐植酸的农业应用，特别是各类腐植酸类肥料的研究、试验、应用已取得一系列成果，尤其是近些年来腐植酸类氮、磷、钾复混肥的生产应用取得了长足的进步，技术日趋成熟，成为绿色环保肥料的重要组成部分。

腐植酸（HA）作为廉价、有效又无污染的磷肥增效剂的研究和应用已有三十多年的历史，并已取得了肯定的结论，在当前化肥和农业向高效、优质、低耗方向发展的形势下，腐植酸在化肥（特别是磷肥）中的利用再次引起人们的普遍关注。在此将腐植酸磷肥（HA-P）的研究历史和现状作一总结。

腐植酸磷肥的开发概况，有关腐植酸可抑制速效磷肥在土壤中被固定地发现，是 20 世纪的重要研究成果，并已广泛应用于生产。腐植酸磷肥之类的有机-无机复合（混）肥料就是在此基础上面世的。这类肥料可分为以下 3 种。

① 腐植酸或其盐类与速效磷肥混合、造粒，制成固体腐植酸磷肥颗粒肥料。日本 1979 年就已批准硝基腐植酸磷肥（NHA-P）作为国家法定的肥料品种。乌兹别克也曾用 15%～17% 的腐植酸铵（HA-NH）与过磷酸钙或重钙混合制造颗粒肥料。我国 20 世纪 70 年代以来也是用这种方法生产腐植酸磷肥的。前苏联曾在过磷酸钙粉末上喷淋腐植酸钠溶液后进行造粒。日本的一篇专利披露：腐植酸

与磷铵加热加压反应制成缓效型 HA-NP 复合肥，但未见工业化的报道。

②HA-NPK 及多元素颗粒复混肥料。这是目前国内外主要的固体腐植酸肥料形式。一般方法是将 HA、NHA 或 HA-NH 与磷肥、钾肥以及作物所需的中、微量元素混合-造粒而成。这类有机-无机复混肥既能抑制磷的固定，又能减少氮和钾的流失，全面提高 NPK 的利用率和肥效，还可根据作物的需肥规律配其他元素。这类复混肥因具有显著的效果，已受到国内外的重视和用户的普遍欢迎，此类复混肥正向高浓度、专用化、长效化方向发展。

③腐植酸类含磷液体肥料。磷酸的多价金属盐几乎都难溶于水，这是制备多元素液体肥料的一大难题。因为 HA 既是植物生产刺激素，又是无机元素的络合增溶剂，故在 HA 类溶液中，各种磷酸盐的溶解度大幅度提高，成为一种高效的有机-无机络合液肥。国外许多名牌液肥就是 HA 类物质的络合体。美国用一种风化褐煤（Leonardite）制成的液肥畅销东南亚，并已进入我国市场。我国近年来 HA 液肥的开发也有长足的发展，如"叶面宝"、"农家宝"、"惠满丰"等品牌正被大力推广。

四、腐植酸磷肥的分类

腐植酸磷肥属于腐植酸类肥料，腐植酸类肥料在目前又大都被归类为有机肥，所以，腐植酸磷肥的分类是一个复杂的问题，可从不同角度进行分类，也要研究分类系统如二级分类和三级分类等。从主要养分配合上可分为腐植酸与磷素单独结合的腐植酸与磷肥，腐植酸与氮、磷、钾三元素结合的腐植酸磷复肥，腐植酸与磷素及微量元素结合的腐植酸磷微肥等。现在介绍几种较常用的分类如下。

①从资源角度可分为泥炭腐植酸磷肥、褐煤腐植酸磷肥、风化煤腐植酸磷肥。

②从腐植酸与磷肥结合上可分为腐植酸过磷酸钙、腐植酸重过磷酸钙、腐植酸磷酸氢钙、腐植酸钙镁磷肥、腐植酸钢渣磷肥、腐植酸磷矿粉肥、腐植酸磷石膏肥等。

③从腐植酸与氮、磷、钾肥结合上可分为腐植酸复合肥、氨化腐植酸磷肥、硝基腐植酸磷肥、腐植酸磷肥。

④从腐植酸磷肥的生产工艺和施用方式上可分为腐植酸类复合肥料、腐植酸类掺混肥料、液体腐植酸磷肥和含磷腐植酸叶面肥等。

⑤从养分释放速率快慢可分为腐植酸缓释磷肥、腐植酸长效磷肥和腐植酸速效磷肥等。

⑥从腐植酸土壤改良剂方面可分为腐植酸有机磷肥、泥炭土腐植酸土壤改良剂、风化煤腐植酸土壤改良剂、褐煤腐植酸土壤改良剂、发酵型腐植酸土壤改良剂等。

⑦腐植酸与磷肥复合产品的分类主要有：缓释磷肥，磷酸氢钙中添加腐植酸，腐植酸盐促使磷中的部分水溶性磷转化为枸溶性磷，主要以缓效性复合物的形式存在，它可逆转为水溶性磷，从而提高了磷在土壤中的有效性；增效磷肥，枸溶性磷肥（钙镁磷肥、钢渣磷肥、脱氟磷肥等）及难溶性磷肥（磷矿粉）中添加适当纯化的 HA，与其反应能提高肥效和利用率，以增加速效磷的含量。

第五节　绿色环保型腐植酸磷肥的特点

一、腐植酸磷肥的作用机理

经过相关试验证明，腐植酸磷肥的作用机理是一个复杂的多种原因的综合效果，所谓多种条件的交互作用。在多种效应中，代换吸附起了主导的决定作用。这个主导的决定作用，不仅表现在它的直接解磷，而且诸如土壤微生物的作用，作物根系的作用，活性酸的作用等，都与代换吸附有着密切的关系。在一定意义上说，它对其他效应起着"杠杆"的作用。

当腐植酸磷肥施入土壤后，腐植酸、黏土、钙三者在形成微团聚体的过程中吸附了磷矿粉中的钙，代换了团聚体中的氢，从而释放了磷矿粉中的磷。同时由于腐植酸的介入，使土壤中的阴离子增加，在代换吸附过程中对阳离子如 Ca^{2+}、K^+、Na^+ 等形成正吸附，而对磷酸根这样的阴离子的吸附大于正吸附，从而抑制了磷的固定。

$$\boxed{腐、黏复合胶粒}\begin{matrix}H^+\\H^+\\H^+\\H^+\end{matrix}+Ca_3(PO_4)_2 \longrightarrow \boxed{胶粒}\begin{matrix}Ca^{2+}\\Ca^{2+}\end{matrix}+Ca(H_2PO_4)_2$$

这个代换吸附解磷的动力有三：一是来自腐植酸巨大的表面能（吸附性）和具有较高的阳离子代换量（一般可达 $200 \sim 500\text{mmol}/100\text{g}$ 土，甚至高达 $1000\text{mmol}/100\text{g}$ 土以上，比一般的黏土高 $50 \sim 100$ 倍），这是第一个向磷矿粉中的钙进攻的力量；二是腐植酸的一价盐具有水溶性，从而使磷矿粉与腐植酸的关系由固-固反应变为液-固反应，增强了反应速率；三是难溶中的可溶，即金属盐类的难溶易溶只是相对的，磷矿粉中总有少量会溶解在土壤溶液中，这从各种磷矿石中多少有一部分有效磷也可说明，从化学动力学角度看，这种难溶与微溶的动态平衡，被代换吸附打破之后，从而使平衡向不断产生有效磷的方向发展。这样从时间和空间上来说有效磷提高了。总之，前两个动力是主要的，第三个动力即磷矿粉先解离后再代换的情况无疑也是存在的。

另有几种学说前面已经谈及，在此进一步补充。

(1) 复分解学说　腐植酸与过磷酸钙或重钙中游离酸的反应式：

$$(RCOO)_2M + H_3PO_4 \Longrightarrow 2R{-}COOH + MHPO_4$$

式中，M 代表 Ca 离子、Mg 离子。该反应使水溶性磷被固定，变成枸溶性磷酸盐（$MHPO_4$）。

腐植酸与磷酸盐的反应式：

$$6R{-}COOH + Ca_3(PO_4)_2 \Longrightarrow 3(R{-}COO)_2Ca + 2H_2PO_4^- + 2H^+$$

$$2R{-}COOH + Ca(H_2PO_4)_2 \Longrightarrow (R{-}COO)_2Ca + 2H_2PO_4^- + 2H^+$$

$$2R{-}COONH_4 + CaHPO_4 \Longrightarrow (R{-}COO)_2Ca + (NH_4)_2HPO_4$$

$$R{-}COOK + Ca_3(PO_4)_2 \Longrightarrow$$

$$RCOOK \cdot Ca_3(PO_4)_2 （枸溶性有机{-}无机复合物）$$

这些反应表明，腐植酸对土壤中潜在的磷源有着活化作用，能使难溶性磷转化成可被作物吸收的磷。

(2) 代换吸附学说 代换吸附学说认为，将腐植酸与磷矿混合，发现解磷甚少，而土壤中却解磷显著，认为是在土壤条件下，腐植酸、黏土、钙形成团聚体的过程中，吸附了钙，代换了氢（同上理论）。

(3) 络合物学说 由于腐植酸中存在羧基、酚羟基等活性官能团，因此它有可能与其他物质作用形成络合物（或螯合物）。主要有两种观点：第一种是 HA-金属（M)-磷酸盐（P）络合物。此观点认为，腐殖质对磷酸盐的溶解作用是由于形成了 HA-M-P 络合物，M 可以是 Fe、Al、Mn 等金属元素。但形成的络合物是否对生物有效，大家争论不一，初步推断形成的络合物是否对生物有效可能跟作物的种类和金属元素有关。另一种是 HA-P 络合物。此观点认为，在腐植酸的存在下，磷灰石的溶解度增大，认为是形成 P-HA 络合物的缘故。对作物有效但跟土壤 pH 有关。

二、几种效应

在多种效果中，络合效应占着比较主要的地位。分析如下：磷矿粉为磷酸钙（或氟磷酸钙）的粉末，难溶于水，尤其对于贵州石灰质硬水使其更难溶解，它溶于水有下列电离式：

$$Ca_3(PO_4)_2 \Longrightarrow 3Ca^{2+} + 2\,PO_4^{3-}$$

硬水中 [Ca^{2+}] 过大，使溶解液平衡向生成 $Ca_3(PO_4)_2$ 的方向转移，土壤中的可用 PO_4^{3-} 浓度大幅度下降，致使磷矿粉几乎无肥效。而腐植酸中的羧基、酚羟基等活性官能团与磷酸盐络合形成了 HA-M-P 络合物，促进了磷酸盐的溶解。

腐植酸铵（或钠）是一种腐植酸有机盐类，在水中溶解度很大，它又是强电解质，溶于水即电离出腐植酸根阴离子。

(1) 电离

（2）络合或螯合 腐植酸根是一种比 EOTA 络合能力稍差的络合剂，能与多种重金属、碱土金属离子发生螯合反应，从而把 Ca^{2+} 控制住，即：

$$Ca_3(PO_4)_2 \Longrightarrow 2PO_4^{3-} + 3Ca^{2+}$$

络合反应生成五元环和六元环，较稳定的共轭体系，使土壤中 $[Ca^{2+}]$ 浓度大大下降，此时溶解平衡受到破坏，$[Ca^{2+}]^3[PO_4^{3-}]^2 < K_{sp}$。

磷矿粉为达到 $[Ca^{2+}]^3[PO_4^{3-}]^2 = K_{sp}$，只好用溶解 $Ca_3(PO_4)_2$ 的办法，增加 $[PO_4^{3-}]$ 及 $[Ca^{2+}]$ 的浓度来达到新的溶解平衡，当在新的条件下（有腐植酸根存在）达到新的平衡时，$[Ca^{2+}]^3[PO_4^{3-}]^2 = K_{sp}$，此时 $[PO_4^{3-}]$ 就大大地增加了，使磷矿石中的磷得以活化，这就可以解释碱性介质中腐植酸类肥料能够解磷的原因。

（3）酸效应的结果 在生成腐植酸时，腐植酸本身的酸性基团没有用完，它溶解在水中仍然电离出少量的 H^+ 与磷矿粉作用，使磷酸钙变为一部分磷酸氢钙而溶解。

（4）碳酸的作用 本法生产腐铵肥，不采用氨水氨化，而改用 NH_4HCO_3 来发生酸和盐的复分解反应实现氨化，使产品质量较优、效果较好的原因是复分解反应产生大量的 CO_2 气体，从而在肥料中有潜在浓度较大的碳酸，已知碳酸的第一级电离常数 $K_1(H_2CO_3) = 4.2 \times 10^{-7}$，而磷酸的第三级电离常数，即 $HPO_4^{2-} \Longrightarrow H^+ + PO_4^{3-}$，$K_3(H_3PO_4) = 2 \times 10^{-13}$，两者相差 6 个数量级，即碳酸的酸性比 HPO_4^{2-} 为强，能发生如下化学作用，使磷矿溶解：

$$2H_2CO_3 + Ca_3(PO_4)_2 \Longrightarrow Ca(HCO_3)_2 + 2CaHPO_4$$

磷矿石溶解的结果，对磷的活化增强了。

总之，腐植酸是高分子有机酸，它在酸性、中性及碱性介质中均能将磷矿粉部分溶解，使磷得以活化。活化过程以络合效应占主要优势，其他效应较复杂，众说纷纭。各种活化因素交互作用，使有效磷在土壤中的浓度达到可观数值，产生实际意义，活化磷在 10% 左右。

还需要进一步了解腐植酸在各种不同的土壤和植物中，作物对磷的吸收，磷的转化和磷肥利用率的影响，以期生产出一种经济合理的腐植酸磷肥料。

综上所述，表明腐植酸对磷的转化有促进作用，不仅可以提高磷肥利用率，提高了磷的有效性，还起到磷的增效作用。

三、腐植酸提高磷素利用率的作用

腐植酸与化学肥料结合制成的复合肥，实际上是一类延长了肥效的缓释肥。其主要机理是利用了腐植酸多种活性基团和强的表面活性对化学元素的络合功能、螯合功能和吸附功能，使 N、P、K 等元素不易流失，延长了供给，从而提高了养分由土壤进入植物的数量。曾通过腐植酸复合肥肥效试验证明了：添加了腐植酸盐的有机-无机肥料与单纯化肥复混相比，氮素、钾素损失少，磷素固定量小，活化了土壤养分，使 N、P、K 等营养以络合态逐渐释放，稳、匀、足、适地供给作物营养需要，从而提高了化肥利用率。

综合国内外研究结果，腐植酸磷肥（HA-P）的增效作用主要有以下几个方面。①抑制土壤对水溶性磷的固定，提高磷肥利用率。据报道，在水溶性磷肥中添加各种原料的 HA 均能抑制土壤对磷的固定，添加 NHA-NH$_4$（硝基腐铵）到磷铵中，可使磷的固定率减少 6.6%～44.9%；过磷酸钙中添加 NHA，可使磷的利用率提高 8.7%～20.4%。②减缓速效磷向迟缓态磷、无效态磷的转化进程。施入不同来源的腐植酸产品 10d 后，土壤中的磷酸一钙比对照多保留10%～20%、磷酸二钙多 2.7%～25%、磷酸三钙减少 0.9%～7%。③增加磷在土壤中的移动距离。在磷铵中添加 HA-NH$_4$ 等，可使磷往土壤中垂直移动距离由原来的 3～4cm 增加到 6～8cm；不添加 HA，磷在土壤中垂直移动距离为 2～3cm，添加 HA 可以达到 4～6cm，增加近 1 倍，有助于作物根系吸收。④促进根系对磷的有效吸收。腐植酸对根系发育的刺激作用是大量试验研究的共同结论，试验证实，小麦培育中使用磷铵加 HA-NH$_4$，地上部分的吸磷量增加了 39.8%～50.8%。⑤提高磷的肥效。试验证明，与施用等量 P 的普钙相比，添加腐植酸类物质的粮食作物一般可增产 10%～29%。

张树清等研究了风化煤腐植酸对氮、磷、钾的吸附和解吸特性，结果表明：在各种 pH 条件下，随着初始处理浓度的增加，腐植酸对氮、磷、钾的吸附量和解吸量均呈上升趋势，解吸率均呈下降趋势。在相同的初始处理浓度下，随着 pH（在 4～8 范围内，7 除外）的升高，腐植酸对氮的吸附量、解吸量和解吸率逐渐增加。当 pH 为 8 时，腐植酸对氮的吸附量、解吸量和解吸率均达最高，分别为 11.8mg/g、2.59mg/g、58.9%；而腐植酸对磷的吸附和解吸随着 pH 的升高均呈下降趋势。当 pH 为 4 时，在磷的各种初始处理浓度下，腐植酸对磷的吸附量、解吸量和解吸率均达最高，分别为 4.5mg/g、1.08mg/g、37.9%；而腐植酸对钾的吸附和解吸作用在中性条件下最易进行，其次是弱酸性条件或弱碱性条件下，当 pH 为 7 时，腐植酸对钾的吸附量、解吸量高达 8.50mg/g、1.95mg/g。腐植酸对氮、磷、钾的吸附与解吸功能反映了腐植酸对氮、磷、钾化肥都具有保蓄和缓释的作用。

王国旗等人也系统地研究了腐植酸的养分增效作用与机理，结果表明：风化煤中的腐植酸能显著提高砂土的保水保肥能力，减少养分淋失，适宜用量为 100g/kg；与等养分的无机复合肥相比，施用腐植酸复合肥的小麦 N、P 利用率分别提高了 18.5％和 11.1％，小麦 N、P、K 含量较高，生物产量提高 6.05％；他们进行的室内模拟试验表明，在投入养分相等的条件下，施肥 2h 后，不同处理土壤渗出液的养分含量存在显著差异。无机复合肥处理的 N、P 浓度分别为 45.0mg/L 和 36mg/L；腐植酸复合肥处理的 N、P 浓度分别为 27.3mg/L 和 24.5mg/L。无机复合肥的 N、P 释放速率分别是腐植酸复合肥的 1.65 倍、1.47 倍，前两周无机肥的 N、P 释放速率高于腐植酸复合肥，而后的养分释放趋势正好相反。进一步观察测定复合肥颗粒水稳性发现，无机复合肥在水中浸泡 0.5h，颗粒完全分散，而腐植酸复合肥颗粒的水稳极限高达 140h。由此可见，腐植酸与化肥中 N、P 元素络合后，较好地保持了颗粒的水稳性，使养分释放过程得到了有效控制，克服了化肥暴、猛、短的不良供肥特性，延长了养分的供应期。这进一步解释了腐植酸复合肥的 N、P 利用率比无机复合肥高。试验结果与生产上腐植酸复合肥后劲充足的表现相吻合。

四、腐植酸类磷肥的增产作用

江苏省南通绿色肥料研究所王为民总结了他们的包裹型腐植酸长效尿素（UHA）与缓释腐植酸有机复合肥（SRCF）的肥效试验，经过 5 年 5 地对 8 种作物进行的田间试验结果表明，这两个腐植酸类肥料产品对化肥有明显的增效作用。从 1996～2001 年，他们在江苏、山西、安徽、河南、河北等地，分别在大麦、小麦、水稻、玉米、棉花、油菜、番茄、黄瓜等作物上进行了试验。试验承担单位有中科院在各地的试验站和地方省市的土肥所等。试验方法：等重量试验与等氮量试验。UHA 含氮量 37％～38％，与含 46％的尿素做等重量试验；SRCF 氮磷钾总养分含量分别为 20％、33％，分别与无机复混肥含量为 25％、45％做等重量试验。UHA 肥效实验共 116 个点（组）次。统计结果表明，与尿素对比，施 UHA 增产概率为 97.4％，其中 UHA 增产效果在 5％以上的增产概率为 87.1％，增产达显著水平以上的为 70.7％。UHA 与尿素等重量试验 78组，UHA 比尿素平均增产 8.7％。UHA 与尿素等氮量试验共 38 组，UHA 比尿素平均增产 10.8％。氮素利用率试验由中科院南京土壤所、山西省农科院土肥所、南通市绿色肥料研究所、海门市土肥站承担，对 7 种作物 24 个点次UHA 氮素利用率进行测定，平均利用率 UHA 比尿素高 10.4 个百分点。SRCF肥试验由江苏省土肥站组织布置，江苏省有关市、县土肥站及南通市绿色肥料研究所等单位承担。38 个田间试验点次统计（均为等重量试验）SRCF 比普通复混肥平均增产 12.8%。利用率试验为 6 个点次，SRCF 比普通复混肥氮素利用率平均高 11.9 个百分点，磷素利用率平均高 8.7 个百分点，钾素利用率平均高14.9 个百分点。

腐植酸复合肥的增产效果显著。笔者通过玉米施用腐植酸复合肥试验证明，施用腐植酸复合肥的处理比施用纯化肥的底肥加追肥的处理增产 14.8%；施用腐植酸复合肥的处理比施用纯化肥只作底肥的处理增产 53%；施用腐植酸复合肥的处理比不施肥的空白对照增产 115.6%。通过试验证明了腐植酸复合肥可以一季作物一次施肥，而且随着玉米的生长，肥效增强，越到中后期越有劲，在玉米生长的关键期肥效得以充分发挥，实现了玉米的高产稳产。

笔者通过大豆施用不同腐植酸与磷肥叠加试验证明，风化煤加磷肥和泥炭加磷肥的处理增产幅度是最大的，分别是 40.57%、34.47%，达到极显著水平。在施磷的处理中，添加辅料的处理比单施磷肥的增产幅度大 10.85%～24.76%，这表明在施磷肥的基础上增施风化煤、泥炭是促进大豆产量提高的主要原因。而单施风化煤和泥炭的处理也表现出比磷肥处理较高的增产幅度，达 33.52%、31.05%，说明土壤中的磷能够完全满足当季大豆的吸收利用。

通过大量试验研究得出，在施了腐植酸磷肥后，能使作物增产的主要原因如下。

① 能使种子提早出苗，且提高种子的发芽率，出苗齐全。腐植酸磷肥的施用可使小麦、胡麻、马铃薯提前出苗 2～4d，使小麦的出苗数比单施磷肥增加7.4%；使小麦分蘖期根重增加 21.9%。

② 减少土壤对磷的固定。经田间土壤速测证实，小麦播种时施入腐植酸磷肥，到抽穗期，土壤速效磷含量比施等量磷区多 25%。这与腐植酸吸附和交换了过磷酸钙和土壤中的钙离子而减少了磷的固定有关。

③ 促进对磷的吸收，提高对磷肥的利用率。^{32}P 示踪试验证实，马铃薯施以腐植酸磷肥，其吸磷量比单施磷肥多 10.5%。其中，对肥料磷多吸收了 44%，对土壤磷多吸收了 7%。小麦植株养分速测也有一致的结果。

④ 促进生育，减轻病虫害，有利稳产。马铃薯施以腐植酸磷肥，使植株干物质重量，特别是块茎的干重在终花期前的增长速度显著加快，使块茎与块茎干重平衡期明显提前，大大促进了生长中心由茎叶向块茎的转移。这种促进块茎前期生长速度的作用，对于容易贪青徒长、后期滋生病害的马铃薯来说，是夺取稳产、高产的重要措施之一。在麦秆蝇常年发生地或一般地区的麦秆蝇大发生年，小麦施以腐植酸磷肥可明显提前抽穗，显著地降低麦秆蝇的危害率，进而起到减轻药剂防治负担，增产增收的作用。

⑤ 促进物质运转，提高干物质的有效利用率。研究中，马铃薯块茎干物质来源中，由茎叶中积累的可塑性物质在终花后向块茎转移部分平均占块茎总量的

10.5%。而施以腐植酸磷肥时，使这部分占到 16%，足见促进物质转移之效。成熟期，马铃薯块茎茎叶比一般为 3.3～3.6，干物质有效利用率为 77%～78%，施以腐植酸磷肥则分别提高 4.2% 和 80%，显著地促进光合产物向块茎转移，对提高经济产量来说也是重要原因之一。

总之，腐植酸磷肥的肥效及其对磷肥的增效作用是可以肯定的。其增产增效作用的大小取决于肥料的质量及施用条件。建议在发展腐植酸磷肥时，应该强调因地制宜、实事求是的原则，在腐植酸磷肥资源丰富的地方，若大力提倡煤肥（泥炭）和过磷酸钙混合堆腐，集中施于低、中肥力土壤，定可起到增产、增效、增收的作用。

五、腐植酸类磷肥提高农产品品质的作用

马铃薯对氮、磷、钾的需求量因栽培地区、产量水平及品种等因素而略有差异。根据资料，在一般情况下，每生产 1t 鲜薯需氮（N）4.4～5.5kg，磷（P_2O_5）1.8～2.2kg，钾（K_2O）7.9～10.2kg，氮：磷：钾大致为 2.5：1：5。可见，马铃薯是典型的喜钾作物。为了论证腐植酸对氮、磷、钾化肥的增效作用，何建平等通过试验研究了腐植酸液体肥对马铃薯产量和品质的影响，他们的田间试验表明：腐植酸肥可使马铃薯叶片多酚氧化酶和过氧化氢酶的活性较对照分别提高 130.8%、137.85%、107.2% 和 109.0%，马铃薯增产 37.1%～44.1%，小薯块比例由 22.6% 降至 1.5%，淀粉提高 18.9%～25.2%，抗坏血酸提高 68.8%～69.1%；市售叶面肥使马铃薯叶片多酚氧化酶和过氧化氢酶活性较对照分别提高 20.0%～22.6% 和 7.90%～8.33%，马铃薯增产 3.87%～4.66%，小薯块比例由 22.6% 降至 20.4%，淀粉提高 5.03%～6.92%，抗坏血酸提高 15.6%～18.2%，腐植酸液体肥表现出显著的增产和改善品质的作用。以上用液体肥马铃薯上的试验，说明腐植酸同样能够延缓钾肥的释放，减少养分的损失，提高钾肥的肥效。

于志民等做了腐植酸钾对栽培五味子果实品质影响试验，结果表明：腐植酸钾处理和硫酸钾＋磷酸二氢钾处理相比，五味子植株钾素含量差异不显著，相比对照处理钾素含量差异极显著。五味子果实在腐植酸钾处理和硫酸钾＋磷酸二氢钾处理下相比对照果实中各种有效成分含量明显增加，并且腐植酸钾处理效果好于硫酸钾＋磷酸二氢钾处理，对栽培五味子果实品质有明显的改善作用。

笔者进行了绿豆施用腐植酸与磷酸氢钙的组合试验，通过对绿豆的千粒重进行分析，不同处理绿豆的千粒重测定结果在 56.46～65.68g 间浮动。与单施磷酸氢钙相比，腐植酸与磷酸氢钙的组合绿豆千粒重较大。由此说明由于养分供应充足，对千粒重造成重要影响，适应了作物需求养分的最佳时期，达到了腐植酸与磷肥互作的最佳效应，有利于绿豆籽粒的形成，与对产量的影响较为一致。

六、腐植酸类磷肥的环保作用

环境保护有两种方式，即主动保护与被动保护。腐植酸类磷肥是发展绿色食品的前提，绿色食品开发是将保护环境与发展经济有机结合的主动环保的典范，它将环境作为一种生产要素加以培育和利用，通过产品载体进入市场，实现其价值。绿色食品生产避免或最大限度地限制化学合成肥料、化学农药、植物生长调节剂等的使用；大量使用有机肥、复合肥、生物肥等。这样就可以避免大量的农药、磷肥等有害物质残留于土壤中，可防止土壤板结，减轻土壤中有机质的退化程度，保护生态环境和资源。同时，开发绿色食品必须对原料产地的水、土、气等环境要素进行监测，根据监测结果，采取有效的防治措施，以保证其原料产地的环境质量。按规定要求，绿色食品生产基地及周围环境，不准产生新的污染源；即使有少量不可避免的老污染源，也必须进行"三废"治理。我国自20世纪50年代施用磷肥以来，储存累计在土壤中难溶态磷高达60000kt，超过目前全国磷肥10年消费量的总和。开发活化这部分被固定的磷素资源，将对我国农业发展具有重大的现实意义。腐植酸土壤改良剂就是很好的土壤磷素活化剂。

磷肥过量使用和使用不当造成了土壤污染和水体富营养，含磷化合物的使用与排放严重破坏了磷的自然循环和社会代谢，造成环境污染，其中水圈与生物圈受磷的影响最为明显。磷对水体富营养化起关键作用。我国主要河流和海域的水质情况不容乐观，如珠江广州河段、长江、黄河、渤海和东海等水体中总磷污染均已严重超过国家标准。在我国自然水体的各种污染物中，磷污染已排名榜首。我国主要湖泊处于因磷污染而导致富营养化的占湖泊的56%。其中，磷是导致水体富营养化的主要控制因子。水体富营养化会造成水中藻类等水生生物大量地生长繁殖，水体中有机物积蓄，破坏水生生态平衡，造成水体感官性能变差、自净能力减弱、水质下降、供水成本提高和湖泊沼泽化，影响食物链，使人类、动物、家畜等中毒死亡等等。减少磷对环境影响的途径：科学制定磷肥用量，特别是控制磷肥不适当的高用量；磷肥必须施入土中并和土壤均匀混合；尽量提高磷肥利用率，减少累积；磷肥与腐植酸合理结合。

第六节　腐植酸磷土壤改良剂的种类与作用

为保持和提高土壤肥力，国内外大量试验研究资料和农业生产实践结果证明，推广应用腐植酸土壤改良剂，尤其是腐植酸磷土壤改良剂是防治土壤质量下降和污染，提高土壤肥力水平的有效农业技术措施。腐植酸磷土壤改良剂从分类上也应属于腐植酸类肥料。提出重视发展腐植酸类肥料，也是遵循现代化农业——持续农业的新趋势。

一、腐植酸磷土壤活化剂

目前，已进行研究的磷素活化剂主要有以下几种类型：第一是酸性有机物质，如低分子量有机酸（柠檬酸、酒石酸等），高分子有机酸（腐植酸、木质素等）；第二是活体生物类，如解磷菌、VAM菌等；第三是复杂有机物质，如有机肥、造纸造糖等工矿有机废弃物等；第四是激素类，如ABT生根粉，一些生长类激素；第五是高表面积与高表面活性物质，如沸石粉、粉煤灰等；第六是络合物类，如EDTA。此外，人们也曾对无机酸进行过研究，但由于其对土壤的毒害作用而没有大量应用。

1980年以前，对于提高磷素活性的研究就有报道，但多集中在国外，国内研究相对较少，且研究重点在磷和其他营养元素（氮、钾、锌、硫、锰、硅）的平衡施肥方面。早在20世纪50年代，国外就有人研究有机酸与阴离子养分的竞争吸附作用。Negarajah（1968）等研究了有机酸和磷在三水铝石、针铁矿表面的竞争吸附与解吸，发现有机酸的存在能减少土壤对磷的吸附。进入20世纪70年代，日本等国开始了对腐植酸的研究，Adhikari（1971）曾在去掉有机质的土壤中加入腐植酸，发现增加了土壤中有效磷的含量。日本1979年就已批准硝基腐植酸磷肥作为国家法定的肥料品种；苏联的乌兹别克也曾用$15\%\sim17\%$的腐植酸铵与过磷酸钙或重钙混合制造颗粒肥料。此外，人们还曾在磷肥中添加茜素衍生物、邻-联苯二酚衍生物、亚异丁基二脲等有机物制成缓效磷肥，取得了一定的成效，但由于成本及技术等原因，未能广泛应用。

以前的人们往往是针对无意中发现的现象进行研究，而真正的磷素活化剂的研究则起始于20世纪80年代。1984年，前苏联和东欧国家开始磷细菌剂和真菌剂的研究，施用在土壤上能明显促进土壤中残余磷的释放，提高植物对磷的吸收。有研究发现，FYM和植物残体（小麦秸秆、玉米秸秆等）等有机肥能大大提高磷肥利用率，增产效果显著，而且有机肥＋磷矿粉施用于土壤，其效果甚至优于过磷酸钙和钙镁磷肥。

试验证实，沸石能提高磷肥利用率，培肥土壤，增加肥效，沸石不同饱和离子交换体如H-沸石、Na-沸石、K-沸石、NH_4-沸石等活化磷矿粉的效果都较好，其中以NH_4-沸石的效果最佳。有研究发现，生长在石灰性土壤上的白羽扇豆，缺磷时能分泌大量的柠檬酸；在酸性缺磷土壤上，木豆和萝卜的根系能分泌大量的番石榴酸、甲氧苄基石酸和酒石酸。即：缺磷胁迫条件下，植物具有自我调节作用，这对于后来提出的以低分子量有机酸作为磷素活化剂具有重要的现实指导意义。

随着农业的发展，人们环保意识的提高，已有越来越多的人投入到磷素活化剂的研究工作中，研究强度逐渐加大，范围也愈见广泛。以前的研究主要是强调某种磷素活化剂能活化土壤中的磷素，而现在的研究则强调在不同条件下，同种活化剂的不同类型或者不同量对土壤磷的活化作用及其为什么会发生这种作用。

(1) 影响因素的研究 研究证明，风化煤、泥炭、膨润土等腐植酸类物质都具有很强的释磷效果，但三者的作用强度不同，风化煤＞膨润土＞泥炭。有机肥在不同的土壤水分状况下能分解出不同种类和数量的有机酸，它们对不同形态磷的活化作用不同，一般而言，活性效果分别为猪粪＞稻草＞纤维素。腐植酸类肥料在温度大于 18℃时施用效果较好，高于 38℃时应停止施用或减少施用次数及用量。Parker 等的研究发现，柠檬酸在 pH7 以下、草酸在 pH6 以下、苹果酸在 pH4 以下才能与 Fe^{3+} 形成稳定的络合物，起到较好的活化作用。不同有机酸对石灰性土壤磷活化能力的大小为草酸≥柠檬酸＞苹果酸＞酒石酸；而对于酸性土壤则为柠檬酸＞草酸＞酒石酸＞苹果酸。P. Bhatmcharyya 等的研究发现，几种不同的磷活化剂的协同作用可以使它们在较低的水平下便能产生较高的活化效果。

(2) 作用机理的研究 生物磷素活化剂是利用微生物分泌的有机酸，一方面降低土壤 pH，另一方面与土壤中被固定的磷素形成可溶的络合物或螯合物，从而提高磷的有效性。真菌类物质可以通过与作物共生，相对延伸根系的吸收面积，来达到增大根系吸收能力、促进磷活化、提高磷肥利用率的目的。NH_4-沸石由于结构内部多空洞和孔道，具有较强的离子交换和吸附功能。有机肥的腐解产物——糖类和纤维素掩盖了黏土矿物的吸附点位。膨润土与磷矿石混合接触，在一定的水分和温度条件下，磷矿粉中的钙离子被代换吸附填充在膨润土的晶层间隙，使其周围出现一个低钙环境，促进磷素的吸收。腐植酸结构上带有—OH、—COOH、—CHO 等活性基团，可影响土壤的理化性质，提高微生物的活性，刺激作物根系的发育，促进对磷的吸收。

(3) 新物质的利用 废液资源化是治理污染行之有效的途径，目前的研究发现，木浆造纸黑液能有效地活化磷矿粉。Prosenjit Roy 等把有机肥＋磷细菌剂按一定的比例配合施用，效果比单施更明显，其中以玉米秸秆＋解磷菌 *Bacillus polymyxa* 效果最佳。有研究认为，许多植物的根系细胞壁中存在着与磷溶解有关的活性物质，落花生在低磷条件下能够比高粱等植物生长得更好正是这种活性物质作用的结果。粉煤灰对不同性质土壤中的磷也具有明显的活化作用，有效磷的提高率为 13.59%～22.51%。一些微量元素也能影响磷的有效性，玄武岩砖红壤中的铁、锰便与磷关系密切，在还原条件下，锰对磷的固定作用大，而硅可促进磷的释放。刘世亮等的研究结果表明，ABT 生根粉浸种能显著增加小麦的根量和植株吸磷量，显著提高作物对磷肥的利用率，但对土壤全量磷无明显影响。有机磷素活化剂（造纸废液提取物）对磷矿石有很好的活化效果，有结果表明，将有机磷素活化剂＋磷矿石配合施用在柚树上，其各个生育期的养分状况比单施过磷酸钙和钙镁磷肥的效果好，可代替钙镁磷肥施用。将高分子有机化合物与磷矿粉混合制成的活性磷矿粉，在种植甘蔗的新垦砖红壤和种植大白菜的砖红壤以及种植花生的水旱轮作熟化砖红壤上施用，其肥效至少与过磷酸钙相当。甘肃农业大学李亚娟等的研究发现，一种经过改性后的高表面活性矿物对磷矿粉也有明显的效果。

二、腐植酸磷土壤活化剂作用效果

1. 改善土壤理化性质

施用有机肥料能增加土壤中的有机胶体，把土壤颗粒胶结起来，变成稳定的团粒结构，改善了土壤的物理、化学和生物特性，提高土壤保水、保肥和透气性能，为植物生长创造良好的土壤环境。粉煤灰含有许多未完全燃烧的碳和对作物有益的元素，可以明显地改善土壤的理化性质，促进土壤微生物活性。有机酸能通过微生物的作用，消除土壤板结，促进团粒结构的恢复，提高土壤的肥力及可持续性，还能够活化土壤中的微量元素，缓解 Al 的毒害。

2. 提高磷肥利用率

盆栽试验显示，在等养分量的条件下，加入添加剂的改性磷肥的肥效都较过磷酸钙有较大幅度的增加。在每克土中加入 $10\mu mol$、$20\mu mol$、$50\mu mol$ 的柠檬酸培养一段时间后，灰壤、淋溶土和氧化土中有效磷的含量明显提高，甚至在培养 90d 后对土壤磷的活化作用仍十分显著。有机肥对磷酸铁的活化率可高达 30%。与其他肥料相比，腐植酸类肥料兼具了无机肥料的速效性和有机肥料的持久性的特点，且投资少，收效快，活化磷能达 10% 左右。

磷素有效性主要取决于土壤中无机磷的形态，因而提高磷肥利用率的一个根本措施就是促进土壤中磷素由难溶态转变为易溶态。

第五章

腐植酸磷（复）肥的生产技术

由于腐植酸类物质的来源不同，结构性质复杂，加工工艺、施用方法不同，其效果也不尽相同，所以腐植酸对土壤的改良作用、对化肥的增效作用、刺激作物生长发育、增强作物抗逆性能、改善农产品的品质等作用不是在任何条件下都会产生的。必须根据原料特点，采用相应的加工方式，并根据土壤与作物特点，采用适宜的实施方法，配合其他农业技术措施，才能使腐植酸的增产效果充分发挥出来。

第一节　腐植酸磷肥产业化的条件

一、对腐植酸与磷素叠加增效作用理论的肯定

磷是植物生长所必需的主要元素之一，施用磷肥已成为确保作物增产必不可少的重要措施，但由于土壤对磷的固定，磷肥的当季利用率较低。如何提高磷肥的利用率和肥效，是当今化肥和农学界竞相研究的热点和难点。专家认为，如能研制出减少或不被土壤固定的长效高效磷肥，将是具有划时代意义的贡献。

腐植酸类肥料是一种广泛适应我国土壤的好肥料，它兼具了无机肥料的速效性和有机肥料的持久性两大优点，且投资少，收效快，适合我国广大农村农户使用，本肥仍具有改良土壤，缓冲土壤的 pH，使农作物在更适宜的酸度环境中生长。农田实践证明：它能使大面积盐碱地增产增收，提高农户的经济收入，尤以腐植酸复合肥料（腐植酸铵磷）效果最佳。

腐植酸类肥料的解磷问题，国内外争论较大，有一部分人认为腐植酸为有机弱酸，在中性或碱性介质中根本是无法解磷的，因而一言以蔽之，从而使这种肥料的推广使用受到限制。数年来的研究发现，腐植酸铵肥（或腐植酸钠肥）不论

酸性、中性或碱性，均能对磷矿石发生解磷，使其转化为浓度较高的活化有效磷，有利于植物的吸收利用，因而是一项有意义的研究。中国腐植酸工业协会坚持奉行"高扬绿色，关注民生"的宗旨，全面推动"腐植酸是关怀人类新产业"的发展，用科学发展观统筹各项工作，以"循环经济"为理念，以"绿色环保"为主题，以"盘活资源"为主战场，以"科技开发"为突破口，以"产品创新"为着力点，以"重点产业"为支撑点，以"市场化"为前提，用"跳跃式"的发展模式，通过凝聚全行业力量，全面提升了腐植酸产业的整体水平。主要表现在：各地煤炭腐植酸资源得到有效利用和保护，生物（化）腐植酸开发呈现多元化，各产业门类不断扩大，中、小企业迅猛发展，专业产品开发层出不穷，市场空间不断拓展，产、学、研结合更加紧密，绿色环保产业特色更加凸显，全行业整体实力大为增强。

二、腐植酸磷肥生产的条件准备及工艺路线

腐植酸对磷肥作用的研究，国外已进行多年，中国也进行了这方面的研究，结果表明，不添加腐植酸，磷在土壤中垂直移动距离为 $3\sim4cm$，添加腐植酸可以增加到 $6\sim8cm$，增加近一倍，有助于作物根系吸收。腐植酸对磷矿的分解有明显的效果，并且在对速效磷的保护作用和减少土壤对速效磷的固定上以及促进作物根部对磷的吸收，提高磷肥的利用吸收率均有极高的价值。腐植酸磷肥的加工生产工艺流程大致为：原料选配→配料混合→造粒→冷却筛选→计量封口→成品入库。

原则上不同来源的腐植酸——风化煤、褐煤、泥炭都可用来生产腐植酸磷肥。但从应用效果来看，活性高的年轻煤和经化学改性如硝酸氧化的煤效果好。至今对原料腐植酸的质量指标还没有统一的标准可循。一般原煤腐植酸含量＞40％（泥炭除外），灰分不太高，酸性官能团含量能满足氨化等改性的要求，就可以对原煤直接氨化，所以腐铵水溶性腐植酸含量最低大于15％以上，一般在20％以上。腐植酸与速效磷肥的复合工艺，主张采用氨化改性后再与磷肥混合。若原煤直接氨化达不到要求或原煤腐植酸偏低，官能团含量不能满足反应要求时，需经氧化活化如制成硝基腐植酸（NHA）再行氨化，效果会更好。

腐植酸与磷肥复合前的改性路线见图5-1。

选择哪种工艺路线要根据原煤的质量性能来决定，通常需预先对所选原料煤请专业科研院所进行初步的技术性能评估。评估指标包括水分、灰分、游离腐植酸、CEC、—COOH 等。经过改性可以使氨化产物远不能满足要求，氨态氮由2.86％增加到5.47％。

与磷肥复合前腐植酸也可考虑制成腐钠或腐钾等水溶性腐植酸盐，腐钠中的 Na^+ 对农业应用而言不是最佳选择。而腐钾从性能和制备工艺而言更适合同磷肥复合加工，美中不足的是，由于腐钾成本太高，一般是腐铵的 $5\sim6$ 倍，从而

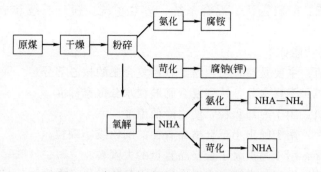

图 5-1　腐植酸与磷肥复合前的改性路线

限制了它的实际应用。

　　腐植酸磷肥的工艺路线一般主张采用原料煤或将原料煤先经氧解活化后再行氨化改性，而后再与磷肥混合，经造粒成型、干燥等加工成终端产品（HA-P）。工艺路线见图 5-2。

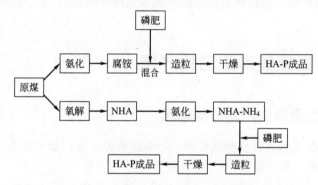

图 5-2　腐植酸磷肥生产工艺路线图

　　腐植酸与磷肥的比例，目前还没有统一的标准可循，根据国内外的试验结果，一般要求产品内腐植酸（总 HA 或游离 HA）含量在 5％～10％为宜。目前，腐植酸类复混肥（含 HA-N、P、K 及 HA 与 N 或 P 或 K 构成的品种）还没有统一的国家标准或行业（专业）标准，具体标准由企业来制定。

　　以磷酸二铵为例，目前，国内生产工艺基本上是反应、造粒、干燥均在同一体系内完成，腐植酸和二铵的进一步加工只能在二铵成粒后，腐植酸（如需氧化则要先预氧化）氨化或苛化后进行。原料煤成本在 100 元/t 左右，如对腐植酸先行氧解，则 NHA 原材料成本大约为 500 元/t，硝基腐铵的原材料成本大约为800 元/t，大大提高了煤的附加值。

三、腐植酸磷肥生产的基本设备

　　腐植酸磷肥一般的生产线成套设备主要由发酵系统、干燥系统、除臭除尘系统、粉碎系统、配料系统、混合系统、造粒系统、筛分系统和成品包装系统组成。

各机器的功能如下。

① 造粒机：主要是造颗粒，这是颗粒复合肥的核心部分。

② 干燥机：干燥水分，达到复合肥颗粒水分国家标准。

③ 冷却机：用于冷却颗粒，使之降低温度。

④ 细粉筛：用于筛出小于合格品直径的细粉或小颗粒。

⑤ 粗粉筛：用于筛出大于合格品直径的大颗粒。

⑥ 成品筛：用于二次筛出小于合格品直径的细粉或小颗粒，只剩下合格品。

⑦ 所有皮带：均是运送物料所用。

⑧ 破粒机：把粗粉筛筛下的大颗粒破碎成粉状或细小颗粒。

⑨ 物料秤：称取各物料进入系统的多少，是养分控制的关键。

⑩ 包裹机：主要是在颗粒外层包裹防结块物质，如防结块粉粒、油等。

⑪ 各种提升机：把物料从低处提高到所要高度的机器。

第二节 腐植酸磷肥的生产技术

一、以泥炭为原料生产腐植酸磷肥

泥炭含有较高的有机质和腐植酸，在我国资源丰富，价格低廉，它是良好的生物有机肥原料。泥炭在自然状态下水分含量一般在 50%～80%，甚至有的竟达 90% 以上。泥炭开采出来以后，置于阳光和空气中暴露，进行一段时间的风干后，除去了部分水分，但仍然会含有一定量的水分。所以泥炭的特性之一就是水分含量高，这就给泥炭的处理增加了困难。鉴于这一点，泥炭在开采后应风干一段时间以减少其水分含量。通常在加工肥料时，由于干基泥炭经过风干处理，所以含水量比较低，小于 10%，而湿基泥炭中水分含量较高，达到 50% 以上。所以在工业化时应尽量采用干基泥炭，以利于生产。

1. 制造方法

以泥炭为原料的腐植酸制作腐植酸磷复肥，首先要对泥炭中的腐植酸进行硝化。硝基腐植酸是腐植酸经硝酸氧解生成的含羧基、酚羟基、硝基等基团的复杂芳香族大分子体系。与煤中原生腐植酸相比，硝基腐植酸在组成结构上更接近于土壤腐植酸，具有更高的化学、生理活性和优良的胶体化学性质，在工农业领域有着广阔的应用前景。硝酸氧解法是利用硝酸本身在氧化-还原过程中生成的新生态氧使煤氧化、硝化、分解，反应极其复杂。在氧解过程中必须控制氧解条件及时间，才可能最大量地提高硝基腐植酸的产率。

利用提取出来的硝基腐植酸制作复混肥，其生产方法，主要就是一个物理混合配制过程，原料之间也会伴有少量的化学反应，但反应数量甚微。把含有腐植酸的泥炭，以及含有氮磷钾的无机化肥，按照生产需要，配成一定比例，然后磨碎，进行充分的混合，以使各种原料比较均匀地混合在一起。有时原料水分高，磨碎过程有困难，则工艺上需进行干燥，然后再磨碎混合。当混配结束后，还要把粉状成品造粒，在造粒过程中再加水使其有点黏性，造粒之后选取大小合适的粒子作为成品。由于造粒前加水，粒状产品水分含量较高，还要再进行一次干燥，当粒状产品水分含量达到工艺指标时，即作为成品包装出厂。

2. 生产流程

泥炭为原料的腐植酸复混肥的生产流程如图 5-3 所示。生产过程中，原料干燥、尾气处理，粉尘回收等工序和设备都比较简单，不再介绍。生产所需的四种原料主要有：泥炭<20 目（含腐植酸>20％，水分<30％）；尿素<20 目；氯化钾或硫酸钾<20 目；普钙<40 目［含有效磷（P）12％～18％，水分<8％］。四种原料分别经过粉碎机粉碎，通过计量器，按配比要求匀速地落在同一皮带机上，送入混合器混合均匀。混合的物料，连续送入圆盘造粒机，同时喷水，在盘上滚动黏结成粒，借离心力从盘下侧溢出，流入回转干燥器，遇 400～500℃ 的烟道气，并流旋转而下，并被干燥到含水分小于 5％。冷却后的物料经振动筛，一般用双层筛网，不能过筛的过大颗粒，重新粉碎返回造粒机；通过的部分落入

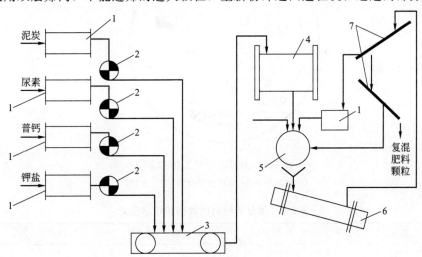

图 5-3　泥炭为原料的腐植酸复混肥生产示意图

1—粉碎机；2—计量器；3—皮带输送机；4—混合器；
5—圆盘造粒机；6—回转干燥器；7—振动筛

第二层振动筛；第二层筛筛出物过细也应重新返回造粒机；留在筛面上的就是合格的成品，颗粒状的腐植酸复混肥料。它的组成随原料配比而定，例如牌号为12-10-3-4 的产品，就表示其中含 N 12％、P_2O_5 10％、K_2O 3％、腐植酸 4％。

3. 工艺要求

(1) 造粒 圆盘造粒机在制造颗粒肥料中是最常用的设备，可连续化生产，效率高，动力消耗和机械磨损小。

圆盘造粒机是一个带有周边的圆盘，围绕中轴做等速的回转运动，圆盘与水平面呈一定的倾角，通常为 48°～51°，可以根据生产的需要进行调节。盘边高约为直径的 1/5。有时在盘边外加一个可以上下滑动的套圈来调节盘边的高度。盘的转速可借变速电动机来调整。它的工作原理示意图见图 5-4。在圆盘按顺时针方向旋转时，物料从半月形料区的右上方进入。在造粒过程中，料球在离心力的作用下，不断翻滚，小的料球偏向盘的中部和右侧继续滚大，大的料球则滚向盘的左侧，并不断溢出，圆盘转速最好控制在使盘内物料都处于滚动而不是旋转状态，盘的倾角增大时，转速应相应加快，制成的球结实圆滑，但颗粒较小，若要求颗粒大些，可适当增加盘边高度。圆盘造粒机的规格和技术性能见表 5-1。

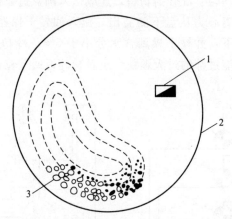

图 5-4　圆盘造粒机工作示意图
1—加料口；2—成球盘的圆盘；3—出料口

表 5-1　圆盘造粒机的规格和技术性能

指标	规　　格						
成球原盘直径/m	1.0	1.2	1.4	1.6	1.8	2.0	2.5
产量(干料)/t	1.3	1.8	2.6	3.5	4.6	6	10
盘边高/m	0.20	0.24	0.28	0.32	0.36	0.40	0.50
盘转速/(r/min)	29	25	22	19	17	15	12.5
电动机容量/kW	2.2	3	3	4	5.5	7.5	10

表 5-2 混合物料粒度对成粒的影响

编号	物料粒度目				混料水分/%	成粒温度/℃	成粒时间/min	成粒率/%	成粒含水量/%
	泥炭	尿素	普钙	氯化钾					
1	20～40	20 以上	20～40	20 以上	11.5	25.0	15.0	94.3	15.3
2	40 以上	20 以上	40 以上	20 以上	11.5	25.0	15.0	94.7	16.1
3	20 以上	20 以上	20 以上	20 以上	11.5	25.0	15.0	92.5	17.2

同前面一样，造粒操作的关键是控制水分，应使成球的含水量保持在14%～17%的范围内，成球率可高于90%。从表 5-2 和表 5-3 可以看出混合料粒度、不同含水量对成球的影响。因此，要获得满意的造粒效果，就必须根据混合物料的水分，及时调节喷水量和混料流量，掌握好成粒时间，提高成球率。

表 5-3 不同含水量对成粒的影响

编号	混料粒度目	混料水分/%	成粒时间/min	成粒外观	混料流量/(kg/min)	成粒水分/%	总成粒率/%	1～5mm/%	5～8mm/%	8～12mm/%	12mm以上/%
1	20 以上	9.3	10.0	差	41.6	11.0	65.9	6.8	48.2	10.9	0
2	20 以上	9.3	10.0	较差	41.6	12.2	76.9	5.5	55.1	16.3	0
3	20 以上	9.3	10.0	稍差	41.6	13.1	80.8	7.4	54.4	19.0	0.31
4	20 以上	9.3	10.0	较好	41.6	14.3	94.5	2.5	61.0	31.0	0.32
5	20 以上	9.3	10.0	最好	41.6	15.2	96.9	16.2	75.7	5.0	0.38
6	20 以上	9.3	10.0	好	41.6	17.0	98.8	2.0	52.9	43.9	0
7	20 以上	9.3	10.0	成粒大	41.6	19.2	80.1	1.0	47.6	31.5	18.7

(2) 干燥 肥料颗粒用回转圆筒干燥器干燥，这种干燥设备的主要部分是一卧式圆筒，略有倾斜，如图 5-5 所示。

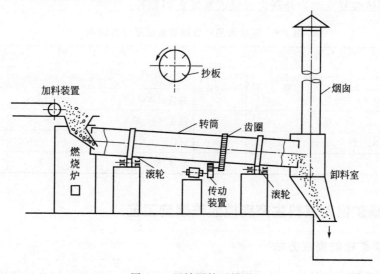

图 5-5 回转圆筒干燥器

圆筒的全部重量支承于滚轮，筒身被齿轮圈带动而回转，需要干燥的物料由较高的一端从料槽加入筒内，借圆筒的回转而不断地移动，由较低的末端排出，筒内壁设置许多与筒轴平行的条形板（称为抄板），其作用是翻动物料，使其易于干燥，并向前移动。由燃烧炉产生的烟道气作为载热体，也从回转圆筒高端进入，与被干燥物料并流接触，水分汽化而被带走，经尾部烟囱排放，已干燥的物料由转筒卸出，通往冷却器冷却。

回转圆筒是用钢板卷焊而成的。1台年产15000t颗粒肥料的干燥设备，选用了直径1.5m、长12m的回转圆筒，圆筒的倾斜角一般选为$2°\sim6°$；转速为$2\sim8r/min$。

(3) 消耗定额和质量标准 产品消耗定额见表5-4。

表5-4 泥炭为原料腐植酸复混肥消耗定额

项目	规 格	单位	消耗定额
1. 原材料			
草炭	$HA\geqslant20\%$，$H_2O\leqslant30\%$	kg	300
尿素	$N\geqslant46\%$，$H_2O\leqslant1\%$	kg	174
普钙	有效磷（以 P_2O_5 计）$\geqslant12\%$，$H_2O\leqslant15\%$	kg	667
氯化钾	$K_2O\geqslant58\%$，$H_2O\leqslant2\%$	kg	52
2. 动力			
燃料煤	16.7MJ/kg 以上	t	0.2
电	交流电 380V，220V	kW•h	96.6
水		t	2

表5-5 所列的质量标准适用于以草炭、尿素、普通过磷酸钙、钾盐等为原料制得的腐植酸复混肥，外观为黑色或灰黑色的颗粒。

表5-5 泥炭为原料腐植酸复混肥质量标准

项目	指标		项目	指标	
	1	2		1	2
氮含量/%	$\geqslant10$	$\geqslant9$	腐植酸含量/%	$\geqslant5$	$\geqslant5$
有效磷含量（以 P_2O_5 计）/%	$\geqslant10$	$\geqslant8$	强度/(kg/粒)	$\geqslant1$	$\geqslant1$
钾含量（以 K_2O 计）/%	$\geqslant5$	$\geqslant8$	pH	$5\sim6.5$	$5\sim6.5$
水分/%	$\leqslant6$	$\leqslant6$	粒度/mm	$1\sim4$	$1\sim3;1\sim6$

二、以磷矿粉为原料生产腐植酸铵磷肥工艺

1. 磷矿粉的提取方法

根据磷矿石的品位，采用不同的加工工艺。针对磷矿岩的地表风化矿，因其

品位比较高，采用擦洗脱泥工艺；对于二级品矿石可用擦洗、磨细脱泥、摇床分选工艺进行。但是最为常用的是浮选工艺，基本用于磷矿的各种品位。在磷矿石的浮选过程中，人们已经探索出许多种浮选方案，如正浮选、双反浮选、正-反浮选、反-正浮选、优先浮选和阶段浮选等。正浮选是抑制脉石矿物，将磷矿石富集于泡沫中。反浮选工艺是抑制磷矿石，将碳酸盐富集在浮选槽中。该工艺适用于磷矿物密集呈致密块状或条带状的矿石。由于各地磷矿石性质的差异，磷矿石的富集很难采用单一的正浮选或反浮选，而是采用正-反浮选和反-正浮选工艺流程。这两种工艺的目的都是通过除去硅酸盐矿物和碳酸盐矿物达到富集磷矿物的目的，只是浮选的先后顺序不同。对于硅钙型磷块岩矿石采用双反浮选工艺，即用磷酸为抑制剂浮选出碳酸盐，用铵盐浮选出硅酸盐，而产物为磷精矿。

2. 用磷矿粉制作腐植酸铵磷肥

通过以上工艺得到制作腐植酸铵磷肥所需的磷矿粉，再经过筛、计量，倒入烧锅中加热并不断搅拌，将内溶物转入氨化池中使其降温到 $30\sim50℃$ 时，加入碳酸氢铵，在不断搅拌下，加入 20% 的磷矿粉，搅匀后，堆沤 2d，让其熟化，即可农田使用。

生产中产生大量气泡，反应十分激烈，反应式如下：

$$R{-}\overset{\displaystyle |}{\underset{\displaystyle O}{C}}{-}OH + NH_4HCO_3 \Longrightarrow R{-}\overset{\displaystyle |}{\underset{\displaystyle O}{C}}{-}ONH_4 + H_2O + CO_2\uparrow$$

$$或\ R{-}OH + NH_4HCO_3 \Longrightarrow R{-}ONH_4 + H_2O + CO_2\uparrow$$

熟化 2d 后，取肥样少许进行分析化验，测定活化磷的含量，方法如下。

取磷矿粉肥样 10g 于表面皿中，放入烘箱 120℃烘干 0.5h，取出于研钵中磨细过筛。置于分析天平中称取肥料细粉 1g 于 100mL 容量瓶中，沿壁加入 2%柠檬酸溶液 50mL 在水浴中加热，提取 30min 并不断摇动，取出放冷以 2%柠檬酸稀释至刻度，摇匀，用干过滤器过滤于三角瓶中。

吸取滤液 5mL 于 250mL 烧杯中，加入 1∶1 HNO_3 10mL 用水稀释至约 100ml 加入喹钼柠酮试剂 50mL，不断搅拌，盖上表皿在 90℃以上的水浴中加热，将沉淀过滤，用蒸馏水洗至无酸性，将坩埚连沉淀物在 180℃烘箱中干燥 4~5min，取出冷却，移入干燥器中冷却 30min 称重，再称取磷矿粉按以上步骤做平行试验。活化磷百分率计算：

$$P_2O_5 = \frac{G_1\times0.03207}{G}\times100\%$$

式中　G——吸取试样溶液相当于试样的质量，g；

　　　G_1——磷钼酸喹啉沉淀的质量，g。

实验结果如下。

① 磷矿粉单独存在时，枸溶活化磷 $P_2O_5 = 2.6\%$。

② 磷矿粉与腐植酸铵共存时，活化磷 $P_2O_5 = 9.4\%$，约增加活化率 6.8%（此为中性解磷）。

③ 磷矿粉与腐植酸钠共存时，活化磷 $P_2O_5 = 9.3\%$，约增加活化率 6.7%（此为碱性解磷）。

从上述试验可以看出，腐植酸铵（或钠）使 P_2O_5 活化率增加 $6\% \sim 7\%$，这个数字是有经济意义的，因为农作物在吸收磷后，土壤中的溶液为重新达到动态平衡，又将析出有效磷，使其含量达到 9.4% 的数值，从而使矿粉不断溶解，源源不断地供作物利用。

三、以骨粉为原料生产腐植酸铵磷肥工艺

1. 生产设备

(1) 反应器 普通水缸若干只，缸的下半部埋入土中，缸间保持一定的距离，以便操作。瓦缸加木盖，盖上开孔，以便插入漏斗和搅拌器。也可用水泥与砖砌成搅拌池，池内壁抹 1cm 厚的耐酸水泥。

(2) 搅拌器 在木棒上装 2~3 层木板（木质越坚硬越好），装入缸内，操作时，手持木棒，用力而小心地上下搅动。因木质搅拌器易被硫酸腐蚀，用后立即用水冲洗。

2. 骨粉磷肥生产过程

(1) 原料用量 脱胶骨粉 100kg，52°Bé、含量 65% 的硫酸 70kg。

(2) 畜骨脱胶法 将骨料放在大铁锅内，用 1% 浓度的氢氧化钠溶液（即 100kg 水加 1kg 氢氧化钠配成）浸没，熬煮 4h，弃去碱水，用清水把骨料冲洗 2 次，再用净水把骨料蒸煮 2 次，每次 4h。放出骨汁（可用来提炼骨油和骨胶），取出骨料，置于洁净、通风处干燥，用粉碎机或石磨粉碎，过 100 目筛。

(3) 配硫酸溶液 若硫酸比较浓，需用水稀释。稀释的时候，应将水先倒入缸内，然后慢慢沿壁加入硫酸，边加边搅拌。

(4) 搅拌 料温降至 85℃ 时，盖上木盖，架好漏斗和搅拌器，一面迅速加入称好的骨粉，一面搅拌。每次装料以半缸（池）为宜，搅拌 4~6min 后停止，打开盖子，让骨料自行酸解 2~4h。

(5) 熟化 将酸解后的物料铲出，碾细，堆在干燥通风处 10~15d，让其熟化。当分解率达 90%、含游离酸 5% 以下时，按每 100kg 骨料加 5kg 滑石粉中和，放置 2d 后即得骨粉磷肥。

3. 腐植酸铵磷肥生产

(1) 制造原理 在以风化煤或褐煤和骨粉为原料生产腐植酸复混肥料时，先

用硫酸与风化煤中的腐植酸钙（包括黄腐酸钙）进行酸化反应，生成游离腐植酸和溶解度很小的硫酸钙；并与骨粉作用，生成磷酸和硫酸钙。再以碳酸氢铵（碳铵）中和新生的磷酸和腐植酸以及少量过剩的硫酸。经过这两步反应，生成了有肥效的腐铵、磷铵（磷酸二铵、磷酸一铵）、少量硫铵及无肥效的硫酸钙，并含有风化煤中原有的灰分等。再按养分需要，补充氮（如硝酸铵）和钾（如氯化钾），共同混合造粒。

（2）生产流程 风化煤为原料的腐植酸复混肥的生产流程如图 5-6 所示。将风化煤、骨粉和硫酸，按产品需要进行配比，经计量后一起加入酸化器，搅拌混合起酸化反应。酸化的物料送至氨化器，加入与所用硫酸等当量的碳酸氢铵进行氨化，氨化后的物料，经圆盘混合器，按配方要求，补充经粉碎过筛达 30 目的硝酸铵和氯化钾，充分混合后，用输送器匀速地送入圆盘造粒机加水造粒，由造粒机溢出的湿的颗粒肥料，直接送到回转干燥器，用烟道气干燥，出口物料经振动筛筛分，过大颗粒经粉碎机粉碎和过细粉末均重返造粒机造粒；粒度合格的产品包装入库。

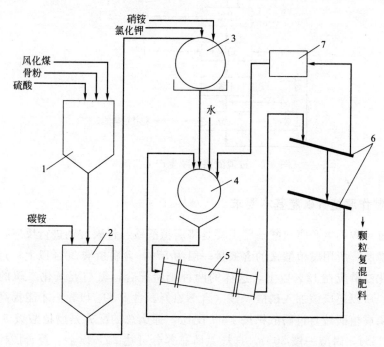

图 5-6 骨粉为原料的腐植酸磷肥的生产示意图

1—酸化器；2—氨化器；3—圆盘混合器；4—圆盘造粒机；
5—回转干燥器；6—振动筛；7—粉碎机

工艺要点：原料风化煤的腐植酸（黄腐酸）含量应大于 3%，水分小于 30%，粒度小于 30 目。骨粉中 P_2O_5 含量为 27%～32%，粒度为 80～100 目。

其余与以泥炭为原料的复混肥工艺要点基本相同，不再重复。

四、用过磷酸钙生产腐植酸磷肥工艺

过磷酸钙也称普钙，是世界上最早生产的磷肥。一般是用62%～67%硫酸与磷矿粉充分反应，熟化1～2周后，干燥、磨碎、过筛取得成品。

1. 过磷酸钙连续生产工艺流程

过磷酸钙干法工艺一般分成五个主要工序：原料准备、混合化成、熟化中和、含氟气体吸收、造粒与干燥。目前工业大多采用连续生产。如图5-7所示。

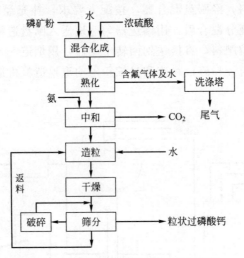

图5-7 过磷酸钙连续生产工艺流程图

2. 制作腐植酸磷肥基本要求

用过磷酸钙生产腐植酸磷肥主要是将腐植酸铵与过磷酸钙进行反应，生成腐植酸铵磷肥。所用腐植酸铵的含氮量一般为5%，含腐植酸30%以上；过磷酸钙含五氧化二磷应在12%以上，这样的两种肥料配合，氮与五氧化二磷的总养分量偏低，所以还应该加入磷酸一铵（含N11%，含$P_2O_5$44%）才能提高总养分量。如果腐植酸铵与过磷酸钙按1:1配比，那么总的配方是腐植酸铵35%，过磷酸钙35%，磷酸一铵30%，这样氮磷总养分可达20%以上，符合国标二元素复混肥的标准。将腐植酸铵、过磷酸钙、磷酸一铵充分混合后一起粉碎成粉状，并须熟化1周后再进行造粒。

3. 造粒

采用圆盘造粒机造粒。造粒操作的关键是控制水分，应使成球的含水量保持在 14％～17％的范围内，成球率可高于 90％，含水量若大于 17％，成球率就将下降到 80％以下，而且球粒过大，会加大后处理的难度。必须根据混合物料的水分，及时调节喷水量和混料流量，掌握好成粒时间，提高成球率。

以过磷酸钙为材料做成的腐植酸磷肥产品的理化性质如下，外观为黑灰色颗粒，主要成分是水溶性的磷酸钙和腐植酸铵，还有石膏（$CaSO_4$）及少量的硫酸铁、铝等，有效 P_2O_5：16％～17％；N：4％～5％。

所产腐植酸磷肥改变了普钙的特性，不含游离酸，不易结块，防止了普钙中磷酸的退化作用，从而保持了磷的有效性，提高了磷的利用率。

五、用钙镁磷肥生产腐植酸磷肥的工艺

1. 腐植酸钠溶液的合成

将风化煤（粒度 20 目，腐植酸含量大于 40％）与液碱按一定比例反应即得腐植酸钠溶液，该溶液含腐植酸钠（干基）为 2％，作为钙镁磷肥造粒的黏合剂，在反应中应控制不形成胶体才利于造粒。

2. 腐植酸钙镁磷肥的造粒

粒度要求 80％过 80 目的筛子，钙镁磷肥和腐植酸钠溶液以 20：3 的比例，将两者混合均匀，在实验室造粒，烘干，得到颗粒钙镁磷肥，肥料颗粒强度为每粒 19.70N 左右。

另外，用腐植酸钠溶液作黏合剂可以推广到复合肥的生产中，使复合肥增加两个特点，第一使复合肥增加了有机肥料成分，复合肥的质量提高了；第二使复合肥的崩解性提高，有利于农作物对各养分的吸收，提高肥效。

3. 腐植酸钠溶液作为黏合剂与其他黏合剂的比较

用腐植酸钠溶液作为黏合剂，生产颗粒腐植酸钙镁磷肥，经用 Dialog 系统世界专利数据库进行联机检索，结果为零，说明本方法具有一定的新颖性。生产颗粒钙镁磷肥除用腐植酸钠溶液作为黏合剂外，还有其他方法，这里只作简要说明。硫酸盐系列黏合剂，有几种硫酸盐均具有较好的黏合性，优点是生产出的粒肥强度好，崩解性好，有的放入水中十几秒即崩解完，使粒肥保持钙镁磷肥的本色。缺点是加入量较多，一般要添加到钙镁磷肥的 4％，强度才好，使 P_2O_5 含量降低 0.8％，成本也较高。应对硫酸盐进行改性，减少用量，才能取得较好的效果。膨润土，又名斑脱岩，主要成分为蒙脱石，是一种可塑性很强的黏土。在钙镁磷肥中加入 10％的膨润土，颗粒钙镁磷肥的强度、崩解性都好，但加入量较大，有效磷降低较多，如在钙镁磷肥中添加磷酸或重钙，可考虑用膨润土作为黏合剂。

六、以生化腐植酸为原料生产腐植酸磷肥

该肥外观为黑褐色疏松粒状物，可与氮、钾肥料复合生成多功能高效复合肥料这种新型肥料，克服了传统有机肥和颗粒肥在干燥加工过程中因高温成型造成的缺陷，保持了腐植酸原有的活性，最大限度地保留了有益菌的数量，使肥效和土壤改良功能得到充分发挥，是一种环境友好型高分子有机肥。该肥具有的特点：能够为作物提供充足的养分，刺激农作物生理代谢，促进作物生长发育；能够提高氮肥的利用率，促进作物根系对磷的吸收，使钾缓慢分解；能够改良土壤结构，提高土壤保肥水能力，能够增强作物的抗逆性，减少病虫害；能够改善作物品质，促进各种养分向果实、籽粒输送，使农产品质量好，营养高。

生化腐植酸是一种有机肥，其成分和功效均有突出的优点。近年来，随着环保意识的增强和绿色食品、有机食品的发展，包括生化腐植酸在内的绿色环保肥备受关注。在国家和地方科技立项和企业新产品开发中，生化腐植酸成为一个活跃的前沿。

常规微生物发酵生产腐植酸以固体发酵和液体深层发酵为主，在实际的微生物工业生产中，选择固体发酵工艺还是液体发酵工艺，取决于所选用的菌种、原料、设备、所需产品和技术等，比较两种工艺中哪种的可行性和经济效益高，则采取哪一种。

（1）固体发酵　固体发酵是微生物在没有或几乎没有游离水的固体的湿培养基上的发酵过程（见图 5-8）。固体发酵具有易干燥、低能耗、高回收、可把发酵物包括菌体及其代谢产物和底物全部利用的特点，既保留了活性成分，又没有废液污染之忧。

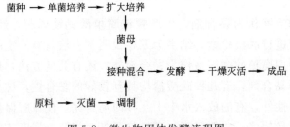

图 5-8　微生物固体发酵流程图

（2）液体深层发酵　液体深层发酵是指发酵的介质为液体的发酵过程，有分批发酵和连续发酵两种。发酵具体的环境条件是：良好的物理环境，有发酵的温度、pH、溶氧量等；合适的化学环境，生长代谢所需的各种营养物质的适宜浓度，并降低各种阻碍生长代谢的有害物质的浓度。

液体发酵一般工艺流程见图 5-9。

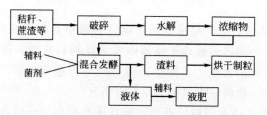

图 5-9　水解发酵法制取生化腐植酸示意图

七、氨化腐植酸磷肥的生产工艺

腐植酸铵磷肥的生产，是将腐植酸原料与磷肥复合后再进行氨化。具体操作是先将风化煤和过磷酸钙混合，再根据风化煤的性质分以下两种情况进行氨化。在氨化的过程中，一方面可以将腐植酸氨化，生成部分水溶性腐植酸，另一方面，又使部分氨化过的过磷酸钙生成磷酸铵或磷酸氢铵以及枸溶性的磷酸氢钙，该方法既减少了氮的损失，提高有效氮的含量，同时产物本身就成为腐植酸铵磷肥。

1. 直接氨化法

腐植酸铵磷肥是将原料煤粉与碳酸氢铵、过磷酸钙混合堆沤而成的。

（1）基本原理　原料煤与磷肥复合后与氨作用，氨即被煤物质吸附，包括物理吸附和化学吸附或反应，即用铵根离子置换腐植酸中的羧基和部分羟基中的氢离子，形成腐植酸的铵盐。游离腐植酸可用氨水直接氨化，而高钙镁腐植酸宜用碳化氨水或碳酸氢铵通过复分解反应制取腐植酸铵，而腐植酸中的钙离子、镁离子则与碳酸根离子生成碳酸钙和碳酸镁或碱式碳酸镁沉淀下来。

（2）工艺过程及操作步骤　直接氨化法的大致步骤为：原料煤经干燥、粉碎、与磷肥复合、氨化、熟化，得到产品，即将粒度≤20mm、水分≥30％的原料煤干燥到水分≤15％，再粉碎到过 60 目筛，然后把原料平摊在水泥地板上，边加氨水边拌匀，在搅拌机中喷洒浓度为 15％ 的氨水，一般控制氨水：煤≈1∶2（质量比），混合均匀，用手抓可成团，掉在地上即散开为度。装袋密封，存放 3～5d 即得产品。氨水的用量要适当，氨水不足，生成的腐植酸铵少，氨水太多，造成氨的挥发损失，水太多，产品物理性不好。加氨水量主要是根据原料中的腐植酸含量来计算的。可用下面的简单方法决定氨水用量。分别称取 20g 原料分 4 份，放于 4 个杯中，然后按原料重的 1/6、1/8、1/10、1/12 加入氨水量，边加边搅匀，加完后再加少量水使原料达到饱和水状态，搅匀后立即盖严。0.5h 后用酸碱指示剂测定各杯的 pH，其中 pH 8～9 的即为适当的氨水用量，在大量制造时即按此比例加氨水。

没有氨水时可用相当于 15％ 氨水的 70％～75％ 的碳铵来代替，如需氨水 100kg，用 70～75kg 碳铵即可，先将碳铵用 3～4 倍水溶化后再与原料粉拌匀堆沤。

(3) 工艺要点

① 氨的加入量是影响产品质量的关键。为避免盲目性，最好事先测定原料煤的吸氨量，在一个密闭的玻璃干燥器中放入煤粉和氨水，使煤粉饱和吸附氨，然后测定煤中铵态氮的含量。实际生产时一般应按吸氨量的 80％ 喷入氨水，搅拌反应能够结束后，物料 pH 应在 7.5 左右为宜。

② 氨化过程是弱酸和弱碱的反应，而且还有相当部分的物理吸附氨，因此，氨化时不许加热，氨化后也不可干燥，以防止氨损失。至少 3d 的熟化过程是必不可少的，为的是使氨尽可能向煤的微孔内部扩散，提高其吸附稳定性。即使这样，打开密封袋后仍会有部分氨挥发。因此，打开包装后应尽快使用。

③ 反应物料水分应控制在 35％ 左右，水分太高即成糊状，水分太少则影响反应性，影响水溶性腐植酸的生成量和氨的吸收量。

④ 氨化器最好是双绞龙犁刀式搅拌机，上部装有氨水喷头。如大量生产，应螺旋推进，串联两个氨化器，后一个在不喷氨水的情况下继续混合，使固-液分配更为均匀。尾部应装收尘器和氨吸收器。全部过程应该密闭操作。

2. 复分解法

对高钙镁风化煤来说，不能用氨水直接氨化，而用碳酸氢铵或碳化氨水。碳化氨水是碳铵生产厂的中间产品，适合于在碳铵厂生产，而商品碳铵是一般厂家生产腐植酸铵的理想原料。

工艺过程及操作步骤：用高钙镁风化煤和磷肥复合与碳化氨水生产腐植酸铵肥的工艺基本与直接氨化法一样，只是氨化反应在 80～90℃ 下进行 3～4h。该法除需要足够的铵离子以外，还要随时调整碳化度（向氨水中通二氧化碳），以保证有足够的碳酸根离子与煤中的钙离子、镁离子结合生成沉淀。该反应也要在密闭情况下进行。

八、三元腐植酸磷复肥的生产工艺

以腐煤型腐殖质矿为主要原料配以氮磷钾等营养元素，采用团粒法生产工艺生产。生产过程分为原料预处理、混合造粒、干燥、成品包装及环境保护等工段，是一条合理的生产路线。

生产方法的选择原则：选用本行业的先进、可靠的工艺技术和设备；降低工程投资，减少环境污染。

1. 工艺流程

经过预处理（活化、中和、粉碎等）后的基础原料由一台或多台斗式提升机将其分别送到各自的料斗中，用电子配料秤按配料要求计量各原料，分别加入混料机，混匀后卸入斗式提升机进料口，提升至原料储斗，由给料机均匀加入造粒机，在黏结剂的作用下粒化成粒。粒化温度应控制在60℃。

造粒机自动卸出的湿物料经皮带输送机送入回转干燥机进料口，与来自热风炉的热炉气并流进入干燥机，进入干燥机的热炉气温度控制在130～230℃。物料在干燥机内停留10～25min，出干燥机物料温度为60～75℃，尾气温度为60～85℃。

干燥机卸出的物料经斗式提升机进入筛分系统，大于4.75mm的大颗粒经破碎与小于1mm的颗粒细料返回混料斗式提升机进入造粒系统，1～4.75mm的合格颗粒经管道进入回转冷却机与来自尾部的冷空气逆流接触换热，温度降至40℃以下进入调理机，进行防结块、防吸湿处理。进入成品料仓，经定量电子秤计量包装成成品。

干燥机和回转冷却机排出的尾气，经气固分离设备除尘后，尾气进入洗涤系统，用洗涤水进一步除去固体尘粒及有害气体，经引风机送入烟囱放空。含有肥料组分的废水回收利用。

2. 物料消耗定额表

三元腐植酸磷复肥消耗定额见表 5-6 与表 5-7。

表 5-6 每吨有机复合肥消耗定额表

序号	名称及规格	单位	消耗定额
1	尿素	t	0.217
2	重过磷酸钙	t	0.25
3	氯化钾	t	0.088
4	煤质腐殖质矿	t	0.395
5	造粒剂	t	0.05
6	电	度	20
7	一次水	t	0.14
8	包装袋	条	20

表 5-7 有机复合肥年消耗量统计表

序号	名称及规格	单位	消耗定额
1	尿素	万吨	1.736
2	重过磷酸钙	万吨	2.0
3	氯化钾	万吨	0.704
4	煤质腐殖质矿	万吨	3.16
5	造粒剂	万吨	0.4
6	电	万度	160
7	一次水	万吨	1.12
8	包装袋	万条	160
9	煤	万吨	0.36

3. 主要设备的选择

年产 8 万吨腐植酸有机复合肥项目的主要设备的选择原则，根据国内复混肥设备制造水平和复混肥生产企业使用情况，单条年产 8 万吨复混肥生产线是比较经济的规模。年产 8 万吨复混肥生产线的主要设备，选择国内技术水平高，制造能力强，行业内使用多的厂家的产品。

本项目主要设备见设备一览表（见表 5-8）。

表 5-8　腐植酸有机复合肥生产设备一览表

编号	设备名称	规格型号	数量
1	电子计量秤		7
2	立式链式破碎机	$\phi1000mm$	1
3	转鼓造粒机	$\phi2.0m\times8m$	1
4	回转干燥机	$\phi2.6m\times26m$	1
5	回转冷却机	$\phi2.2m\times22m$	1
6	分级筛	$\phi2m\times6m$	1
		$\phi2\times4m$	
7	胶带输送机	$B=800mm$	6
8	斗式提升机	HL500	2
9	风机	F12#12#16#6#	4
10	电子计量自动缝包机	双秤	1
11	储斗		3
12	热风炉	自动链条炉	1
13	粉尘处理系统		全套
14	防结块处理系统	$\phi1.6m\times6m$	全套
15	尿熔设备		全套
16	4t 锅炉	D2L4-1.0-A II	1

4. 自动化水平

（1）生产控制方案　本生产过程分为原料预处理、混合造粒、干燥、成品包装及环保等工段。自控技术方案主要包括原料配料、成品包装工段；混合造粒、干燥工段采用现场仪就地指示。

（2）主要仪表选择　温度仪表：需要集中检测的工艺参数的温度传感器主要使用 RTD. Pt100 热阻和 K 分度号的热电偶。就地指示的温度仪表选用双金属温度计。

压力仪表：烟道气、熔溶尿液等腐蚀性介质的压力测量，就地指示采用隔膜压力表，集中指示采用隔膜压力变送器。一般介质采用不锈钢压力表或普通压力变送器进行测量。

流量仪表：气体流量的测量采用托巴管流量计或阿纽巴流量计。

水流量的测量采用威力巴流量计。原料计量、成品复混肥计量采用电子秤计量。

九、有机-无机腐植酸磷复肥的生产工艺

1. 产品与国内外同类产品的比较

近年来，在全球绿色环保和生态可持续发展战略的推动下，美国、西欧、澳大利亚、日本、韩国、俄罗斯等国家和地区已把腐植酸复混肥料产品作为长效环保肥料的重要成员，并且在数量、品种、功效方面有所扩大和创新。因苦于原料缺乏，有的国家一直靠我国进口腐植酸原料和半成品，但由于产品价格高于我国同类产品，所以一直未能占领我国市场，我国从一年一度的"全国绿色环保肥料新技术产品交流会"的情况可以看出，我国腐植酸复混肥料的产品数量、品种有所增加，技术含量和创新也有所提高，产品组成从单一到多功能复合，应用领域涵盖了粮食、蔬菜、果木、药材、牧草、食用菌类等等。但由于部分生产厂家把劣质煤粉和矸石充当腐植酸掺入肥料中的欺诈行为，甚至粗制滥造，标识和内在养分质量出现较大差异，坑农事件不断发生，据国家技术质量监督局的抽查结果在网上报道，有近60％的产品出现不合格，极大地影响了同类产品的市场信誉。多数生产厂家对腐植酸原料不按工艺进行氨化处理，而是简单掺与肥料中进行生产，并不能起到腐植酸应有的优势和效果。因此，为在肥料市场确立地位，做到为市场提供环境友好型肥料，必须按照严格的工艺过程完成肥料的制作。

2. 腐植酸有机-无机磷复肥圆盘造粒生产工艺

腐植酸有机-无机磷复肥的生产工艺主要采取团粒法造粒工艺，团粒法造粒工艺是将有机、无机原料按配方粉碎成粉末状，将粉末状的干质混合料加水或添加具有高分散度微粒的黏土或高岭土等有助于产生黏结力的物质，借助肥料盐类的液相使之黏聚，再借助于外力使黏结的颗粒产生运动，相互间挤压、滚动使其紧密成型。然后这些颗粒经过干燥、冷却和过筛，尺寸大的颗粒经过粉碎，较细的颗粒返回造粒机重新造粒。合格的产品通过传送机输送包装入库。该工艺是目前我国颗粒状复混肥的主要生产工艺，也是国际上较普遍采用的一种生产工艺，在造粒工艺，建议采用圆盘造粒工艺（见图5-10），其技术成熟，质量可靠。腐植酸有机-无机复混肥产品要严格按照生产工艺生产，氮磷钾养分的配比可经专家测土配方形成多种腐植酸有机-无机磷复肥产品。

团粒法造粒工艺的关键技术，一是干燥系统，采取先进的电子仪器控制滚筒

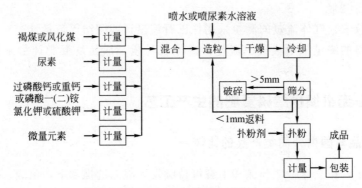

图 5-10　腐植酸有机-无机磷复肥圆盘造粒生产工艺流程图

的干燥湿度达到工艺要求；二是圆盘造粒系统，采取先进的根据液相工艺进行自动喷雾；三是严格控制各种原料配混性技术，防止原料间经过化学反应产生拮抗作用和养分退化作用，可设计各种原料配混图，对不可配混、有限配混、可配混及能逸出气体、发生退化的原料进行合理配混。

3. 腐植酸生物有机-无机磷复肥挤压造粒生产工艺

该工艺主要采纳了以下技术：微生物菌剂生产的生物工程技术；腐植酸生物活化发酵技术；作物专用肥测土配方施肥技术；高养分生物、有机-无机复混肥常温挤压造粒生产技术。制成高效腐植酸生物有机-无机磷复肥的生产工艺和技术路线如下。

(1) 工艺流程　采集腐植酸原料→加工、精选、粉碎→微生物菌剂的培养与发酵→化学肥料配比、粉碎→各种原料配比、搅拌→挤压成粒→包装。

① 为了提高成品肥料中有机质的含量和使腐植酸达到一定的比例，配料中N、P、K基础肥料必须用较高浓度的化肥，如：尿素、磷铵、重钙、氯化钾、硫酸钾等，按不同的需求进行配比和粉碎。

② 风化煤腐植酸原料必须经过精选、晒干、除杂、粉碎和过筛等工艺，使之成为均匀的、细度合乎要求的粉状物。

③ 有机物除用煤炭腐植酸外，还需添加食品工业废料或糠渣等，这些原料主要用于微生物菌剂发酵，所以必须有机质含量高，并有蛋白质等营养成分，必须经过精选、晒干、除杂、粉碎和过筛等工艺，使之成为均匀的、细度合乎要求的粉状物。

④ 微生物菌剂的培养与发酵制作。菌剂引自正规微生物生产企业，是有芽孢和荚膜的革兰氏阳性大型杆菌等类型，微生物发酵工序主要是在发酵罐内进行的，发酵需带有搅拌装置和通气装置，以便于氧气的补充和混合均匀，氧气的补充是用压缩机通入空气发酵罐，成品干燥，然后与有机物料混

合均匀。

⑤ 计量配料。按总量计量合格，主要有效成分进行配比，干燥剂与黏结剂用石膏、膨润土、树脂吸水剂等，充分地搅拌均匀。

(2) 专用肥料配方设计 腐植酸生物有机-无机磷复肥是根据不同的作物特性和土壤特点进行科学配方设计生产的专用肥料。它适宜特定的作物，其肥效及其肥料利用率最高，是农业科学施肥、配方施肥的新成果。

腐植酸生物有机-无机专用磷复肥的生产，很关键的技术问题是肥料配方的设计，这与其他复合肥的生产一样，配方是工厂生产的依据。由于农作物的种类千千万万，土壤的情况更是千差万别，因此，要因地制宜，因时制宜，因不同作物而配制出不同的复合肥来，必须要对配方的基本方法、生产的基本规律有所研究。

专用肥料配方设计采用目标产量法等方法。如：

$$施肥量＝[(目标产量－地力产量)×作物单位产量养分吸收量]/$$
$$[肥料中有效养分含量(\%)×肥料利用率(\%)]$$

配方设计和计算方法从略。

(3) 挤压造粒 由于有生物菌肥的加入和有机质在高温下会有较大的挥发损失，四维复混肥不使用烘干造粒法（团粒法），而采用挤压法造粒。该法是将物料直接挤压成成品的造粒过程，在外力作用下，使粉状物料被强行挤压而成粒，特别适用于热敏物料的造粒。挤压法可以看作是干料加蒸汽进行化学反应的造粒过程，其主要特点是降低能耗，简化工艺流程，由于产品始终保持干燥，因此可省去团粒法的干燥和冷却工序，避免氮损失，也不存在排放物污染环境的问题。挤压法具有以下优点。

① 流程短、占地少、投资省。其投资只有团粒法的 1/5 左右。

② 成条率高、无筛分、无返料。从成品单位养分成本分析，挤压法每一个养分低于团粒法 1.52 元。

③ 每吨成品售价相同时，每吨挤压法产品可多创收 20～26 元。

④ 挤压法最突出的特点是无"三废"处理工序和可实现无干燥流程。

⑤ 节能降耗，企业经济效益和社会效益均很好。

常用的设备有：辊碾挤压机、压块机、压片机和挤条机。如 9KJ-25B 型多功能颗粒机，出料温升仅 25～45℃。挤压设备可加工多种介质，包括各种所需的微量元素。用作挤压的原料介质非常广泛，可以是粒状、粉状或较好的晶体，可使有机肥占到总量的 25%～30%。

挤压造粒机中进行造粒的关键是控制进料水分，一般为 6%～8%，一定要将原料烘干、粉碎、分筛。物料在进入挤压机之前，最好能进行磁选，除去物料中夹带的铁屑等杂质，以免损坏机器。挤压法造粒同时进行热风吹干，产品在出料口进行包装。

十、腐植酸磷水溶肥料的生产技术

含腐植酸水溶肥料是以适合植物生长所需比例的矿物源腐植酸，添加适量的氮、磷、钾大量元素或铜、铁、锰、锌、硼等微量元素而制成的液体或固体水溶肥料，大多是以腐植酸或腐植酸钾、腐植酸铵、腐植酸钠等腐植酸盐为原料，通过与大量元素、微量元素混配生产成品肥料。水溶性腐植酸肥料是一种可以溶于水的多元复合肥料，溶解速度快，易被作物吸收，其吸收利用率相对较高，可以在灌溉时随着灌溉水施用，可结合滴灌、喷灌施肥，省时、省水、省肥，又减轻了劳动强度。

1. 腐植酸磷水溶肥料的作用机理

水溶肥料中的腐植酸具有改良土壤、对化肥增效和调节作物生长的作用，具体机理表现在以下几个方面。

(1) 含腐植酸水溶肥料可增加土壤中有机质的含量，能有效地改善土壤的水、肥、气、热状况，使土壤变得疏松肥沃。同时可以改善土壤的团粒结构，提高土壤阳离子交换能力，调节土壤 pH，提高土壤保墒能力，并使土壤保持良好的通气条件和温热状况，增强土壤的保肥供肥及缓冲能力，有利于养分的释放和保存，有利于耕作及作物根系的生长发育。

(2) 向土壤中施入含腐植酸水溶肥料后，可增强土壤的蓄水保水能力，在干旱情况下，可提高作物的抗旱能力，还可以提高土壤的孔隙度，使土壤变得疏松，改善根系的生态环境，影响土壤微生物。

(3) 腐植酸能产生吸附作用，减少氮的淋失和磷、钾的固定，从而提高了肥效。腐植酸与氮肥有机结合，可抑制硝化，减少氮肥损失以及由此造成的氮污染，提高氮肥利用率。腐植酸含有生理活性强的多种活性基团，能刺激植物生长，提高作物体内的酶活性，调节新陈代谢，提高根系活力，增强抗逆性能。

由于腐植酸还具有喷洒在叶面上能使叶面气孔缩小，水分蒸腾减少，农作物抗旱能力提高的作用，所以含腐植酸水溶肥料在农业上正获得越来越广泛的应用。可见，腐植酸在现代农业生产中起着重要的作用，肥料市场对含腐植酸水溶肥料的需求越来越多。

2. 腐植酸磷水溶肥料的生产技术

含腐植酸磷水溶肥料与传统的过磷酸钙、造粒复合肥等品种相比，具有明显的优势。常见的主要磷源原料有工业级磷酸一铵、工业级磷酸二铵、磷酸二氢钾、磷酸脲、聚磷酸铵。其主要特点是用量少，施用方便，施用成本低，作物吸收快，营养成分利用率极高。它是一种速效性肥料，可以完全溶解于水中，能被作物的根系和叶面直接吸收利用，采用水肥同施，以水带肥，它的有效吸收率高出普通化肥一倍多，而且肥效快，可解决高产作物快速生长期的营养需求。

常规掺混固体粉状腐植酸磷水溶肥的生产，通常包括物料破碎、筛分、计量、混合、包装等步骤，主要生产设备有破碎机、筛分机、输送机、混合机、包装机、计量秤、除湿和除尘设备等。颗粒状水溶性肥料生产与复合肥生产类似，包括计量、混合、造粒、包膜等。水溶性肥料生产过程中要注意混合的均匀性、肥料吸潮结块性、肥料溶解后抗硬水性、肥料各组分（大量元素、中微量元素、相关助剂与染色剂等）的可反应性与添加顺序等方面的问题。

生产工艺：中央控制系统设置配方启动→原料处理(破碎)→原料配料(计量)→原料过滤(杂物处理)→原料掺混(均匀混合)→成品包装封口(电脑定量包装)→输送码垛(机械手)→成品检验入库(化验)。

腐植酸磷水溶肥生产线主要由①电脑控制系统；②原料破碎系统；③储料系统；④电子给料系统；⑤电脑配料系统；⑥原料输送部分；⑦杂物筛选系统；⑧高效混合系统；⑨成品输送系统；⑩成品储存系统；⑪成品定量包装系统；⑫自动封口码垛系统等组成。水溶肥生产线采用了全封闭式结构，有效地避免了粉尘造成的污染。

3. 水溶性腐植酸磷肥的施用技术

(1) 土壤浇灌 通过土壤浇水或者灌溉的时候，先行混合在灌溉水中，这样可以让植物根部全面地接触到肥料，通过根的呼吸作物把化学营养元素运输到植株的各个组织中。

(2) 叶面施肥 把水溶性肥料先行稀释溶解于水中进行叶面喷施，或者与非碱性农药（常用的大部分农药都是非碱性的）一起溶于水中进行叶面喷施，水溶肥料通过叶面气孔进入植株内部。对于一些幼嫩的植物或者根系不太好的作物出现缺素症状时是一个最佳纠正缺素症的选择，极大地提高了肥料的吸收利用效率，节约营养元素在植物内部的运输过程。

(3) 滴灌、喷灌和无土栽培 在一些沙漠地区或者极度缺水的地方，规模化种植的大农场，以及高品质高附加值的经济作物种植园，人们往往用滴灌、喷灌和无土栽培技术来节约灌溉水并提高劳动生产效率。这叫做"水肥一体化"，即在灌溉的时候，肥料已经溶解在水中，浇水的过程同时也是施肥的过程。这时植物所需要的营养可以通过水溶性肥料来获得，既节约了用水，节省了肥料，又节省了劳动力，即节水、省肥、省工。

十一、腐植酸磷石膏的生产

磷石膏是湿法磷酸生产的废渣，我国目前的磷石膏年排放量约 1000 万吨，并以每年 15％的速度递增。磷石膏的排放不仅大量占用土地，污染环境，还给磷肥企业造成很大的负担。磷石膏主要含有二水石膏（$CaSO_4 \cdot 2H_2O$）和半水

石膏 $CaSO_4 \cdot 1/2H_2O$），以二水石膏为主要成分。酸性，pH 值 3～4，其主要化学组成有：$CaSO_4$、SiO_2、P_2O_5、Al_2O_3、MgO，还有一些矿物质及有机物等。应用磷石膏改良盐渍化有良好的效果，主要是土壤中钙离子含量增加，形成了凝聚力较强的钙胶体，促进了团粒结构的形成，降低土壤容重，增加孔隙度，减弱了毛管持水性。同时，由于离子置换，可消除钠离子的毒害。磷石膏由于酸性，可调节盐渍土中的 pH 值，使土壤 H^+ 浓度上升。据研究，应用磷石膏后，土壤 pH 值可下降 0.5，水溶性盐量平均降低 0.29g/kg。

石膏中含有不同类型的杂质，这些杂质对资源化利用会产生一定的影响，这也是磷石膏比天然石膏利用的复杂之处。由此可见，磷石膏预处理是非常重要的环节，通过预处理可消除或减弱杂质的有害影响。

磷石膏预处理方法有水洗、浮选、石灰中和（化合）、煅烧、筛分、成粒、球磨、自然陈化等，这些方法一般都需根据其杂质类型配合使用。水洗法是目前磷石膏资源化利用普遍采用的预处理工艺，水洗能有效除去可溶性杂质（如可溶性磷和可溶性氟）和有机物，可有效消除共晶磷之外的其他有害杂质的影响。磷、氟、有机物等杂质并不是均匀地分布在磷石膏中的，颗粒越大，杂质含量就越多，因此，筛分去掉 200～300μm 以上粒径的磷石膏，可溶性磷、氟和有机物的含量显著减少。通常磷石膏含 20%～30% 的游离水及 20% 左右的结晶水，黏度较大、不易输送，经干燥和煅烧处理可脱除其中的水分，800℃ 左右高温煅烧磷石膏，可将共晶磷转变为惰性的焦磷酸盐，有机物蒸发脱除。球磨是改善磷石膏颗粒结构的有效手段。由于磷肥生产中的副产物磷石膏的颗粒结构使其胶结料流动性差、水膏比高、硬化体物理力学性能较差，因此，必须球磨以改善磷石膏的粒径和性能，一般控制球磨后磷石膏表面积为 3500～4000cm^2/g。球磨不能消除杂质的影响，必须与其他预处理工艺配合使用。将磷石膏自然晾晒半年左右，磷、氟、有机质、水分含量可大幅度降低。陈化一般是最后一道工序，将脱除结晶水的 β-半水石膏自然陈化 3～5d，可使物料中可溶性无水硫酸钙转化为半水石膏，从而提高熟石膏的性能。然后与前面所提取的腐植酸一起进行造粒工艺，制取以磷石膏为原料的腐植酸磷肥。

第六章
腐植酸磷肥应用方法与效果研究

如何提高磷肥利用率、活化磷肥中潜在的磷，是国内外化肥界和农学界研究的热点和难点。国内外用腐植酸对磷肥增效作用的研究已有 35 年以上的历史，并已得到肯定的结论。1979 年，日本就将硝基腐植酸磷肥定为国家法定品种；前苏联也很早就有腐植酸与过磷酸钙或重过磷酸钙混合造粒的生产方法和应用产品。我国腐植酸磷肥的研究、试验自 20 世纪 70~80 年代起步以来已经积累了不少成果，腐植酸磷肥的产业化条件已日趋成熟，对煤炭腐植酸的农业应用，特别是各类腐植酸类肥料的研究、试验、应用已取得一系列成果，尤其是近年来腐植酸类氮、磷、钾复混肥的生产应用取得了长足的进步，技术日趋成熟，成为绿色环保肥料的重要依据。

第一节 腐植酸磷肥的应用基础

土壤对磷的固定是磷肥利用率较低的主要原因。速效磷肥与土壤中大量存在的铁、铝、钙等离子作用，转化为不易被作物吸收的磷酸盐形态。虽然一般认为这种被固定的磷还有一定的后效，但只有在其积累达到一定程度或在一定的生化作用下才能表现出来。从经济上考虑，磷肥的这种利用状况显然是一大损失。如果将其利用率提高 10%，每年就可以为国家节省约 13 亿元，这个数字是相当可观的。腐植酸对磷的激活，是由它的原料组成和形成条件所决定的。增施腐植酸肥料后，能抑制土壤对水溶性磷的固定，减缓速效磷向迟效态、无效态转化。

一、腐植酸磷肥的生物学效应

国内外的研究表明，腐植酸可减少磷的固定，提高磷肥利用率，促进作物对磷的吸收，最终体现在生物效应及提高作物的产量上。国内文献报道，腐植酸与磷肥复合后施用比单施等量磷增产 10％左右。北京农业大学的田间试验表明，腐铵与普钙混施比二者单独使用增产的和还多。通过对作物的吸磷量检测，认为腐植酸磷复混肥的施用，提高了作物各器官的含磷率。究其原因，一方面腐植酸增加了磷在土壤中的移动距离，有利于根系吸收；另一方面腐植酸刺激根系发育，增加了根系与磷肥的接触面。

腐植酸磷肥能提高作物的抗旱抗寒性，主要体现在腐植酸磷复肥能有效地缩小气孔的开展度，减少水分蒸发，从而有利于土壤和植株保持较高的含水量。同时，腐植酸还能促进根系生长发育，提高根系活力，有利于作物从土壤中吸收较多的水分和养分，促进植物生长健壮，从而提高了植物的抗旱性；腐植酸类肥料可以提高转化酶的活性，可促进可溶性糖在植株体内的积累。作物含糖量增加，细胞渗透压相应提高，冰点下降，从而提高了植株的抗寒性。

腐植酸磷复肥可提高作物的抗早衰能力，硝酸还原酶是植物氮素还原的第一个关键酶，对环境胁迫非常敏感。超氧化歧化酶、过氧化物酶和过氧化氢酶具有消除超氧自由基和活性氧，保持植物细胞免受伤害，延缓组织细胞衰老的作用。

腐植酸对多酚氧化酶活性的提高效果在许多作物如水稻、甘薯、番茄等都得到了很好的表现，而多酚氧化酶活性与植物的抗病性呈正比。因此，腐植酸磷复肥对提高作物的抗病性起到很好的作用。

作物施腐植酸磷复肥后，可提高其缺氧胁迫的能力。腐植酸分子中的酚-醌结构，能形成一个氧化还原系统。当腐植酸进入植物体后，在氧气充足的叶部得到氧，使酚氧化成醌，流到缺氧的根部与还原物质作用放氧，从而增强植物的抗涝性。

二、腐植酸磷肥的土壤学效应

腐植酸磷肥的土壤学效应主要体现在以下几个方面。

1. 增强肥力

① 减少土壤对可溶性磷的固定，提高磷肥利用率，促使土壤微量元素的活化，通常土壤中 $Ca_3(PO_4)_2$ 很难溶于水，而加入腐植酸发生反应后所形成的磷酸氢盐和磷酸二氢盐都溶于水，能被农作物吸收。

② 腐植酸可与一些以难溶盐形态存在的微量元素如 Fe、Al、Cu、Mg、Zn 等形成络合物，溶于水被作物吸收。这些微量元素的商品化学螯合微肥价格很贵，一般农民不愿购买，而腐植酸可以作为源广价廉的天然螯合剂与微量元素螯合，使其易被作物吸收。

2. 改良土壤结构

① 促进土壤团粒的形成。腐植酸铵能够促进土壤团粒结构的形成，向土壤

中施用有机肥也可改善土壤结构，这主要是通过土壤微生物缓慢地转化，如果经常施用腐植酸类肥料就会加速这种转化过程。

② 有利于土壤中水、肥、气、热状况的调节。当土壤的团粒结构变好时，其容重降低、空隙度增大，具备了良好的通透性。又因腐植酸类肥料颜色深，有利于对太阳热能的吸收。当腐植酸类肥料受到微生物的作用，分解时放出热量，尤其是早春季节作物幼苗刚出土时，能使地温提高而起到抗春寒的作用。

③ 改造贫瘠土壤及盐碱地。长期坚持施用腐植酸肥料会从根本上把贫瘠的土壤改造为良田。在南方利用腐植酸类肥料改良"酸、瘠、板、干"的红壤，也取得了突出的效果。由于腐植酸的酸性可与盐碱土的碱性中和，所以腐植酸可调节土壤的酸碱度（pH），达到治理盐碱的效果。

④ 促进土壤微生物的活性。在土壤中施用腐植酸类肥料后，对土壤中微生物的活动有加剧作用，尤其是土壤自生固氮菌显著增多，使硝酸盐的含量明显增大，丰富了土壤的氮素营养，改良了作物根系的营养条件。

⑤ 腐植酸是一种良好的土壤改良剂。腐植酸对土壤中多种微生物和酶都有激活作用。这是由于腐植酸是高分子有机化合物，气容量大，能提供充足的碳氮元素给土壤微生物，从而促进微生物代谢及生长发育，增强微生物活性；同时，腐植酸还能促进土壤团粒结构的形成，降低土壤容重，提高阳离子代换量，缓冲酸碱度，从而提高了土壤保水、保肥、保温和通气能力，最终改良土壤结构，培肥地力。

三、腐植酸磷肥的促生长效应

腐植酸磷（复）肥的刺激作用是一般肥料所没有的，它能促进作物对养分的吸收，提高作物产量。腐植酸能提高作物细胞膜和原生质膜的渗透性，加速营养物质进入物体。在生产上可以看到，施用腐植酸类肥料，种子萌发快、根系发达、植株健壮，禾谷类作物分蘖增多、穗大粒多，籽粒饱满。何萍等的研究表明，与等水平化学复肥相比，腐植酸复合肥处理增加了番茄幼苗体内氮磷钾的含量和吸收量，促进了幼苗对养分的吸收。梁太波的研究表明，施用腐植酸钾显著地提高了生姜根系鲜质量和根系活力，促进了根系的生长发育。

植物激素刺激作物生长的作用已为大家所熟悉，研究表明：腐植酸刺激植物生长的过程和植物激素是相似的。这是由于腐植酸分子中含有多种活性官能团，其中的醛和酚羟基结构形成了一个氧化还原体系，它既是氧的活化剂，又是氢的转载体，成为作物呼吸作用的催化剂。刘增祥等人的研究表明，腐植酸复混肥中腐植酸可使过氧化酶的活性提高 11.2%～40.6%，腐植酸配合其他营养元素喷施，其效果可提高 12.5%～91%。过氧化氢酶活性提高，作物的代谢水平也必然得到提高，由此加速种子萌发，促进根系生长，增强根系活力；同时腐植酸还可刺激蔗糖酶、淀粉酶等多种酶的活性，进而影响糖类代谢，促进可溶性糖在作物体内的积累。腐植酸成分中富含氨基酸和蛋白质，基本就具有酶的特性，利于光合作用的进行。据国外资料报道，腐植酸在农作物应用上的显著效果正是作用于作物呼吸作用和光合作用两个最重要的效应的结果。

腐植酸复合肥能促进作物对营养的吸收，提高肥料利用率。腐植酸复合肥能提高作物细胞膜和原生质的渗透性，加速营养物质进入物体。腐植酸类肥料具有对化肥的增效作用，能提高化肥利用率。李丽的研究表明，腐植酸与磷肥制成腐植酸磷肥，会使肥料中形成腐植酸磷酸盐复合物，从而防止土壤对磷的固定，提高磷肥肥效；腐植酸磷复肥能促进难溶性钾的释放，提高土壤速效钾的含量；腐植酸活性基团可以与金属离子发生螯合作用，使其成为水溶性的腐植酸-微量元素螯合物，从而提高植物对微量元素的吸收与转运；腐植酸磷复肥增加了土壤碱解氮和速效磷的含量，促进土壤钾的消耗，降低土壤 pH，提高碱性磷酸酶和过氧化氢酶的活性，降低脲酶的活性。经腐植酸共聚物改良的土壤，其甘蔗酶、脲酶、蛋白酶、多酚氧化酶的活性增加，表明改良后的土壤结构性能有益于微生物的繁殖生长，进而有益于土壤有机质的转化积累，提高土壤的肥力，利于作物吸收。

第二节　腐植酸磷肥的施用方法

腐植酸类肥料是一种广泛适用于我国土壤的绿色环保肥料，它兼具了无机肥料的速效性和有机肥料的持久性两大优点，且投资少，肥效快，适合我国广大农业施用，并具有改良土壤、缓冲土壤酸碱度的作用，使农作物在更适宜的土壤环境中生长。腐植酸类肥将保护环境与发展经济有机结合，已成为绿色食品开发的典范。其中，腐植酸类磷肥是发展绿色食品的有效途径之一，在实际施肥过程中，采用适当的方式将肥料施向目标植物，目标植物通过对肥料提供的养分的吸收、转化，获得高品质、高产量、高质量的产品。通常施用的方法有：浸种，浸根、蘸根，根外喷洒，作基肥、追肥施用等。实践证明：腐植酸的应用不但对大田作物（如水稻、小麦等）有增产作用，而且对蔬菜、生姜、烟草等经济作物的生长亦有促进作用。同时，在果树、林业、水产业、食用菌、改良土壤等领域都有广泛的应用，并取得了明显的效果。

一、腐植酸磷肥在粮食作物上的施用方法

可溶性腐植酸磷肥对于作物的早期发育和生长有着显著的影响。它的保肥作用（在氮、磷、钾供给一定数量的情况下），对作物的中期发育和后期生长有着决定性的影响。所以，在一般情况下，把它作为基肥和种肥施用较为适宜。施入

土壤的腐植酸磷肥能否成为水溶性的，除了由它本身的性质决定以外，水分也是重要的条件。没有足够的土壤水分，腐植酸磷肥则不易溶解，所以它的作用也就得不到充分的发挥。实践证明，它对旱田的作用，没有在水田、水浇地和下湿地里表现明显。

1. 施用量

腐植酸磷肥在其用量上，根据产品的性质和质量、土壤的性质和施用方法的不同而有所差异。一般来讲，水溶性好的腐植酸磷肥，亩施用量为 30～60kg，最多不超过 80kg。过多可能会对作物产生抑制作用，同时经济效果也不合理；水溶性差的腐植酸磷肥亩施用量可以提高到 100kg 左右，并且对作物产生抑制作用的可能性也小；含腐植酸钠盐的主要是作为植物生长刺激剂使用，所以在施用浓度和施用量上要严格控制。浇灌使用的浓度在万分之五到万分之十为宜。用于浸种、蘸根和根外施肥的浓度在万分之一较为适宜。撒施作底肥，要较沟施和穴施的用量稍高一点。

腐植酸磷复肥在粮食等大田作物上施用时，根据不同作物的营养需求和地力情况，选择不同含量配方的肥料。一般情况下，种植小麦、玉米、棉花等大田作物可以选择有机质含量 30％以上、腐植酸含量 20％以上的腐植酸有机-无机复混肥。根据地力情况，每亩施用 40～80kg，在作物播种之前一次施足，结合整地深翻 20cm 以上。作物在生长到中后期，选择氮磷钾 25％～30％的腐植酸复混肥20～40kg/亩追肥一次。施肥方法根据不同作物撒施、沟施、穴施都可以。施肥后浇水，也可选择腐植酸冲施肥随水冲施。

总之，腐植酸磷肥的用量，要根据产品的性质与质量、土壤性质和施肥方法的不同而区别对待。因此，在制造腐植酸磷肥时，必须注意到提高产品的水溶性和氮、磷、钾有效成分的含量，以充分发挥它对作物的刺激作用和腐植酸残体的保肥性能、节省肥源、提高作物的产量为准则。

2. 施用方法

随着土壤的性质、灌水条件和施用时间的差异而有所不同。

撒施作底肥：在作物播种前，这对发挥腐植酸磷肥的作用更为有利。

沟施和穴施：主要用于重盐碱地和某些作物的点种作种肥或基肥施用，这有利于盐碱地的促苗和节省肥料用量。但要注意避免种子与肥料直接接触，以免影响出苗率。

撒施或浇施：这种方法主要用于水田和旱田作追肥施用。作物的生长需要多次浇水，特别是蔬菜的生长。

前面所述的经验证明，把腐植酸磷肥溶解于水，配成一定浓度的溶液，浇地时灌入，更有利于发挥腐植酸类肥料的刺激作用。如小麦的冬灌和春灌都可以用这种方法追肥。

旱田追肥时,把腐植酸磷肥配成一定浓度的水溶液,刨坑浇到作物的根部或是溶解后和人粪尿混合灌入,便于作物吸收利用,节省肥料。但是必须指出,硬度过大的水(即含钙、镁盐类较多的水),用此方法,影响施用效果。

浸种、蘸根和根外施肥:浸种,用腐植酸磷肥溶液浸种(用含腐植酸钠盐的掌握在 pH7.2～7.5),可以促使种子催芽,提前出土 2～3d,加速生长点的分化,苗粗壮,出苗率高;根外施肥,腐植酸磷肥的胶溶性、附着力以及它易于渗透到植物体内的特征,使有可能采用根外喷洒,刺激作物生长。腐植酸磷肥进入植物体后,能促进作物对土壤养分的吸收,因而达到增产的效果。一般增产10%～20%,蔬菜表现的比较明显,黄瓜增产 40%。

与农家肥混合施用:这种方法可以加速农家肥的腐熟过程,从而促进农家肥有效养分的释放。此方法简单易行,便于推广。

腐植酸与磷肥混合施用(包括过磷酸钙和钙镁磷肥):腐植酸盐与磷肥配合施用或者风化煤腐植酸与磷肥、有机土杂肥共同沤制施用,能促进磷酸的进一步活化,提高磷素的利用率,减少土壤由于酸碱性而引起的对磷酸的固定。

腐植酸铵与磨细的焦磷矿和少量的水混合共同发酵 20d 左右施用,可促使部分不溶性磷酸盐转化。在沤制时,最好再加入微量的硫磺粉进去,以加速发酵过程。

在偏酸性土壤上使用,腐植酸钠磷肥液要求偏碱。因为腐植酸钠的作用相当于作物生长刺激剂。使用生长刺激剂的目的,主要是促进作物从土壤中吸收更多的养分,因此,要达到预期的增产效果,还应该相应地增加其他肥料,否则,第一年增产效果明显,第二年就有所下降。也可把腐植酸的铵盐或钠盐和用腐植酸处理过的过磷酸钙水溶液配合施用,在有条件的地方,再配进一定量的水溶性钾盐根外喷洒,会取得更好的效果,即使连年使用,也不会产生增产幅度下降的趋势。

腐植酸磷肥在盐碱地上使用,其用量要比其他一般性土壤多。根据土壤的盐碱化程度、含盐碱量的多少来确定用量。轻度盐碱地亩施 75～100kg,中度盐碱地亩施 100～150kg,重盐碱地亩施 150～250kg。在盐碱地大量施用腐植酸磷肥时,最好选用含氮量低的品种,甚至直接施用含腐植酸高的风化煤粉也可以。

腐植酸磷肥在施用前,如果是块状的应尽量压碎,以保证腐植酸磷肥的分散与溶解。

二、腐植酸磷肥在蔬菜上的施用方法

腐植酸磷肥在蔬菜上主要用作基肥施用。选择腐植酸含量 30%以上、有机质 50%以上的腐植酸有机肥,每亩施肥 300～400kg,随整地深翻 20cm 以上,只有超过了这个深度，才能有效地保水保肥，促进植物吸收，使菜地有足够的养分，保证瓜果的品质。含量 25% 以上的腐植酸复混肥，每亩 30～50kg，施用方法采用沟施、穴施、随水冲施。第二次追肥在蔬菜挂果后按第一次追肥方法进行，施用量根据作物长势追肥 50～100kg。一般大田季节蔬菜一次性采摘的作物 2 次追肥，采摘 10d 前视肥力情况可追加一次腐植酸冲施肥，以利于瓜果膨大。

三、腐植酸磷肥在果树上的施用方法

果树施基肥时，一般在果树冬季落叶以后，施用基肥选择有机质含量 50% 以上、腐植酸含量 30% 以上的腐植酸有机肥，每亩施肥 300～400kg，或者选择有机质含量 30%、腐植酸含量 20% 以上、氮磷钾含量 20% 左右的腐植酸；含量高的有机-无机复混肥，每亩 200～300kg。使用腐植酸有机-无机复混肥养分充足，营养全面，能满足果树生长和发芽结果所需的养分。施肥位置在树冠投影的边缘，采用沟施或穴施的方法，在树冠投影边缘挖沟。因为树冠的下面，也是根系分布最密集的地方，在树冠下的边缘施肥，既不会伤及根系，又有利于肥料的吸收。树冠、树龄大的挖两圈，深度在 20～40cm，肥料不能埋得太浅，太浅了不利于根系的吸收。施肥掩埋后要充分浇水，以利于果树吸收。作为追肥施用时，在果树生长到膨果期，选择氮磷钾含量 25%～30% 的腐植酸有机-无机复混肥，每亩施 80～160kg，也可选择氮磷钾 30% 的腐植酸冲施肥沿沟灌根，这样果树吸收好、见效快。

腐植酸磷复肥在茶树上的应用：彭志对、黄继川等人研究了施用腐植酸肥料对茶叶产量和品质的影响，从结果中知道，施用腐植酸磷肥 50kg/亩时，对提高茶青产量，增加茶芽密度及百芽重都有显著的效果，茶青增产幅度为 6.5%～18.8%；施用腐植酸肥料，提高了茶中游离氨基酸、茶多酚、水浸出物、可溶性糖等的含量。

第三节　腐植酸磷肥应用的效果研究

一、腐植酸磷肥在玉米上的试验及效果

1. 材料与方法

试验地布设于山西省太谷县候城乡北沙河村，地势平坦，轻壤土，水浇地，地力中等。前茬为谷子，秋收后旋耕，早春整地耙平，雨后播种玉米。

供试玉米品种为农大 60，生长期 150d，由山西农业大学农作站提供。

供试腐植酸复合肥（简称 HASV 肥）：山西农业大学农业化学调控中心自制。试验用化肥：市售的尿素、过磷酸钙、氯化钾。

2. 试验方案设计

试验设计：按随机区组设计，4 个处理，3 次重复，小区面积 2.7m×5m＝13.5m²，共设 12 个小区。试验的 4 个处理分别如下。

处理 1：HASV 肥。在播种前撒施，每亩用 HASV 肥 100kg。施肥方式为基肥，撒匀后翻耕耙平，然后播种玉米。（HASV 肥 NPK 养分含量为 10-6-4）。

处理 2：等养分对照 A。将尿素、过磷酸钙、氯化钾按与 HASV 肥等养分进行配制混匀（分别是尿素 21.7kg、过磷酸钙 33.3kg、氯化钾 6.7kg），施肥方式全部为基肥，在播种前撒施，翻耕耙平，然后播种玉米。

处理 3：等养分对照 B。将尿素、过磷酸钙、氯化钾按与 HASV 肥等养分进行配制混匀（分别是每亩尿素 21.7kg、过磷酸钙 33.3kg、氯化钾 6.7kg），施肥方式为基肥占 60%，追肥占 40%，基肥在播种前撒施，翻耕耙平，然后播种玉米。追肥在 7 月 28 日浇水时撒施。

处理 4：空白对照 CK。不施化肥，也不施 HASV 肥，翻耕耙平，然后播种玉米。

于 4 月 20 日雨后播种玉米，行距平均 0.5m，株距平均 0.4m。5 月 10 日出苗后调查，苗不齐，之后补种。田间管理按当地常规方法进行，9 月 22 日收割玉米。

7 月 2～12 日田间调查了株高、叶面积、径粗，测定了叶绿素，9 月份收获后测定了亩产和千粒重。

3. 试验结果与分析

(1) 各种处理在生产上的总体效果 腐植酸复合肥（HASV 肥）处理＞分两次施化肥的处理＞一次施化肥的处理＞空白不施肥的处理。

(2) 腐植酸复合肥促进了作物的生长 使玉米的株高、径粗、叶面积增加，叶绿素含量增加，为玉米的高产丰收奠定了基础。

(3) 腐植酸复合肥增产效果显著 施用腐植酸复合肥的处理比施用纯化肥的底肥加追肥的处理增产 14.8%；施用腐植酸复合肥的处理比施用纯化肥只作底肥的处理增产 53%；施用腐植酸复合肥的处理比不施肥的空白对照增产 115.6%。通过试验证明了腐植酸复合肥可以一季作物一次施肥，而且随着玉米的生长，肥效增强，越到中后期越有劲，在玉米生长的关键期，肥效得以充分发挥，实现了玉米的高产稳产。

二、腐植酸磷肥在大豆上的试验及效果

1. 在太谷县杨家庄村的试验

(1) 试验设计 试验布设于山西省太谷县杨家庄村。同时采用盆栽试验与大田试验，盆栽和大田采用相同的试验设计，试验为二因素，设 8 个处理，分别为：不施磷处理（4 个），即①风化煤腐植酸；②泥炭；③膨润土；④CK；施磷处理（4 个），即⑤磷肥加风化煤腐植酸；⑥磷肥加泥炭；⑦磷肥加膨润土；⑧磷肥。磷肥（过磷酸钙，含 P_2O_5 11.8%）与各供试材料预先混匀，放置 5d 以上施用，各处理重复 3 次。

(2) 试验结果与分析

① 不同处理对大豆产量、生物量的影响。盆栽试验地上部干重、荚重的比较结果：地上部干重的比较中，在不施磷的处理间，单施风化煤与对照无显著差异，而单施泥炭与对照间有显著差异，单施辅料的 2 种处理间无显著差异，2 种处理的生物量均值分别比对照增加 11.59%、11.79%；在施磷的处理间，腐植酸加磷肥、泥炭加磷肥与单施磷肥比较有显著差异，辅料加磷肥的 2 种处理的生物量均值分别比单施磷肥增加 12.22%、10.75%；单施磷肥与对照有显著差异，增产 20.45%。

在荚重的比较中，在不施磷的处理间，单施风化煤腐植酸与对照间有显著差异，而单施泥炭与对照间无显著差异，单施辅料的 2 种处理间无显著差异，2 种处理的荚重均值分别比对照增加 17.71%、7.47%；在施磷的处理间，风化煤腐植酸加磷肥与单施磷肥比较有显著差异，而泥炭加磷肥与单施磷肥间无显著差异，辅料加磷肥的 2 种处理间无显著差异，荚重均值分别比单施磷肥增加 13.48%、10.37%；单施磷肥与对照有显著差异，增产 18.42%。

大豆生物量的试验结果及统计分析结果：单独添加辅料和辅料加磷肥的处理的增产效果达到极显著水平，其中增产幅度最大的是风化煤加磷肥和泥炭加磷肥的 2 个处理，可增产 36.71% 和 36.48%；其次是单施风化煤、泥炭的处理，分别增产 24.61%、22.46%；单施磷肥处理增产 15.61%；相应的施磷和不施磷处理对比结果，施磷处理的增产幅度比不施磷处理的增产幅度大；单施辅料的处理间产量差异不显著，而辅料加磷肥的处理间也未达显著水平。

各处理的经济产量均比对照高，其中风化煤加磷肥和泥炭加磷肥的处理增产幅度是最大的，分别是 40.57%、34.47%，达到极显著水平。在施磷的处理中，添加辅料的处理比单施磷肥的增产幅度大，为 10.85%～24.76%，这表明在施磷肥的基础上增施风化煤、泥炭是促进大豆产量提高的主要原因。而单施风化煤和泥炭的处理也表现出比磷肥处理较高的增产幅度，达 33.52%、31.05%，说明土壤中的磷能够完全满足当季大豆的吸收利用。

② 不同处理对土壤中磷的形态的影响。

a. 土壤中 Ca-P 的转化状况。土壤中 Ca-P 含量的试验结果和显著性检验结果表明：就 Ca_2-P 来讲，单施膨润土和对照 2 个处理与其他处理之间有极显著差异，风化煤加磷肥处理与单施风化煤腐植酸、泥炭、磷肥之间有显著差异；对于 Ca_8-P，各处理与对照有显著差异，在对应的施磷与不施磷处理间没有显著差异；而 Ca_{10}-P，单施风化煤、泥炭的 2 个处理与其他处理间差异达极显著水平，泥炭加磷肥和单施磷肥之间有极显著差异，风化煤加磷肥与泥炭加磷肥、单施磷肥之间有显著差异。

土壤中的 Ca_2-P 所占的比例较小，但 Ca_2-P 是对作物最有效的磷源，它在土壤中的状况直接影响土壤对作物的供磷状况，基本上都可被 0.5mol/L $NaHCO_3$ 溶液浸提出来，是土壤中有效磷的重要组成部分，提高土壤中 Ca_2-P 的含量就会明显提高对作物的供磷水平。在本试验中，单施风化煤、泥炭的处理中 Ca_2-P 的含量基本上与单施磷肥处理中的 Ca_2-P 含量持平；而风化煤加磷肥、泥炭加磷肥 2 个处理中的 Ca_2-P 含量明显比单施磷肥处理高 6.7~8.3mg/kg。在施磷与不施磷的处理中，添加膨润土处理并未表现出明显使 Ca_2-P 含量增加的效果。

土壤中 Ca_8-P 对作物的有效性没有 Ca_2-P 的高，但含量比 Ca_2-P 大得多，因此，对作物的磷营养贡献比 Ca_2-P 大，磷肥施入石灰性土壤后，在短期内主要就是转化成比较稳定的 Ca_8-P 形态存在，之后再慢慢向 Ca_{10}-P 转化。在本试验中，添加辅料的各处理都使 Ca_8-P 含量维持在较高的水平，说明所用的材料对土壤中 Ca_8-P 有一定的增效作用，虽然各自的作用大小不一，单施风化煤、泥炭要比对照提高 10.49%、8.21%。在辅料与磷肥配合的处理中，其交互作用比较复杂，风化煤加磷肥比单施磷肥平均增加 4.5mg/kg，而泥炭加磷肥和膨润土加磷肥比单施磷肥平均减少 10.3mg/kg、8.3mg/kg，可能的原因是风化煤对磷肥的强吸收作用保蓄磷肥而造成的。

磷肥施入石灰性土壤后，大致以下列模式转化：$Ca(H_2PO_4)_2 \cdot H_2O \rightarrow CaHPO_4 \cdot 2H_2O \rightarrow CaHPO_4 \rightarrow Ca_8H_2(PO_4)_6 \cdot 5H_2O \rightarrow Ca_{10}(PO_4)_6(OH)_2$，经过一段时间，土壤中 Ca_{10}-P 的含量就会有所增加。在本试验施磷的各处理中，除风化煤加磷肥外，其他处理的 Ca_{10}-P 含量比试验前都有所增加，为 7.1~10.3mg/kg；而对照和风化煤加磷肥的处理基本维持了试验前的水平，说明 Ca_{10}-P 在石灰性土壤中比较稳定，不易向其他形态转化；单施风化煤、泥炭的处理比试验前减少了 56.3mg/kg、51.6mg/kg，说明供试材料对植物难利用的 Ca_{10}-P 有一定的溶解释放作用。风化煤和泥炭的作用明显大于膨润土，主要原因是风化煤和泥炭中含有大量的腐植酸，其中减少的 Ca_{10}-P 转化成了作物易吸收的其他形态的磷。

b. 土壤中 Al、Fe-P 及 Olsen-P 的转化状况。在石灰性土壤中，磷酸铁、铝盐所占的比例较小，在土壤风化过程中，磷酸铝盐似乎是过渡性产物，在碱性条件下，磷酸铝盐对作物均有显著的供磷能力。

不同处理的土壤中 Al-P、Fe-P、Olsen-P 含量的差异显著性：在本试验中，各处理中的 Al-P 比试验前都有不同程度的增加，单施膨润土和对照 2 个处理和其他处理间有极显著差异，其他处理间无显著差异。对照比试验前增加了 9.8mg/kg，这增加的部分可能来自有机磷的矿化和其他易溶态 Ca_2-P、Ca_8-P 的转化；在单施辅料处理中 Al-P 的增加则可能还有来自难溶态磷的溶解，单施风化煤、泥炭的处理分别比对照增加 22.51%、23.59%；在施磷肥的各处理中，单施磷肥处理比对照增加 18.63mg/kg，则外加磷肥的部分转化成了 Al-P，风化煤加磷肥、泥炭加磷肥、膨润土加磷肥处理比单施磷肥分别增加 3.64mg/kg、0.94mg/kg、0.2mg/kg，其增量是相当微小的。在不施磷的各处理中，单施辅料处理的 Fe-P 比对照略有下降，但未达显著差异；对照的 Fe-P 含量维持了试验前水平，说明在其他形态磷能满足作物需要时，作物吸收 Fe-P 的可能性比较小，而风化煤、泥炭使 Fe-P 略有减少，但作用甚微。在施磷的各处理中，Fe-P 含量都有所增加，其中增加幅度最大的是单施磷肥处理达 67.2%，其次是膨润土加磷肥、泥炭加磷肥、风化煤加磷肥，分别增加 58.06%、46.03%、30.40%，说明风化煤、泥炭能较好地控制外加磷向 Fe-P 的转化。

(3) 试验结论

① 试验中可能是腐殖物质中参与络合的官能团—COOH，酚—OH，$\diagdown$ $C{=}O$ $\diagup$ ，—NH_2 基和磷酸根离子发生络合作用而使得磷酸根离子被 0.5mol/L $NaHCO_3$（pH8.4）溶液浸提出来的量大大减少。膨润土是一种非金属矿产，离子、水、盐类及有机物能够出入蒙脱石层间。本试验中一部分磷酸根离子不能被 0.5mol/L $NaHCO_3$（pH8.4）溶液浸提出来，可能是磷酸根离子进入了蒙脱石层间。

② 各处理的籽粒中含磷量均比对照高，在不施磷处理中，施风化煤的处理含磷量最大，比对照增加 16.29%，比施泥炭增加 2.78%；在施磷处理中，增施辅料也促进了对土壤磷的吸收，提高了籽粒中的磷含量，施用风化煤加磷肥、泥炭加磷肥和膨润土加磷肥处理分别比单施磷肥增加 11.71%、9.14%、2.12%。

③ 对大豆生物量的试验结果分析可知：增产幅度最大的是风化煤加磷肥和泥炭加磷肥 2 个处理；其次依次是膨润土加磷肥、单施风化煤、泥炭、单施磷肥处理。

大豆经济产量中风化煤加磷肥和泥炭加磷肥的处理增产幅度最大。在施磷的处理中，添加辅料的处理比单施磷肥的增产幅度大 10.85%～24.76%；单施风化煤和泥炭的处理增产幅度达 33.52%、31.05%，单施磷肥为 15.81%。

④ 从植物营养和施肥的角度来看，测定土壤中有效磷含量，能较全面地说明土壤磷素被活化的状况，对土壤有效磷的测定结果为：单施膨润土处理和对照

是最低的，与其他处理存在显著差异；在不施磷处理中，单施泥炭处理比其他处理高 17.2～25mg/kg，有显著差异；在施磷处理中，同样也是泥炭加磷肥处理比其他处理高 11.2～20.8mg/kg，比单施磷肥高 15.6mg/kg；不施磷处理中，添加风化煤使 Olsen-P 比对照提高 7.2mg/kg，而在施磷处理中，风化煤加磷肥处理比单施磷肥少 5.2mg/kg，膨润土加磷肥比单施磷肥增加 4.4mg/kg。分析产生这种结果的原因：一是由于植物的吸收利用而造成的；二是如前吸附与解吸试验中的结果，供试材料对磷的高吸收率，用 0.5mol/L NaHCO$_3$（pH8.4）溶液浸提是不能把它们吸收的那部分浸提出来的；三是施加泥炭的处理中 Olsen-P 含量较高，主要原因可能是泥炭中含有较多的有机酸，有机酸溶解难溶态的磷酸钙盐和其他形态的磷酸盐。

⑤ 就各项指标进行综合评价，2 种材料对土壤磷素活化的效果比较是：风化煤腐植酸＞泥炭。因此，在生产中就可以采用这些材料与磷肥混合施用来提高磷肥肥效；或者对往年已施磷肥的农田，就可以施用腐植酸物料（风化煤、泥炭）活化土壤中被固定的磷素，来达到与施用磷肥同样的增产效果，这在一定程度上降低了肥料投入和农业生产成本。

2. 沈阳农业大学在辽宁棕壤土上对大豆的试验

① 通过试验检验用过磷酸钙（普钙）与硝基腐植酸铵（简称硝基腐铵：NHA-NH$_4$）混施对大豆的影响。结果证明，二者混施比二者单独施用增产量之和还多产大豆 160～180kg/hm^2，表明腐植酸对磷肥有明显的增效作用。

腐植酸对磷肥的增产作用机理是促进了植物根系吸磷量的增加。添加硝基腐植酸（NHA）促使植株吸磷量增加，其中磷的来源可能有两个部分：一个来自肥料磷，另一个来自土壤磷。

② 对磷肥利用率的影响是人们关心的问题。普钙中添加不同比例的硝基腐植酸，对大豆磷肥利用率的影响十分明显。普钙中添加 NHA 比例为 1∶5 时，使磷肥利用率从 14.7％增加到 20.4％，但当添加量过高（如 P$_2$O$_5$∶NHA 为 1∶10 或 1∶15）时，反而抑制了大豆对磷的有效吸收，降低了磷肥利用率。其原因可能有两个方面：过高的腐植酸抑制了大豆的生理代谢过程，导致吸磷量降低；另外，过量的腐植酸有可能与磷形成有效性降低的腐植酸磷酸复合体。

三、腐植酸磷肥在小麦上的试验及效果

北京农业大学在小麦上做了试验。一是在不同磷铵用量的基础上添加硝基腐铵和氯化腐铵（ClHA-NH$_4$），均获得明显的增效结果。结果显示，硝酸和氯气氧化降解的两种腐铵，对磷铵的增效作用前期（苗期）效果大于后期（籽粒）。二是以不同原料煤和不同氧解方式，以及腐植酸与磷的不同比例对小麦的试验。试验结果显示：单施磷铵的小麦磷肥利用率只有 15.4％，而磷铵中添加各种原

料的硝基腐铵和氯化腐铵，均能提高磷肥利用率，其中以年轻煤的氧解产物效果更好。P_2O_5 与 NHA 的添加比例 1：0.5 和 1：1 差异不大。本试验反映出将 NHA 作为磷肥增效剂，用少量比例加入磷肥中，试验证明 NHA 对磷肥的增效作用显著。

四、腐植酸磷肥在马铃薯上的试验及效果

1. 材料与方法

本试验的试验田设在太谷县杨家庄村。供试土壤为砂壤土，供试肥料为腐肥和无机复混肥；供试作物为马铃薯，品种为荷兰 15 号。

试验设计：本试验施用腐植酸缓释肥和 NPK 复混肥两种肥料，两种肥料中 N：P_2O_5：K_2O 均为 10：4：6；每种肥料用量设 2 个水平，另设 1 个空白（不施肥），共 5 个处理 4 次重复，每小区面积为 $13m^2$，采用随机排列。于 4 月 26 日播种，8 月 10 日收获。肥料以基肥的形式施入，在种植期间正常浇水、锄草管理，且定期测出各项形态指标和生理指标。

2. 结果与分析

(1) 不同肥料及用量对马铃薯产量的影响 试验结果表明，腐肥与无机复混肥适量配比促进了马铃薯的生长发育，为产量的形成奠定了基础。各肥料间差异达极显著标准。处理 1、3 极显著高于处理 2，处理 2 极显著高于处理 4、5。由此分析，处理 4 由于肥料用量过大，对马铃薯产生了肥害作用，分析其结果可能为：第一，在整个生长过程中，此处理供肥达到超饱和，超过马铃薯所需，对马铃薯的副作用也就最严重；第二，由于没有有机物及其他缓释材料的介入，使得马铃薯在苗期速效养分供应过多，影响了种子的出苗及生长状况等；而且在以后的生长期中，外界因素以各种形式引起的肥料损失过多，使得肥料后劲不足，而不像腐肥基本保持同一水平，所以在生长后期所提供的养分不足，造成马铃薯的减产。对于处理 2，由于肥料用量也较大，超过了腐植酸的缓释能力，故也稍有肥害的表现。处理 1、3 肥料用量比较合理，且处理 1 中腐肥发挥了它的缓释、延长肥效的优势；而处理 3 虽在产量上基本没有减产，但与处理 1 对比，少的原因是虽在生长前期供肥速率适当，为植株的生长打下较好的基础，但是在生长后期供肥已有不足。总体上可以看出，腐肥有缓释肥料的作用，使其中的无机肥料能够平稳释放，提供作物在生长期中所需要吸收的养分。

(2) 不同肥料及用量对马铃薯叶片叶绿素含量的影响分析 对马铃薯不同生长期不同肥料间的叶绿素作方差分析可知，两次不同生长期所测的叶绿素含量在不同肥料不同处理间的差异均显著，重复间不显著。这表明有机-无机复混肥供肥稳，能够缓解肥料的释放速度，且保肥性能好，延缓了无机肥的肥效性能。

将底肥区的处理即处理1、3、5对苗期与开花期所测马铃薯的叶绿素含量进行比较：在苗期时，处理3明显高于处理1及处理5，而在开花期时，处理1高于其他两个处理，且在此期间，处理1变化幅度最大，处理3基本没有大的变化。即在苗期，马铃薯所含叶绿素在无机复混肥中的含量相对高，且基本达到整个生长期的最高点；但在开花期，腐肥对叶绿素的作用逐渐超过无机复混肥，且最终含量达到最高。

（3）不同处理中根重与茎重的相关性比较　在马铃薯开花生长期，将底肥区的根重与茎重的相关性作了比较，其相关系数为0.8591，说明根重与茎重的相关性极好。随着根重的增加，茎重也在增加，二者呈正相关，施肥的处理根重和茎重都大于对照。说明各肥料均具有增加根茎重量的作用。无机复混肥处理的小区，马铃薯的根茎重量比有机-无机复混肥要大；而腐肥处理的小区，马铃薯根茎重量比较小。说明在生长期内，无机复混肥对马铃薯养分供应迅速且足量，促使马铃薯茎叶繁茂，茎部徒长，但根部生长表现为主根和须根嫩而少；从腐肥供肥情况来看，它的根茎生长比较协调，说明它供肥稳而适度，能协调根茎生长，为以后块根的形成及淀粉的积累奠定较好的基础。同时也说明腐肥能够使土壤增加缓冲性能、吸收性能，从而使得根茎生长相对比较协调。

（4）不同肥料及用量对马铃薯淀粉含量的影响　本试验中测试了马铃薯的淀粉含量，一方面可以看出施腐肥及无机复混肥都可提高马铃薯的淀粉含量，但是施腐肥的处理增长幅度要比无机复混肥明显，各处理均达极显著水平。另一方面还可以看出，随着处理中肥料的递增，淀粉含量呈下降趋势，无机复混肥的处理下降幅度最大。分析原因，不排除无机复混肥的处理中养分在马铃薯生长前期供应过度且伴随着大量流失，在马铃薯的成熟期，肥效已基本消耗完，而不能及时供给马铃薯养分，使得马铃薯产生脱肥现象，因此，对块根的形成和淀粉的积累产生影响，且施腐肥处理的马铃薯皮光，个大而且均匀，因此，施腐肥处理的马铃薯的商品价值要高。这结论与贺玉柱、解金瑞、潘振玉、蔡孝载等人的研究一致，即有机-无机复混肥料以无公害、养分全面、均衡、既高产又高效，使用方便等为特点，成为当今肥料发展的方向。坚持秸秆还田，粪肥还田，并配合适量化肥，土壤有机质会逐年提高，农产品的品质也会不断改善。

3. 试验结论

总体上来看，腐植酸缓释肥与无机复混肥相比，它的优越性主要表现在以下几个方面。

① 腐肥在提高马铃薯产量上的表现比较明显：在最佳配比用量的基础上，腐肥要比对照增产30%，而无机复肥增产为25%。

② 腐肥在马铃薯不同时期叶绿素含量上的表现也不同于无机复混肥，生长前期施腐肥的比施无机复肥的增长慢，而在生长后期，则高于无机复混肥区。

③ 腐肥在马铃薯上的合理施用可平稳地促进马铃薯的生长发育。在施肥量相同的情况下，马铃薯在施腐肥的小区根茎生长协调，有利于块茎的形成。

④ 腐肥也提高了马铃薯的淀粉含量，即提高了马铃薯的品质，说明有机-无机复混肥在改善作物品质上也有显著性效果。

五、腐植酸磷肥在绿豆上的试验及效果

1. 材料与方法

供试土壤：石灰性褐土，取自山西农业大学试验农场高水肥农田的耕作层（0～25cm），基础肥力情况中等。

供试肥料：肥料级磷酸氢钙（又名磷酸二钙，分子式 $CaHPO_4 \cdot 2H_2O$，分子量 172.09），取自四川龙蟒集团，其游离酸、水分含量低，有效磷（P_2O_5）含量达 30%（P17%）以上；所用腐植酸（以 HA 表示）由风化煤（采自山西灵石）与氢氧化钠制得，腐植酸含量为 54.7%，全磷（有效磷）含量为 2.76g/kg。

供试作物：吸磷较为明显的豆科植物——绿豆，品种为晋绿豆 26 号，生育期为 100～110d。

试验设计：主处理磷酸氢钙分 3 个水平，副处理腐植酸分 5 个水平，氮肥与钾肥用量恒定，共设 15 个处理，4 次重复。

具体操作步骤为：取土风干，过 3mm 筛，称土重，与肥料混合，装盆，播种，根据情况决定是否灌水。试验于 4 月 6 日播种，播量为每盆 15 粒绿豆种子。

试验在山西农业大学水保所院内进行。选用高 30cm，口径 26cm，底部无渗漏孔的聚乙烯塑料桶，每盆装土 13kg，加入试验材料即磷酸氢钙和腐植酸，同时加入等量氮肥、钾肥，与土混匀。于 4 月 18 日播种，每盆播种 20 粒，播深为 1～1.5cm，出苗后间苗留 5 株。5 月 22 日出苗后，在 6 月 20 日、7 月 30 日、8 月 30 日钻取土样 3 次，室内测定土壤速效磷，同时测一些形态指标与生理指标。于 9 月 12 日收获后，考种测定其生物产量，测定整个植株的全 P 含量，测定籽粒全磷含量。田间管理统一进行。

2. 结果与分析

(1) 不同处理对绿豆株高、叶面积的影响　盆栽试验绿豆株高和叶面积比较，鼓粒期各处理的叶面积均比对照提高，各处理株高都较对照株高有明显提高。其中，高磷处理与不施磷和低磷处理相比较，绿豆的株高和叶面积均为最高。在三个等量磷肥处理中，腐植酸 F12 处理的叶面积，都较相同磷水平的其他处理叶面积要高，而株高则表现不明显。从对应的施腐植酸与不施腐植酸处理的比较来看，施用腐植酸处理比不施腐植酸处理有较明显的提高，施磷处理中添加腐植酸的处理要明显高于单施磷肥的处理。

在施磷处理中，同一磷水平下，添加腐植酸的各处理的绿豆的株高和叶面积都有增加，尤其是叶面积有显著差异，说明施用腐植酸和磷酸氢钙起到了一定的促进生长的作用；除不施磷的处理以外，其他各处理间的株高、叶面积差异关系并无一定的规律，主要是各种因素的综合影响和取样误差造成这种状况。但总的来说，在石灰性土壤上施用腐植酸对绿豆植株性状的确具有一定的影响。由于叶片是绿豆进行光合作用的主要部位，提高叶面积就能制造更多的光合产物，为高产提供物质基础，因此，植株性状上的差异为产量上的差异奠定了基础。

（2）不同处理对绿豆荚数的影响　试验结果可知，重复间无显著差异；荚数在对应的施磷与不施磷的处理间都有显著差异；随着磷肥用量的增加，绿豆荚数增多。同时，在三个施磷水平上，随着腐植酸用量的增加，荚数都有明显的增多；添加腐植酸的处理都比不施腐植酸的处理的荚数有增多，而且还表明，F3和F4在三个磷水平上都表现出显著差异性。这也说明添加腐植酸对生物的生长发育是具有一定影响的，在腐植酸与磷肥配比施肥的处理都达到极显著，腐植酸处理间虽未达到显著水平，但也不同程度地促进了生物的生长发育。

总之，在本试验中，在绿豆植株性状上，不施磷处理间添加腐植酸的处理优于对照，施磷处理中添加腐植酸的处理要高于单施磷肥的处理，有显著差异，从对应的施磷与不施磷处理的比较来看，施磷处理比不施磷处理略有所提高，这说明添加腐植酸对生物的生长发育具有一定的影响。同时可以发现，磷肥的施量增加在中量水平上效率最高，与F3的配比最佳。

（3）不同处理对绿豆叶绿素含量的影响　从试验结果发现，无论是在花期还是在鼓粒期，盆栽绿豆的叶绿素含量都表现出很有规律。在花期的叶绿素含量虽无较大差异，但在不施磷的处理中，添加腐植酸的处理要比对照的高 $1.15\%\sim5.68\%$，在施磷的处理中也有同样的规律，添加腐植酸的处理要比单施磷肥的高 $2.2\%\sim6.86\%$；而在鼓粒期叶绿素含量就有显著差异，虽然各处理之间显著差异关系不同，但添加腐植酸与不添加的同水平施磷处理相比均达到了显著差异性。

试验还表明，无论是在花期还是鼓粒期，在三个磷肥处理中，叶绿素含量都表现出与腐植酸增量的一致性，添加腐植酸都在一定程度上增加了绿豆植株的叶绿素含量。

（4）不同处理对绿豆籽粒、植株中 P 含量的影响　矿质元素直接或间接影响光合作用。磷能促进光合速率，形成较多的有机物；磷参与糖类代谢，缺乏时就影响糖类的转变和运输，这样也就间接影响了光合作用；同时，有机物运输所需的能量是由 ATP 供给的，磷参与光合作用中间产物的转变和能量传递，所以对光合作用影响很大。

在三个磷水平下，添加不同量的腐植酸，均在不同程度上增加了籽粒和植株的含 P 量，这也说明在绿豆生长过程中，土壤中提供了绿豆生长所需的磷量。在中磷和高磷水平上，籽粒与植株的含磷量都与腐植酸的添加量之间有显著的增量关系。尽管如此，有关腐植酸促进绿豆籽粒、植株含磷量以及绿豆对土壤磷和肥料磷的吸收机理还有待于进一步的探讨。

(5) 不同处理对绿豆生物产量和经济产量的影响　在各个磷水平下，添加腐植酸的处理均比不加腐植酸的处理有明显的增产效果，效果达到显著水平，其中增产幅度最大的是中磷水平和高磷水平与 F3 腐植酸水平的处理；高磷水平和中磷水平的生物产量相比，磷肥施用量的增加并未对生物量产生显著增长；从施磷和不施磷处理的对比结果发现，施磷处理的增产幅度比不施磷处理的增产幅度大。各处理的经济产量均比对照高，其中磷水平与腐植酸 F3 的处理组合的增产幅度最大。在施磷的处理中，添加腐植酸处理的绿豆经济产量增产幅度较大，这表明在施磷肥的基础上增施腐植酸是促进绿豆产量提高的主要原因。在不施磷肥的处理中，施用腐植酸的处理也表现出一定的规律性，这说明土壤中的磷被加入的腐植酸活化，满足了当季绿豆的吸收利用。从成本上考虑，可以在确定磷肥施用量的情况下，利用腐植酸来部分代替磷肥，达到与施用磷肥同样的增产效果，这就在一定程度上降低了肥料投入，也可在一定程度上降低农业生产成本。

(6) 不同处理对绿豆千粒重的影响　通过对绿豆的千粒重进行分析，不同处理绿豆的千粒重测定结果表明：绿豆的千粒重在 $56.46\sim65.68$g 间浮动。处理 P1F1 及 P2F3 的千粒重相差范围仅在 0.18g 间，与其他处理相差比较大。由此说明，P1F1 及 P2F3 的处理，由于养分供应充足，对千粒重造成重要影响，适应了作物需求养分的最佳时期，达到了腐植酸与磷肥互作的最佳效应，有利于绿豆籽粒的形成，与对产量的影响较为一致。

把磷肥处理作为主处理，将腐植酸处理作为副处理，进一步对绿豆的千粒重进行方差分析。磷酸氢钙与腐植酸的互作效应对绿豆的千粒重有重要影响，其差异达极显著水平；主处理在 $F=0.05$ 和 $F=0.01$ 检验下，达极显著水平；副处理在 $F=0.05$ 和 $F=0.01$ 检验下，也达极显著水平。

再对千粒重进行显著性检验，由结果得知，主处理中，P0 与 P2、P3 均有差异显著性；对于副处理，F3 与 F4、F2、F1、F0 的差异达极显著水平。主处理千粒重达最大的为 P2，副处理千粒重达最大的为 F3，因此，磷酸氢钙作为磷肥与腐植酸互作能使绿豆产量达最高的最佳配比组合为 P2F3，其次为 P2F4、P2F3。

主处理、副处理、主副处理互作均达到极显著，主处理中，P2 和 P1、P0 间均达到极显著，副处理中，F3 与 F4、F2、F1、F0 达到极显著，F4 与 F3、F0 极显著，F2 与 F0 极显著。从总体表现来看，P3 和 F4 组合最佳。

(7) 绿豆不同生长时期土壤中速效磷含量情况　从作物营养和施肥的角度来看，测定土壤中速效磷含量，能较全面地说明土壤磷素肥力的供应状况。本试验分别对三种磷水平下，腐植酸处理的不同时期土壤速效磷的测定结果进行如下分析。

第一，在三种磷水平下，不施腐植酸的处理其土壤速效磷含量最低，土壤速效磷含量总体上随着腐植酸施用量的增加而增加，二者呈现出较显著的相关性。

第二，在三种磷水平下，不同时期的土壤速效磷的含量表现出较一致的规律，土壤速效磷含量从低水平到达了一个高峰期，然后又到一个低水平，这个高峰期正是绿豆的鼓粒期。

第三，在三种磷水平下，在同一时期，腐植酸 F12 处理的土壤速效磷含量最高，而腐植酸 F16 处理的土壤速效磷含量并未表现出比较一致的最高水平。

分析产生这种结果的原因：一是由于植物的吸收利用而造成的；二是因为腐植酸物质对对磷的吸收，有研究表明，用 $0.5mol/L$ $NaHCO_3$（$pH=8.4$）溶液浸提是不能把腐植酸吸收的那部分磷浸提出来的；三是由于磷酸氢钙本身就是枸溶磷，在作物生长过程中随着腐植酸的分解，土壤酸性降低，磷酸氢钙的 Ca_2-P 继续转化为难溶态的磷酸钙盐。

3. 结论

(1) 腐植酸处理磷酸氢钙中磷素养分释放特征　试验中土壤速效磷含量曲线接近"Λ"形，大多数处理表现出一致性，释放速率比较明显地分为三个阶段，即释放速率逐渐增大阶段、释放高峰阶段和逐渐减小阶段，这与 Zhang 等人（1994）把控释肥释放过程分为迟滞期、恒释期和滞后期等三个阶段的描述和解释相一致。

本试验中腐植酸处理的磷酸氢钙的磷素在整个释放过程存在一个释放的高峰期。开始时养分释放率增加较慢，在一个多月后逐渐达到高峰，以后的释放率逐渐下降。从养分释放模式来说，在作物播种时一次性施入，其释放速率的三个阶段在农业生产时间和环境保护方面具有极其重要的意义。在需肥很少的幼苗期，迟滞期的存在既能不产生烧苗现象，又不至于产生肥料的浪费及对环境的污染。在作物大量需肥时期，控释肥以稳定的高速率释放养分，满足作物需要，不会产生脱肥现象，能保证作物的高产和稳产。作物生长季结束，肥料养分基本释放完全，大大提高了肥料的利用率，省去了追肥这个环节，大大节省了劳力投入。

(2) 磷素在土壤中的有效性及其利用率　由于磷的难移动性，根际土壤的磷的有效浓度对于作物吸收的影响很大。国内外资料表明，施入土壤中的水溶性磷量与土壤有效磷的增量（施磷肥引起的土壤有效磷增加的数量）间呈直线相关，磷肥施入土壤后，随着时间的延长，土壤有效磷的数值会越来越小。本试验中，磷酸氢钙呈枸溶状态，但在腐植酸处理后，明显具有缓慢释放磷素养分的特性，能够平稳地供给作物磷素营养，并且在某一时间达到释放高峰，其供肥曲线更趋合理。

土壤中既存在着活性磷被作物吸收和被土壤固定的作用，又同时存在着非活性磷活化的反应。在本试验中施入土壤中的磷素，除被作物吸收利用外，主要以 Ca_2-P、Ca_8-P、Al-P 的形态积累。同时，本试验在较短的试验期间内，从不施磷处理中可以发现，腐植酸主要活化了土壤中的 Ca_8-P、Al-P 和 Ca_2-P，为作物提供磷素养分。

土壤速效磷是土壤有效磷储库中对作物最为有效的部分，能直接供作物吸收利用，因此是评价土壤供磷能力的重要指标。在绿豆整个生长季，除不施磷处理外，低磷水平和高磷水平，腐植酸处理的磷酸氢钙，其磷素释放从土壤速效磷测定可以看出，变化比较平缓，能够平稳地按照作物所需充足地供给作物养分。在绿豆生长后期，土壤速效磷含量下降，这说明在作物需磷减少时，土壤供磷也在减少，这样就可起到节约肥料、减少磷素土壤污染的作用。

豆科作物对吸磷较为敏感，磷对籽粒的形成作用非常重要。磷素是细胞质和细胞核的重要组成成分，植物各器官中含磷量的多少，标志着其代谢功能的强弱，最终影响到其产量和品质。本试验中，在低磷和高磷水平下，腐植酸 F12 的处理，明显地提高了绿豆植株的磷含量，尤其在生长旺盛时期，土壤速效磷的增加促进了植株对磷的吸收，满足了植株对磷的需要。

（3）磷对作物干物质积累的影响 磷对作物根系及地上部生长具有促进作用，在不同作物上都有报道。在干旱条件下，磷营养可明显提高小麦根系的活性吸收面积，促进根系的延伸生长，增加根系干物质积累量。增施磷肥能够促进作物根系生长，从而促进根系对磷的吸收，张炎等通过盆栽试验研究了在不同施磷水平的强酸性土壤上油菜幼苗根系形态特征及其对土壤磷素吸收，结果表明，油菜幼苗缺磷时，地上部与地下部含磷量的比例较正常的低。

在本试验中，对于不同施磷水平下，施磷能增加绿豆地上部及根部的磷素累积量，其中 P2 与 F3 的处理相对于其他处理表现出比较明显的优越性，其对绿豆植株及籽粒磷含量有明显的影响。施磷肥相对可提高叶绿素含量，试验在花期和鼓粒期的叶绿素的测定表明，不施磷处理的叶绿素含量比较低，其原因可能是在缺磷时，植株叶细胞发育不良。

六、腐植酸磷肥在棉花上的试验及效果

腐植酸与速效磷肥作用，目的是对其有效磷进行保护，减少磷的固定退化。国内外的研究表明，腐植酸与速效磷肥作用后，磷酸盐的形态会发生变化。下面引用以王斌、马兴旺等在灰漠土棉田上的试验来说明腐植酸对土壤无机磷形态变化的影响效果。

1. 材料与方法

（1）供试土壤 试验区土壤为褐土，肥力中等。

(2) 试验设计　设 3 个处理，H1：常规施肥基础上施用腐植酸肥料 375 kg/hm²；H2：常规施肥基础上施用腐植酸肥料 750kg/hm²；CK：对照，常规施肥。每个处理 3 次重复，田间随机区组排列。棉花品种为新陆早 18 号，覆膜播种，一膜四行，宽窄行种植，平均株行距为 12cm×30cm。所用腐植酸肥料来自新疆双龙腐植酸公司，腐植酸含量 70%。田间管理与当地大田一致。

2. 结果与分析

(1) 腐植酸用量对棉田土壤速效磷时空动态变化的影响

① 不同深度土壤速效磷含量随时间的变化。从棉花整个生育期来看，常规施肥情况下，典型棉田 0～20cm 土壤速效磷含量在棉花蕾期比播前高，到花铃期降低，采收期升高，采收后又降低；使用腐植酸后速效磷含量变化趋势基本同于常规施肥，在研究的腐植酸用量范围内，速效磷含量低于常规施肥，但随腐植酸用量的增加，速效磷含量增加。

常规施肥情况下，20～40cm 土壤速效磷含量变化趋势与 0～20cm 略有不同的是采收后持续升高；施用 375kg/hm² 腐植酸（H1）后，速效磷含量变化趋势与常规施肥相反，而腐植酸用量加倍（H2）后，花铃期土壤速效磷含量高出常规施肥 30%，并且速效磷含量的最低点与常规施肥比明显推迟；随着腐植酸用量的增加，土壤速效磷含量有明显的增加趋势。

从垂直方向上看，除 H2 外，上层土壤（0～20cm）速效磷含量均高于下层（20～40cm）。0～20cm 棉花根系分布的要比 20～40cm 多，考虑到棉花对有效磷的吸收，可以说施用腐植酸不但增加了 20～40cm 有效磷含量，也增加了 0～20cm 有效磷含量，并且随腐植酸用量的增多，有效磷含量提高幅度加大。

② 距棉株不同距离土壤速效磷含量随时间的变化。棉花常规施肥（CK）下，距棉株 5cm 处耕层土壤速效磷平均含量在棉花蕾期比播前提高，到花铃期降低，采收期升高，采收后持续升高；使用 375kg/hm² 腐植酸（H1）后，土壤速效磷含量变化趋势与常规施肥相似，但整个棉花生育期土壤速效磷含量低于常规施肥；腐植酸用量加倍（H2）时，花铃期土壤速效磷含量高于常规施肥 37%，其他各时期含量均低于常规施肥，却高于使用 375kg/hm² 腐植酸（H1）。

常规施肥时，距棉株 15cm 处耕层土壤速效磷平均含量变化趋势与 5cm 处略有不同的是采收后又降低；使用腐植酸后，土壤速效磷含量变化趋势与常规施肥相似，在研究的腐植酸肥料用量范围内，速效磷含量低于常规施肥，但腐植酸用量加倍（H2）时，整个棉花生育期土壤速效磷含量都增高。

从距棉株不同距离处的速效磷含量大小看，常规施肥时，距棉株 5cm 处土壤速效磷含量低于距根 15cm 处，而施用腐植酸时，距棉株 5cm 处土壤速效磷含量高于距根 15cm 处，某种程度上可以说腐植酸提高了根系 5cm 范围内的土壤速效磷含量。

总体来看，施用腐植酸能增加耕层土壤速效磷含量，并且土壤速效磷含量随腐植酸肥料用量的增加而增加，而且腐植酸能起到使土壤稳定持续供应土壤速效磷的作用。

(2) 腐植酸对土壤无机磷形态时空动态变化的影响 磷肥一旦施入土壤，即不再以原有的形态存在，而是随土壤类型、水分条件、时间和温度等很快转化。

① 不同深度土壤无机磷形态随时间的变化。腐植酸用量为 $375kg/hm^2$（H1）时，$0\sim20cm$ 和 $20\sim40cm$ 的土壤 $Ca_2\text{-P}$ 含量在棉花整个生育期低于常规施肥（CK）；腐植酸加倍（H2）后，$0\sim20cm$ 土壤 $Ca_2\text{-P}$ 含量在花铃期较常规施肥高 57%，$20\sim40cm$ 的含量在蕾期较常规施肥高 53%，其他时期都低于常规施肥。$0\sim20cm$ 土壤 $Ca_2\text{-P}$ 含量普遍高于 $20\sim40cm$ 土层，这可能与 $0\sim20cm$ 棉花根系分布较多，根系对 $Ca_2\text{-P}$ 的吸收导致其他形态无机磷向 $Ca_2\text{-P}$ 转化有关。石灰性土壤上 $Ca_2\text{-P}$ 的有效性是最大的，而且持续性也好。

试验显示土壤 $Ca_8\text{-P}$ 含量垂直方向的差异较大，三个处理 $0\sim20cm$ 的含量比 $20\sim40cm$ 分别高 28%、37% 和 41%；腐植酸用量为 $375kg/hm^2$（H1）时，$0\sim20cm$ 土壤 $Ca_8\text{-P}$ 含量在花铃期高出常规施肥（CK）3%，其他时期均低于常规施肥；腐植酸加倍（H2）时，花铃期和采收期 $0\sim20cm$ 土壤 $Ca_8\text{-P}$ 含量分别较常规施肥高 24% 和 6%。$20\sim40cm$ 土壤 $Ca_8\text{-P}$ 含量变化趋势与 $0\sim20cm$ 相似。石灰性土壤上 $Ca_8\text{-P}$ 与作物吸磷量也是密切相关的，$Ca_8\text{-P}$ 对植物的有效性仅次于 $Ca_2\text{-P}$，其在无机磷中所占比重较大，一般比 $Ca_2\text{-P}$ 高出 25 倍，所以虽然 $Ca_8\text{-P}$ 型磷酸盐比 $Ca_2\text{-P}$ 型磷酸盐的肥效缓慢，但对植物营养贡献的份额却平均要高得多。

常规施肥时，$0\sim20cm$ 土壤 Al-P 含量变化是高→低→高→低的过程，而 $20\sim40cm$ 土壤 Al-P 含量在棉花整个生育期经历了高→高→低→高的变化过程。施用腐植酸后，$0\sim20cm$ 和 $20\sim40cm$ 土壤 Al-P 含量在棉花生育期均呈现高→高→低→高的变化过程。在研究的腐植酸用量范围内，施用腐植酸后，土壤 Al-P 含量低于常规施肥，但随着腐植酸肥料用量的增加，土壤 Al-P 含量提高。

$0\sim40cm$ 垂直方向上土壤 Fe-P 含量上下层变化趋势基本一致；施用腐植酸后，花铃期 $0\sim20cm$ 土壤 Fe-P 含量高于常规施肥，而 $20\sim40cm$ 的含量低于常规施肥。

$0\sim20cm$ 和 $20\sim40cm$ 土壤 O-P 含量变化趋势相近。施用腐植酸后，$0\sim20cm$ 含量在蕾期、花铃期高于常规施肥，花铃期时含量较常规施肥高 70%，采收期、采收后均低于常规施肥；$20\sim40cm$ 土壤 O-P 含量在花铃期较常规施肥高 224%~257%。

$Ca_{10}\text{-P}$ 是磷灰石类磷酸盐，其化学活性很低，基本上对植物是无效的，在石灰性土壤中只能作为一种潜在磷源的物质基础。施用腐植酸后棉花生长期结束时下层 $Ca_{10}\text{-P}$ 含量有所增加。

从总体可以推断，从垂直方向土壤无机磷组分含量变化看，腐植酸用量达到一定数量时，可以不同程度地增加棉花蕾期、花铃期土壤 O-P、Ca_2-P、Ca_8-P、Fe-P 含量，但增加幅度依次减小，而且 0～20cm 的增加量高于 20～40cm，随着腐植酸用量的增加，这种增加趋势愈明显。这可能是有效磷含量提高的原因。

② 距棉株不同距离土壤无机磷形态随时间的变化。施用 375kg/hm^2（H1）和 750kg/hm^2（H2）腐植酸后，距棉株 5cm 处土壤 Ca_2-P 含量在花铃期分别较常规施肥（CK）高 18％和 76％；施用 375kg/hm^2 腐植酸时，土壤 Ca_2-P 含量仅在花铃期高于常规施肥，其他时期均低于常规施肥；而施用 750kg/hm^2 腐植酸时，土壤 Ca_2-P 含量在蕾期和花铃期均高于常规施肥，在采收期和采收后则低于常规施肥。在研究的腐植酸用量范围内，施用腐植酸后距棉株 15cm 处土壤 Ca_2-P 含量在棉花整个生育期均低于常规施肥。总体上从棉花整个生育期来看，施用腐植酸时距棉株 5cm 处 Ca_2-P 含量增加较 15cm 处多，并且随腐植酸施用量的增大，土壤 Ca_2-P 含量明显增加。

施用 375kg/hm^2（H1）和 750kg/hm^2（H2）腐植酸后，距棉株 5cm 处土壤 Ca_8-P 含量在花铃期分别较常规施肥高 5％和 18％，其他生育期则低于常规施肥；施用 375kg/hm^2 腐植酸（H1）时，距棉株 15cm 处的土壤 Ca_8-P 含量在棉花整个生育期都低于常规施肥，施用 750kg/hm^2 腐植酸（H2）时，距棉株 15cm 处的土壤 Ca_8-P 含量在花铃期和采收期高于常规施肥，其他时期低于常规施肥。在研究的腐植酸用量范围内，土壤 Ca8-P 含量随腐植酸肥料用量的增加而增加。

从棉花整个生育期来看，常规施肥和施用腐植酸后土壤 Al-P 含量的变化趋势不尽相同，施用 375kg/hm^2 腐植酸（H1）后，距棉株 5cm 处土壤 Al-P 含量在整个生育期都低于常规施肥；施用 750kg/hm^2 腐植酸（H2）时，棉花采收期含量较常规施肥高，其他生育期均低于常规施肥。施用腐植酸后，距棉株 15cm 处的土壤 Al-P 含量在花铃期较常规施肥低 30％左右。

施用腐植酸后，距棉株 5cm 和 15cm 处的土壤 Fe-P 含量在棉花生育期的变化趋势与常规施肥相反，而且在花铃期 Fe-P 含量较常规施肥低 10％左右。

施用腐植酸后，距棉株不同距离的土壤 O-P 含量变化趋势与常规施肥相似，施用腐植酸增加棉花花铃期的土壤 O-P 含量，距棉株距离近的土壤 O-P 含量增加多，腐植酸用量高的提高幅度大。

施用腐植酸后，距棉株不同距离的土壤 Ca_{10}-P 含量较常规施肥均降低，距棉株近的降低较多。

综合推断，腐植酸施用量达到一定数量时，可以增加距棉株 5cm 处土壤 Ca_2-P、Ca_8-P、O-P 的含量，也能一定程度地增加距棉株 15cm 处土壤 Ca_2-P、Ca_8-P、Fe-P 的含量，但 Al-P、Ca_{10}-P 含量降低，说明距棉株较近处有效磷含量增加主要是 Ca_2-P、Ca_8-P 含量增加的作用。

3. 结论与讨论

① 对于典型的灰漠土棉田，施用腐植酸能增加耕层土壤速效磷含量，对根系分布密集的 0~20cm 和距棉株较近处土壤速效磷含量的增加尤其明显，并且土壤速效磷含量随腐植酸用量的增加而增加，腐植酸能起到使土壤稳定持续供应土壤速效磷的作用。

② 典型灰漠土棉田施用腐植酸增加土壤有效磷含量的贡献依次主要是 Ca_2-P、Ca_8-P 和 O-P 增加的作用。施用腐植酸后，垂直方向 0~20cm 和 20~40cm 上及水平方向距棉株不同距离处土壤无机磷组分含量的变化趋势既有相同也有不同，但考虑到棉花根系分布特点和根系对磷养分吸收的特点，可以说，施用腐植酸后，土壤 Ca_2-P 和 Ca_8-P 含量的增加是确定无疑的，O-P 含量也有一定程度的增加，而 Al-P、Fe-P 和 Ca_{10}-P 含量的变化趋势因分析角度的不同会有不同。说明土壤中无机磷的几种形态因为腐植酸的作用而加速转化，腐植酸激活土壤固定态磷向棉花有效的 Ca_2-P、Ca_8-P 转化，并且在棉花花铃期表现明显。

③ 腐植酸施用量必须达到一定水平才能有明显的激活土壤固定态磷、增加棉花产量的作用。国内外大量的研究表明，施用腐植酸物质能提高磷肥效应、提高磷肥利用率，但是腐植酸施入土壤后因为与土壤矿物发生的反应比较复杂。研究中施入腐植酸导致棉花产量降低正是说明少量的腐植酸物质对棉花产生的负效应，而随着腐植酸用量的增加，土壤有效磷含量、Ca_2-P 和 Ca_8-P 的增加预示着腐植酸用量必须达到一定水平才能产生正效应。

实际上，pH、物料比例，甚至土壤组成、性质都对磷的有效性有一定的影响。腐植酸的用量并不是越大越好，当超过一定限度时，反而使有效磷退化，但在土壤中直接施用时，腐植酸用量又不能太小。这样 HA-P 肥的前期制备和后期使用就出现了矛盾，因此，实际应用中需要进一步研究腐植酸与磷肥的适当比例。

七、腐植酸磷肥在烟草上的应用效果

腐植酸磷肥在烟草上的施用有以下作用与效果。

(1) 改良烟草生产地土壤理化性能　可以改良土壤理化性能，增加土壤腐殖质含量。腐植酸中所含有的大量活性基团，决定了腐植酸具有许多特殊的功能。

① 改良土壤的理化性能，促进土壤团粒结构的形成，提高土壤交换容量，调节土壤 pH，使土壤疏松多孔。

② 调节土壤的水、肥、气、热状况，提高土壤保水、保肥能力，为植物根系生长创造良好条件；有效调整土壤气、固、液比例，增加土壤有益微生物的数量，提高土壤酶的活性及土壤的通气性、透水性、保肥、抗旱抗涝性能，使板结的土壤变得疏松。

③ 腐植酸施入土壤对根际土壤会产生一定的酸化作用，尤其适用于偏碱性土壤，这有利于烟草的生长和品质的改善；腐植酸可以提高土壤中的有机质含量，增强土壤的供肥能力，在一定范围内，随着腐植酸用量的增加，有机质含量提高。

④ 腐植酸还可以提高土壤中磷酸酶和蔗糖酶的活性，从而有利于提高土壤的生物活性，促进土壤中微生物的活动及养分的转化和释放。

⑤ 腐植酸对土壤 pH、有机质、土壤酶的作用，可改善种植烟草的土壤的理化性质，提高土壤的生物活性，从而有利于土壤矿质营养的释放和烟株对营养的有效利用。

(2) 促进烟草对营养元素的吸收和运输　目前，已明确烟草中含有五十多种营养元素。其中，已知烟草在正常生长发育过程中，必需的营养元素除 C、H、O 外，还有 N、P、K、Ca、Mg、S、Fe、B、Mn、Zn、Cu、Mo、Cl 等 13 种元素，它们主要靠烟株根系从土壤中吸收。这些元素中 N、P、K 属大量元素；Ca、Mg、S 属中量元素，需要量大，肥料不足或肥料中缺乏就会出现缺 N、P、K、Ca、Mg、S 等病症；Fe、B、Mn、Zn、Cu、Mo、Cl 等需要量少，属微量元素，但对烟草正常生长发育是不可少的，生产中供应不足时，就会出现缺素症。此外，当缺少 Fe、B、Zn、Cu、Mo 等微量元素时，还会影响到烟草的香味及质量。烟田出现缺素症并非土壤中不存在上述元素，而是因为这些元素往往是以不可被吸收的状态存在于土壤中的，有的因土壤溶液中含盐量太高，各种离子间产生拮抗作用，造成其不能被烟草吸收利用而引发缺素症。

腐植酸可以与土壤中的矿物质元素形成可溶性的络（螯）合物，其中与铁的络合能力最强且活性最高，这一作用提高了作物对很多微量元素的吸收。植物所吸收的大量元素在体内容易移动，但是微量元素（如 Fe、B、Zn 等）则移动性差，当腐植酸与其络合后，可以促进微量元素从根部向地上部运输，向其他叶片扩散，以此提高元素利用率。

烟田施用腐植酸可提高烟株 N、P、K、Fe 的含量，而且随着腐植酸用量的增加，烟叶产量、烟碱含量显著增加，表明腐植酸可以促进烟株对这些养分的吸收，这与腐植酸具有提高土壤蔗糖酶和磷酸酶等的活性，促进土壤 N、P、K 等养分的有效化，增强烟草根系活力的作用有关。腐植酸在促进烟草 C、N 代谢适时转化方面，具有良好的调节作用。郑宪滨等的试验表明，施用腐植酸可以显著提高烟草的 K、P、Fe、Zn、中性香味物质的含量，以及上等烟比例、烟叶产量和产值，显著降低烟草的下等烟比例，对烟草的总氮、烟碱、还原糖、Ca、Mg、B、Cu、Mn 的含量及中等烟比例无显著影响。由此认为，施用腐植酸可以作为提高烟草 K 含量、改善烟草品质的一项有效措施在生产中推广。

(3) 对烟草生长发育的刺激作用

① 促进种子提早萌发，提高出苗率。烟草种子是烟叶生产的重要基础，烟

草种子的质量对生产优质烟叶具有重要作用。种子萌发得好坏不仅影响苗床管理，而且对后期生长发育的影响也很大。播种后种子能否迅速萌发达到早苗、全苗和壮苗，关系到烟草生产是否能获得优质适产。研究表明，萌发迟几天的烟草种子培育的烟苗，在苗期、大田生长期一直滞后，甚至烟叶的质量也受到影响。廖映粉等的研究表明，10～50mg/L 的腐植酸浓度可以提高烟草种子的发芽率，促进幼苗子叶平展，促进胚根和胚轴的生长，同时还能提高幼苗的生理活性，增加干物质积累，并且适宜的光照能使腐植酸对烟草种子的萌发和幼苗的生长起到促进作用。此外，不同浓度的腐植酸处理对种子萌发率的影响不同，100mg/L 浓度的腐植酸处理，发芽率为 90%，优于其他浓度处理的发芽率。对种子发芽能力的促进，以 100mg/L 最佳、10mg/L 次之，而 1000mg/L 可能是浓度过大，使发芽率最低。

② 促进根系生长。对烟草来说，根系不仅有支撑、吸收水分和营养物质的作用，也是合成烟碱、部分氨基酸和植物激素等物质的重要器官。烟草根系发育与烟叶生长、抗病性、烟叶化学成分和吸食品质有密切的关系。

腐植酸对根伤流的试验表明，腐植酸处理过后，烟株根系活力明显增强，不仅使根伸长迅速，而且也有利于侧根的生长和侧根数量的增多。

总之，腐植酸处理使烟草幼苗根系发达，吸收土壤养分的能力得到提高，从而使幼苗有充足的养分和水分供给，根深叶茂，起到了壮苗的作用。

此外，不同用量的腐植酸处理对烟草根系生长和活力提高的影响效果不同：在一定的用量范围内，随着腐植酸用量的增加，作用效果逐渐增强，但超过一定范围，作用则降低，甚至会出现负效应，这与以往的研究结果相似。

(4) 减少有害物质，提高安全性　一直以来，人们对烟草产品的质量与吸食健康等方面的问题极为重视，就烟草的生产而言，除了保证其产品质量外，还应保证其安全性，只有采取有效措施降低烟叶中的有害成分，才能减少对吸烟者健康的危害。烟草中对人体有害的成分，不仅仅是尼古丁，其中含有的 Pb（铅）、Hg（汞）、Cd（镉）、Cr（铬）、Ni（镍）等重金属元素对人体的健康也有威胁。

腐植酸能络合吸附在植物体内和土壤中的农药、重金属等有害物质，通过促进生理代谢分解或排出体外。Hg 在土壤中呈现多种形态，其中溶解态和挥发态是可被植物吸收的形态，腐植酸可以通过对 Hg 的络合作用来影响土壤中汞的存在形态和生物活性，现有的研究结果多集中在土壤腐植酸对土壤 Hg 形态和生物有效性的影响方面。

闫双堆等通过试验研究了不同腐植酸物质对土壤有机结合态汞、全汞含量及土壤汞生物有效性的影响。结果表明，不同供试腐植酸物质可以显著增加土壤中有机结合态汞和残留在土壤中 Hg 的含量，降低了土壤中 Hg 的挥发量。这可能是因为土壤中加入一定量的腐植酸后与土壤中的无机胶体形成有机-无机复合体，这种有机-无机复合体抑制了土壤中重金属的迁移，从而降低了烟株体内的重金属元素含量。

(5) 改善烟草品质　促进烟草中糖类、蛋白质、核酸等物质的代谢，改善品质。烟草品质取决于烟叶的物理和化学组成，特别是烟叶中某些化学成分的含量。

研究表明，腐植酸可促进糖转化酶、淀粉磷酸化酶及一些与蛋白质、脂肪合成有关的酶的活性，增加糖分、淀粉、蛋白质、脂肪、核酸、维生素等的合成积累，加速各种代谢产物从茎叶或根部向地上部分转运，提高并改善农作物的品质。

施用腐植酸能增加烟叶中总糖、还原糖的含量，随着腐植酸用量的增加，烟叶中的淀粉含量随之增加。在腐植酸的作用下，烟草的矿质营养趋于协调和平衡，上等烟的比例随之得到提高，烟叶内的烟碱和致香物质的含量更趋协调，糖蛋比、糖碱比、氮碱比等各项品质指标更趋合理，最终使烟叶形成协调的化学成分和良好的品质。

(6) 提高叶绿素含量，促进光合作用　烟叶既是烟株的营养器官，又是经济器官，烟株的生长、发育和产量、品质的形成在很大程度上取决于个体与群体的光合作用。

为探讨不同浓度腐植酸对烟草壮苗的生理作用，谢明文用不同浓度的腐植酸对烟草进行了叶面喷施试验。试验表明，用腐植酸处理后，烟叶中叶绿素含量提高了 $6\% \sim 45\%$，烟叶对光能的利用率显著提高，光合强度得到比较合理的加强；促进了烟叶的生长发育，物质的积累量增加。梁文旭的试验结果也表明：一定用量的腐植酸能够提高叶绿素含量和光合速率，从而改善烟草的光合性能，为烟草干物质积累和品质形成提供充足的碳素来源。

(7) 提高抗病、抗逆性能　在烟草的生长发育中，经常会遇到各种不良的环境条件，如干旱、洪涝、低温、高温、盐渍以及病虫害侵染等，这些不良的环境条件统称为逆境。逆境来临时，细胞膜最易受到伤害，通常植物体内的氧也会被活化，产生对细胞有害的活性氧。轻度的氧化胁迫激发保护酶系统超氧化物歧化酶（SOD）、过氧化物酶（POD）、氯霉素转乙酰基酶（CAT）清除活性氧，使两者处于动态平衡，维持细胞正常的生理活动。许多试验表明，旱、寒逆境时，保护酶活性下降，活性氧积累引起质膜过氧化作用，产生许多过氧化产物丙二醛（MDA）。施用腐植酸能够提高保护酶活性、降低 MDA 含量和电解质渗出率。

使用腐植酸肥料，可以增强烟草的抗旱、抗寒能力，对部分病虫害也有一定的防治作用。

腐植酸被植物吸收后，易被细胞膜吸附，改变细胞膜的渗透性，提高烟草对逆境的适应性。由于腐植酸是两性胶体，表面活性大，可以使细胞渗透性和膨胀压增加，细胞液浓度得到提高，从而增强了烟草的抗寒性。有试验证明，在干旱胁迫下，腐植酸能明显降低烟苗叶片的气孔导度和蒸腾速率，减少烟株蒸散量，提高叶片水势，改善烟株的水分状况，提高烟草的抗旱性；减轻干旱对叶绿素的破坏，从而增加烟叶干物质的积累量。腐植酸对于某些特定的病害来说，它本身就是无公害农药。例如，使用腐植酸产品防治烟草花叶病取得了很好的效果，这证明腐植酸对一些植物病毒有直接的预防作用。

（8）缓释增效　腐植酸具有表面活性剂的性质，可使一些难溶于水的农药变成可溶，通过增溶作用使药液的作用提高，因此，腐植酸可作为农药增效剂。此外，腐植酸对农药还有缓释效果，可延长药效；腐植酸能降低农药对人畜的毒性；大多数农药在碱性介质中不稳定，而在中性或弱酸性介质中才稳定，黄腐酸的水溶液呈弱酸性，与药剂复配后，可以提高药剂的稳定性，达到理想的防病、增产效果。

腐植酸与 N、P、K 结合形成的腐植酸类肥料，可防止土壤对可溶性磷的固定，减少 N 和 K 的流失，既提高了磷肥、氨肥和钾肥的利用率，又减少了化学肥料的使用，避免了由于过量使用化肥带来的不良后果。

烟草生长发育过程中施用腐植酸复混肥，能平稳地释放肥效，塑造较理想的株形，花叶病较轻，使 N、P、K 等主要养分的含量协调，能更好地满足烟草生长的需肥规律，达到促进生长和提前成熟的目的。

八、腐植酸磷肥在果树上的应用效果

1. 改善果树地土壤的理化性状

通常果树栽植在立地条件差，土壤贫瘠，理化性状不良，养分含量低，有机质严重不足的地方，而有机质含量的高低决定果树是否优质、高效，因此，培肥果园土壤，增施有机肥，是高效果业生产的重要保证。而腐植酸是有机肥料的精华，施入果园，能够改善果园土壤的理化性状，增加果园土壤的有机质含量，改善果树生长发育的基础条件，使果业向高效、生态型发展。

2. 促进果树生长发育

由于腐植酸的特殊结构，腐植酸能影响多种酶的活性，如促进过氧化氢酶、多酚氧化酶的活性，因此，腐植酸类肥料在果树上的应用，起到生长调节剂的作用，能够促进果树生长发育，促进果树光合性能，促进新梢萌发及根系活动，强健树体。施用腐植酸类肥料的果树，叶片肥厚而油亮，有光泽，有弹性，百叶鲜重增加，果个增大，产量增加。一般果实还能够提前成熟 5～7d。

3. 改善果实品质

果实的品质是果树效益的关键。施用腐植酸类肥料，果实品质明显改善，果实含糖量提高，一般果实可溶性固形物含量绝对值增加 1%～2%，糖酸比增加，口感好，风味浓，内在品质得到明显改善，外在品质也得到明显提高，果实着色好，果皮青苷含量增加，色泽艳丽，果个大，病虫果率大大降低，优质果率提高，从而增加了果品的商业价值。

4. 增加树体抗逆性能

（1）抗旱性能增加　淡水资源短缺一直是全人类面临的重大问题，而果树是需水较多的作物，尤其北方春季干旱，影响果树的正常开花、结果及花芽分化，而腐植酸类肥料能够调节植物保卫细胞的开张，提高作物的抗旱能力，使得根系活动旺盛，叶面蒸发减少，因此，能够忍耐一定程度的干旱，从而保证果树正常的生长发育。

（2）抗寒能力增加　北方果树因夏秋雨量大，秋梢生长旺盛，不能及时停止生长发育而导致枝条不充实，过冬易受低温的伤害，施用腐植酸类肥料的果树，一方面由于树体发育早，因此停止发育也早；另一方面，枝条健壮充实，增强了果树的越冬能力。而且，由于高浓度腐植酸能够抑制果树的伸长生长，也使得果树的抗寒能力得到增强。

（3）增强果树抗盐碱能力　腐植酸的疏松敞开的网状立体结构，使得腐植酸具有很高的缓冲性能。因此，施用腐植酸类肥料的果树，增加了抗盐碱的能力，使果树的栽培范围扩大，也使果树抗肥害的能力增强。

（4）减轻农药过量的危害，防治病虫害　腐植酸类肥料中腐植酸有强大的络合能力和缓冲能力，能够减缓果树农药施用过重的危害。因果树是多年生的作物，病虫害较一般作物多。施用腐植酸类肥料的果树，细胞膜的透性增加，新陈代谢能力增强，树体生长旺盛，抗病虫害能力大大加强，病虫害发生也减少。因此，腐植酸类肥料对果树的枯萎病、早期衰叶病、霜霉病、白粉病具有一定的防效，能促进病疤部新生组织的再生。

5. 调节土壤养分平衡

孙焕顷等研究了腐植酸钾对黄冠梨果树土壤中腐殖质、氮、磷、钾含量的影响，结果表明：腐植酸钾能通过提高土壤中腐殖质使土壤有机质增加3.89%，腐植酸钾的施入，土壤中的速效氮、磷、钾含量分别提高了4%、16%、20%，达到了增氮、解磷、促钾作用，有效调节了果园土壤中的营养元素的合理比例。

参 考 文 献

[1] 王留好. 我国农业可持续发展与科学施肥. 陕西农业科学, 2007, 06：116-120.

[2] 刘茂玲, 张迎. 饲用抗菌素有机肥制剂的毒性、排泄及残留问题的讨论. 饲料研究, 2000, （7）：28-30.

[3] 李道林, 何方, 马成泽等. 砷对土壤生物学活性及蔬菜活性的影响. 农业环境保护, 2000, 19 （3）：148-151.

[4] 蒋树威. 畜牧业和可持续发展的理论与实用技术. 北京：中国农业出版社, 1998：152.

[5] 中国生态学会. 走向 21 世纪的中国生态学——中国生态学会第二届全国会员代表大会暨学术讲座会论文集. 珠海, 1995：44-46, 256-257.

[6] Sims J T, Sharpley A N. Phosphorus：Agriculture and the Environment // Stewart W M, Hammond L L, Van S J Kauwen bergh. Phosphorus as a Natural Resource. Madison, Wisconsin. USA：American Society of Agronomy Inc, Crop Science Society of America Inc, Soil Science Society of America Inc, 2005：3-23.

[7] 刘颐华. 我国与世界磷资源及开发利用现状. 磷肥与复肥, 2005, 20 （5）：1-10.

[8] 刘征等. 我国磷资源产业物质流分析. 现代化工, 2005, 25 （6）：1-7.

[9] 林乐. 中国磷肥工业现状和发展趋势. 高产施肥, 2002, 3 （8）：10-12.

[10] 林葆, 李家康. 中国磷肥施用量与氮磷比例问题. 高产施肥, 2002, 8 （3）：13-16.

[11] Gujja N Magesan, Hailong Wang. Application of municipal and industrial residuals in New Zealand foresls：an overview. Australian Journal of Soil Research, 2003, （41）：557-569.

[12] 马娜, 陈玲, 熊飞等. 我国城市污泥的处置与利用. 生态环境, 2005, 12 （1）：92-95.

[13] 胡慧蓉, 郭安, 王海龙. 我国磷资源利用现状与可持续利用的建议. 磷肥与复肥, 2007, 22 （2）：1-5.

[14] 王庆仁, 李继云. 论合理施肥与土壤环境的可持续发展. 环境科学进展, 1999, 7 （2）：116-123.

[15] 傅子鼎. 腐植酸开发利用的形势和现状. 腐植酸, 1998, （2）：1-4.

[16] 朱新生. 腐植酸在国家有关部门的应用及分类情况调查. 腐植酸, 2001, （2）：34-38.

[17] 马秀欣, 李欣. 腐植酸资源开发前景广阔. 中国煤炭, 2000, 26 （10）：34-35.

[18] 丛艳国, 魏立华. 土壤环境重金属污染物来源的现状分析. 现代化农业, 2002, 1：18-20.

[19] 金相灿. 中国湖泊富养化. 北京：海洋出版社, 1995：267-322.

[20] 张继亨. 磷肥的环境影响及管理. 化肥设计, 2001, 39 （5）：49-51.

[21] 杨斌, 程巨元. 农业非点源氮磷污染对水环境的影响研究. 江苏环境科技, 1999, 12 （3）：19-21.

[22] Ribeudo M O. Options for agricultural nonpoint sourcepollution control. J Soil & Water Conserve, 1992, 47：42-46.

[23] 杨丽华, 卓奋. 湖泊水体磷污染及其防治对策. 污染防治技术, 1996, 9 （1/2）：47-49.

[24] 张英雄, 许淑华, 李晶. 磷对环境的污染及防治对策. 化工环保, 2002, 22 （2）：68-70.

[25] 徐亚同. 废水中氮磷的处理. 上海：华东师范大学出版社, 1996：5.

[26] IAlane R W P M, Broekmann U, Van Liere L, et al. Immission targets for nutrients （N and P） in catchments and coastal zones：a North Sea assessment. Estuarine, Coastal and shelf Science, 2005, 62 （3）：495-505.

[27] 齐学斌, 刘景祥. 国外水资源管理现状与新趋向. 海河水利, 2001, （5）：43-46.

[28] 朱之培, 高晋生. 煤化学. 上海：上海科技出版社, 1982.

[29] 中国科学院山西煤炭化学研究所, 北京化工学院, 北京农业大学. 腐植酸类肥料. 北京：科学出版

社，1979.

[30] 牛焕光，马学慧. 我国的沼泽. 北京：商务印书馆，1985.

[31] 王钜谷，张伟才等. 不同沉积类型泥炭的研究. 西安：陕西人民出版社，1987.

[32] Schobert H H. The Chemistry of Low Rank Coals. ACS Symposium Series 264，1984.

[33] 秦万德. 腐植酸的综合利用. 北京：科学出版社，1987.

[34] 郑平. 煤炭腐植酸的生产和应用. 北京：化学工业出版社，1991：322.

[35] 曾述之等. 北京腐植酸的研究和应用. 北京腐植酸综合利用办公室，1982：201.

[36] 刘全清. 植物营养与人类生活. 中国农资，2006，4：20-21.

[37] Cao Z H. Environmental issues in relation to chemical fertilizer use in China. Pedosphere，1996，6 (4)：289-293.

[38] 鲁如坤等. 土壤——植物营养学原理与施肥. 北京：化学工业出版社，1998：423-443.

[39] Lagreid M，Bockman O C，Kaarstad O. Agriculture，Fertilizers and Environment. Porsgrunn：Norway CABI Publishing，1999：122-157，174-180.

[40] Johnston A E. The value of long term field experiments inagricultural. ecological and environmental research. Advances in Agronomy，1997，59：291-333.

[41] 李庆逵，蒋柏藩，鲁如坤. 中国磷矿的农业利用. 南京：江苏科学技术出版社，1992：76-97.

[42] 曹志洪. 施肥与土壤健康质量——论施肥对环境的影响. 土壤，2003，35 (6)：450-455.

[43] 高阳俊，张乃明. 施用磷肥对环境的影响探讨. 中国农学通报，2003，19 (6)：164-168.

[44] 梁文举，武志杰，闻大中. 21 世纪初农业生态系统健康研究方向. 应用生态学，2002，13 (8)：1022-1026.

[45] 陈喜东，冯晓杰，朱惠英，赵晓娟，刘宗钢. 浅谈发展绿色食品与农业环境保护. 北方环境，2004，29 (4)：36-37.

[46] 陈易飞. 土壤肥料学中的环保教育. 苏南科技开发，2006 (4)：44-45.

[47] 张永志. 磷肥为 BB 肥发展奠定了基础//BB 肥论坛. 中国农资.

[48] 李丽，武丽萍. 腐植酸磷肥的开发及其作用机理研究进展. 磷肥与复肥，1999，(3)：58-61.

[49] 章家恩. 土壤生态健康与食物安全. 云南地理环境研究，2004，16 (4)：1-4.

[50] 冯固，杨茂秋，白灯莎. 用 ^{32}P 示踪研究石灰性土壤中磷素的形态及有效性的变化. 土壤学报，1962，10：374-379.

[51] 刘建玲，李仁岗. 栗钙土中磷肥转化及效应研究. 植物营养与肥料学报，1996，2 (3)：206-211.

[52] 王建林，陈家芳，赵美芝. 土壤中可变电荷表面对磷的吸附及其解吸特性. 土壤，1987，19 (5)：271-272.

[53] Bakheit Said M，Dakcrman J A. phosphate adsorption and desorption by calcareous soils of Syria. Commun Soil Sci plant Anal，1993，24：197-210.

[54] 王建林，陈家芳. 土壤中可变电荷表面磷的解吸特性. 土壤学报，1991，28 (1)：14-23.

[55] 王建林等. 土壤中磷的解吸. 土壤学进展，1988，16 (6)：10-16.

[56] 蒋柏藩. 土壤磷的化学行为与有效磷的测试. 土壤，1992，22 (4)：181-189.

[57] 张志峰，张卫峰. 我国化肥施用现状与趋势. 磷肥与复肥，2008，23 (6)：9-12.

[58] 中国农业科学院土壤肥料研究所. 中国化肥的使用现状与需求展望.

[59] 刘静，隋喜友，刘凤艳等. 浅谈发展绿色食品与农业环境保护. 现代化农业，2002，(10)：38-39.

[60] 黄昌勇. 土壤学. 北京：中国农业出版社，1999.

[61] 刘相平，刘成. 重新认识土壤，使农业永续发展. 黑龙江科技信息，2009，(8)：115.

[62] 宋轩，杜丽平. 有机物料改良盐碱土的效果研究. 河南农业科学，2004，(8)：57-60.

[63] 木合塔尔·吐尔洪，木尼热·阿不都克力木. 康苏风化煤对荒漠盐渍土的改良效果分析. 环境科学

与技术，2008，31（5）：7-10.

[64] 魏自民，谷恩玉等. 有机物料肥对风沙土主要物理性质的影响. 吉林农业科学，2003，28（3）：16-18.

[65] 党建友，王秀斌. 风化煤复合包裹控释肥对小麦生长发育及土壤酶活性的影响. 植物营养与肥料学报，2008，14（6）：1186-1192.

[66] 徐全辉，高仰，赵强等. 活性腐植酸生物有机肥对水稻产量和养分吸收的影响. 安徽农业科学，2010，38（8）：3951-3952.

[67] 刘兰兰，李作梅，史春余等. 腐植酸肥料对生姜土壤脲酶活性及氮素吸收的影响. 生态学报，2009，（4）：44-47.

[68] 孙焕顷，苏长青. 腐植酸钾对黄冠梨土壤肥力的影响. 北方园艺，2009，（7）：100-101.

[69] 杨德俊，黄红英，王小华等. 腐植酸缓释肥料在食用菌生产中的应用. 腐植酸，2009，（5）：28-31.

[70] 魏坤峰，严秀华，代明远. 腐植酸改碱肥料在西部林木绿化中的应用. 腐植酸，2008，（3）：12-15.

[71] 陈金和，黄根，游龙生等. 腐植酸钠在水产上的应用. 腐植酸，2010，（6）：7-9.

[72] 成绍鑫，曾宪. 腐植酸与肥料. 腐植酸，2001，Z1：41-46.

[73] 何文涛. 植物营养学通论. 银川：宁夏人民出版社，2004.

[74] 王振强，刘春广，乔光建. 氮、磷循环特征对水体富营养化影响分析. 南水北调与水利科技，2010，8（6）：82-85.

[75] 乔光建. 区域水资源保护探索与实践. 北京：中国水利水电出版社，2007：12-14.

[76] 许晓路，申秀英. 活性污泥生物除磷机制及其影响因素. 农业环境与发展，1994，11（3）：25.

[77] 鲁如坤. 我国土壤氮、磷、钾的基本状况. 土壤学报，1989，26（3）：280-286.

[78] 唐国昌，荆勇. 过磷酸钙的加工及其重要性. 化肥设计，2000，38（4）：35.

[79] 云南省燃化局化工情报组. 磷矿粉肥简介.

[80] 郭敦成. 腐植酸解磷问题的商榷. 中国农业科学，1978，（7）：55-61.

[81] 杨家和，潘启中. 腐植酸对磷肥转化机理的探讨. 腐植酸，2000，（3）：32-35.

[82] 2014～2018年中国磷肥市场全景调查及未来发展趋势报告. 智研咨询集团. 2012.

[83] 我国设施蔬菜面积达5700余万亩大城市蔬菜自给率仍不足30%. 新华网. 2014-4-1.

[84] 许仙菊，张永春，赵学强等. 菜地土壤磷的农学和环境效应研究进展. 江西农业学报，2010，22（7）：128-131.

[85] 李定强，王继增，万洪富等. 广东省东江流域典型小流域非点源污染物流失规律研究. 土壤侵蚀与水土保持学报，1998，4（3）：12-18.

[86] 王朝辉，宗志强，李生秀. 菜地和一般农田土壤主要养分累积的差异. 应用生态学报，2002，13（9）：1091-1094.

[87] 周艺敏，小仓宽典. 半干旱地区菜园土壤特征及持续利用. 植物营养与肥料学报，1997，4（3）：315-322.

[88] 黄大雨，肖云汉，高之忠. 我国磷矿资源概况及主要选别流程. 化工矿山技术，1982，（1）：40-44.

[89] 沈瑞. 骨粉磷肥制作法. 农村新技术，2009，16：74.

[90] 傅送保，李代红，王洪波等. 水溶性肥料生产技术研究进展. 安徽农业科学，2013，41（17）：7504-7507.

[91] 李丽，吴丽萍，成绍鑫. 腐植酸对磷肥增效作用的研究概况. 腐植酸，1998，（4）：1-6.

[92] 王曰鑫，栗丽. 腐植酸对化学肥料的增效作用研究. 山西农业大学学报，2006，（6）：24-25.

[93] 李成林，喻河，徐大东. 腐植酸型复混肥对大豆的增产效应. 化工时刊，2003，（17）：49-50.

[94] 马志军，王海勤，李晓. 腐植酸生物有机肥在大豆上应用效果的研究. 腐植酸，2004，（5）：40-41.

[95] 郑宪滨，张正杨，刘国顺等. 秸秆覆盖对烟田土壤性状和烟叶质量的影响. 河南农业科学，2007，

(10)：47-50.

[96] 左天觉. 烟草的生产、生理和生物化学. 上海：上海远东出版社，1994.

[97] 云南省烟草科学研究所，中国烟草育种研究（南方）中心. 烟草种子学. 北京：科学出版社，2007.

[98] 廖映粉，胡薇，简涌. 烟草种子人工膜中腐植酸的萌发生物学效应研究. 烟草科技，1993，（4）：44-45.

[99] 廖映粉，胡薇，蒋鹏. 腐植酸对烟草种子萌发的影响. 中国烟草科学，1993，（1）：11-14.

[100] 闫双堆，卜玉山，刘利军等. 不同腐植酸物质对土壤中汞的固定作用及植物吸收的影响. 环境科学学报，2007，（1）：101-105.

[101] 谢明文. 不同浓度腐植酸对烟草幼苗壮苗机理的探讨. 耕作与栽培，2002，（2）：23-30.

[102] 梁文旭. 腐植酸对烤烟光合性能及质量的影响. 湖南农业科学，2004，（5）：30-33.

[103] 杨德俊，黄红英，卞杰松等. 腐植酸缓释肥料在食用菌生产中的应用. 腐植酸，2009，（5）：28-31.

[104] 孙焕顷，苏长青. 腐植酸钾对黄冠梨土壤肥力的影响. 北方园艺，2009，（9）：100-101.

[105] 彭志对，黄继川，于俊红等. 施用腐植酸肥料对茶叶产量和品质的影响. 广西农业科学，2012，（22）：6-8.

[106] 高坤金，温吉华. 腐植酸在果树上的应用及展望. 山西果树，2008，（123）：41.